JN114041

スバラシク解けると評判の

初めから解ける数学I・A 問題集

馬場敬之（けいし）

マセマ出版社

◆ はじめに ◆

みなさん，こんにちは。数学の馬場敬之（ばばけいし）です。これまで発刊した**「初めから始める数学」シリーズ**は偏差値40くらいの方でも無理なく数学を学べる参考書として，沢山の読者の皆様にご愛読頂き，また数え切れない程の感謝のお便りを頂いて参りました。

しかし，このシリーズで学習した後で，**さらにもっと問題練習をするための問題集を出して欲しい**とのご要望もマセマに多数寄せられて参りました。この読者の皆様の強いご要望にお応えするために，今回
『初めから解ける数学 I・A 問題集 改訂6』を発刊することになりました。

これは「初めから始める数学」シリーズの準拠問題集で，**『初めから始める数学 I』**，**『同数学A』**で培(つちか)った実力を，着実に定着させ，さらに多少の応用力も身に付けることができるように配慮して作成しました。

もちろんマセマの問題集ですから，自作問も含め，**選りすぐりの146題の良問ばかり**を疑問の余地がないくらい，分かりやすく親切に解説しています。したがいまして，「初めから始める数学」シリーズで，まだあやふやだった知識や理解が不十分だったテーマも，この問題集ですべて解決することができると思います。

また，この問題集は，授業の補習や中間試験・期末試験，それに実力テストなどの対策に，十分威力を発揮するはずです。さらに，これで，まだ易しいレベルではありますが，大学入試問題も解けるようになりますから，**受験基礎力を身につける上でも最適な問題集**だと思います。

数学の実力を伸ばす一番の方法は，体系だった数学の様々な解法パターンをシッカリと身に付けることです。解法の流れが明解に分かるように工夫して作成していますので，問題集ではありますが，物語を読むように，楽しく学習していけると思います。

この問題集は，数学 I・A の全範囲を網羅する **8** つの章から構成されており，それぞれの章はさらに**「公式＆解法パターン」**と**「問題・解答＆解説編」**に分かれています。

まず，各章の頭にある「公式＆解法パターン」で基本事項や公式，および基本的な考え方を確認しましょう。それから「問題・解答＆解説編」で実際に問題を解いてみましょう。「問題・解答＆解説編」では各問題毎に **3** つのチェック欄がついています。

慣れていない方は初めから解答＆解説を見てもかまいません。そしてある程度自信が付いたら，今度は解答＆解説の部分は隠して**自力で問題に挑戦して下さい。**チェック欄は **3** つ用意していますから，自力で解けたら"○"と所要時間を入れていくと，ご自身の成長過程が分かって良いと思います。**3** つのチェック欄にすべて"○"を入れられるように頑張りましょう！

本当に数学の実力を伸ばすためには，**「良問を繰り返し自力で解く」**ことに限ります。ですから，**3** つのチェック欄を用意したのは，最低でも **3** 回は解いてほしいということであって，間違えた問題や納得のいかない問題は，その後何度でもご自身で納得がいくまで繰り返し解いてみることを勧めます。

そして，最終的には，この問題集で学んだことも忘れるくらい，最初から各問題の解法を自分で知っていたと思えるくらいになるまで練習するのが理想です。エッ，「そんなの教師に対する恩知らずじゃないかって !?」そんなことはありません！そこまで，読者の皆さんが実力を定着させ，本物の実力を身につけてくれることこそ，ボク達教師にとっての最高の恩返しと言えるのです。そんな頑張る読者の皆様を，ボクも含め，マセマ一同心より応援しています。

この『**初めから解ける数学 I・A 問題集 改訂 6**』が，これからの読者の皆様の数学人生の良きパートナーとして，お役に立てることを願っています。

マセマ代表　馬場 敬之(けいし)

この改訂 **6** では，さらに三角比の図形への応用の補充問題を新たに加えました。

◆目　次◆

第 1 章
CHAPTER

1 数と式

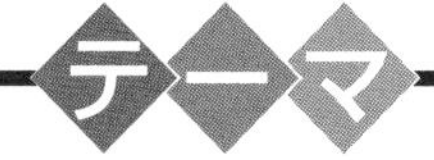

- 指数法則
- 乗法公式，因数分解公式
- 実数の分類，根号・絶対値の計算
- 1 次方程式と 1 次不等式

“数と式” を初めから解こう！ 公式&解法パターン

1. 指数法則から始めよう。

a^n は，a を n 回かけたもの，つまり，$a^n = \underbrace{a \times a \times \cdots \times a}_{n\text{個の}a\text{の積}}$ のことなんだね。これから，次の指数法則が成り立つ。

(1) $a^0 = 1$　(2) $a^1 = a$　(3) $a^m \times a^n = a^{m+n}$

(4) $(a^m)^n = a^{m \times n}$　(5) $\dfrac{a^m}{a^n} = a^{m-n}$　(6) $\left(\dfrac{b}{a}\right)^m = \dfrac{b^m}{a^m}$

(7) $(a \times b)^m = a^m \times b^m$　($a \neq 0$，m，n：自然数)

2. 乗法公式（因数分解公式）をシッカリ覚えよう。

次の公式は，
- ・左辺 ⟶ 右辺の変形が，**乗法公式**で，
- ・左辺 ⟵ 右辺の変形が，**因数分解公式**になっている。

(i) $m(a+b) = ma + mb$ ← m は共通因数

(ii) $(a+b)^2 = a^2 + 2ab + b^2$，　$(a-b)^2 = a^2 - 2ab + b^2$

(iii) $(a+b)(a-b) = a^2 - b^2$

(iv) $(a+b+c)^2 = a^2 + b^2 + c^2 + 2ab + 2bc + 2ca$

(v) $(x+a)(x+b) = x^2 + (a+b)x + ab$

$(ax+b)(cx+d) = acx^2 + (ad+bc)x + bd$

“たすきがけ” による因数分解

(vi) $(a+b)^3 = a^3 + 3a^2b + 3ab^2 + b^3$

$(a-b)^3 = a^3 - 3a^2b + 3ab^2 - b^3$

(vii) $(a+b)(a^2 - ab + b^2) = a^3 + b^3$

$(a-b)(a^2 + ab + b^2) = a^3 - b^3$

3次式の乗法（因数分解）公式は，数学Ⅱの範囲なんだけれど，ここで，まとめてマスターしておこう。

(ex) $2x^3 - 8xy^2$ を因数分解しよう。

$2x^3 - 8xy^2 = 2x(x^2 - 4y^2) = 2x\{x^2 - (2y)^2\} = 2x(x+2y)(x-2y)$

$2x^3 = 2x \cdot x^2$，$8xy^2 = 2x \cdot 4y^2$

共通因数のくくり出し

公式：$a^2 - b^2 = (a+b)(a-b)$

3. 実数を分類しよう。

実数は，**有理数**（**整数**と**分数**）と**無理数**からなる数のことで，次のように分類できる。

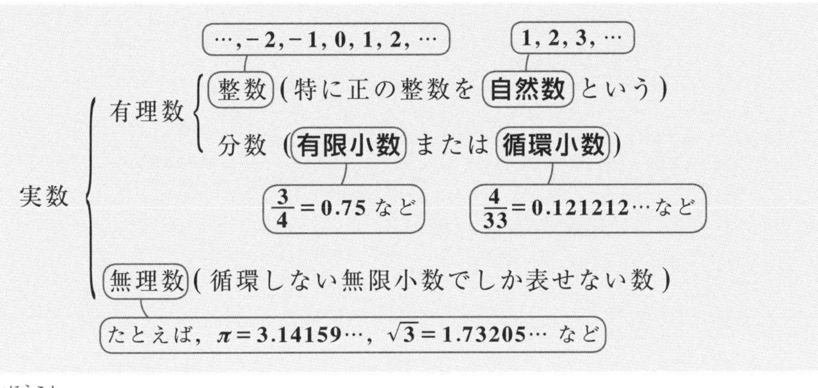

4. 平方根にも慣れよう。

2 乗して $a\,(>0)$ になる数を $\pm\sqrt{a}$ と表し，$\sqrt{a}$ を a の**正の平方根**，$-\sqrt{a}$ を a の**負の平方根**というんだね。2, 3, 5, 7, 10 の正の平方根を下に示す。

$\sqrt{2}=1.4142\cdots$, $\sqrt{3}=1.7320\cdots$，$\sqrt{5}=2.2360\cdots$，$\sqrt{7}=2.6457\cdots$，$\sqrt{10}=3.1622\cdots$

(1) $a>0$，$b>0$ のとき，次の平方根の公式も覚えよう。

(i) $\sqrt{a^2}=a$　　(ii) $\sqrt{a}\times\sqrt{b}=\sqrt{ab}$　　(iii) $\dfrac{\sqrt{b}}{\sqrt{a}}=\sqrt{\dfrac{b}{a}}$

(2) 分母が無理数である分数の分母を有理数にすることを**有理化**という。

(ex) $\dfrac{3}{\sqrt{2}}=\dfrac{3\cdot\sqrt{2}}{\sqrt{2}\cdot\sqrt{2}}=\dfrac{3\sqrt{2}}{2}$，　$\dfrac{2}{\sqrt{3}-1}=\dfrac{2(\sqrt{3}+1)}{(\sqrt{3}-1)(\sqrt{3}+1)}=\sqrt{3}+1$

$(\sqrt{3}-1)(\sqrt{3}+1)=(\sqrt{3})^2-1^2=3-1=2$

5. 分数の計算にも慣れよう。

(i) $\dfrac{b}{a}+\dfrac{d}{c}=\dfrac{bc+ad}{ac}$　　(ii) $\dfrac{b}{a}-\dfrac{d}{c}=\dfrac{bc-ad}{ac}$

(iii) $\dfrac{b}{a}\times\dfrac{d}{c}=\dfrac{bd}{ac}$　　(iv) $\dfrac{b}{a}\div\dfrac{d}{c}=\dfrac{b}{a}\times\dfrac{c}{d}=\dfrac{bc}{ad}$

特に (iv) は，繁分数の計算公式として，次のように覚えておいてもいいよ。

$$\dfrac{\;\dfrac{b}{a}\;}{\;\dfrac{d}{c}\;}=\dfrac{bc}{ad}$$

分母の分母は上へ　分子の分母は下へ

6. 2重根号のはずし方にも慣れよう。

$a > b > 0$ のとき,

(i) $\sqrt{(a+b)+2\sqrt{ab}} = \sqrt{a}+\sqrt{b}$　（$a+b$：たして，ab：かけて）

(ii) $\sqrt{(a+b)-2\sqrt{ab}} = \sqrt{a}-\sqrt{b}$　（$a+b$：たして，ab：かけて，$\sqrt{a}$：大，$\sqrt{b}$：小）

(ex) $\sqrt{4+2\sqrt{3}} = \sqrt{3}+\sqrt{1} = \sqrt{3}+1$,　（たして $3+1$，かけて 3×1）

$\sqrt{5-2\sqrt{6}} = \sqrt{3}-\sqrt{2}$　（たして $3+2$，かけて 3×2）

7. 対称式は基本対称式で表される。

対称式 (x^2+y^2, x^2y+xy^2 など，x と y を入れ替えても変化しない式) は，**基本対称式** ($x+y$ と xy) のみの式で表すことができるんだね。

(ex) $x^2+y^2=(x+y)^2-2xy$,　$x^2y+xy^2=xy\cdot(x+y)$

8. 絶対値 $|a|$ の計算にも慣れよう。

$$|a| = \begin{cases} a & (a \geqq 0 \text{ のとき}) \\ -a & (a < 0 \text{ のとき}) \end{cases}$$

(ex) $|3|=3$,　$|\sqrt{5}|=\sqrt{5}$,　$|-2|=2$,　$|-\sqrt{7}|=\sqrt{7}$

絶対値の公式

(i) $|a|^2=a^2$　　(ii) $\sqrt{a^2}=|a|$

・$a=3$ のとき $\sqrt{3^2}=\sqrt{9}=3$　・$a=-3$ のとき $\sqrt{(-3)^2}=\sqrt{9}=3$
となるので，これは $|\pm3|=3$ と同じなんだね。

$(\sqrt{a})^2$ の場合，自動的に $a \geqq 0$ なので，$(\sqrt{a})^2=a$ だね。

(ex) $\sqrt{x^2-6x+9}$ を変形すると，

$\sqrt{x^2-6x+9}=\sqrt{(x-3)^2}=|x-3|$　となる。よって，たとえば

・$x=5$ のとき，$\sqrt{x^2-6x+9}=|5-3|=2$

・$x=1$ のとき，$\sqrt{x^2-6x+9}=|1-3|=|-2|=2$ となるんだね。

9. 1次方程式の解法のコツをつかもう。

$A=B$ のとき，次のように変形できる。

(i) $A+C=B+C$　　(ii) $A-C=B-C$

(iii) $C\cdot A=C\cdot B$　　(iv) $\dfrac{A}{C}=\dfrac{B}{C}$ $(C \neq 0)$　が成り立つ。

(ex) $2x-3=5$　を解くと，$2x=5+3$（両辺に3をたした）　$x=\dfrac{8}{2}=4$（両辺を2で割った）　となる。

10. 1次方程式をグラフで考えよう。

(*ex*) 方程式 $x+1=-2x+4$ を分解して

$$\begin{cases} y=x+1 \\ y=-2x+4 \end{cases}$$

としてグラフの交点を求めると $(1,\ 2)$ より，解 $x=1$ となる。

(*ex*) 方程式 $x-1=x-1$ を分解して

$$\begin{cases} y=x-1 \\ y=x-1 \end{cases}$$

としてグラフを描くと，2直線は一致するので，解 x は無数に存在し，**不定解**（ふていかい）をもつことになる。

(*ex*) 方程式 $x-1=x+1$ を分解して

$$\begin{cases} y=x-1 \\ y=x+1 \end{cases}$$

としてグラフを描くと，2直線は平行となって，共有点が存在しないので，これは**解**（かい）**なし**，または**不能**となる。

11. 1次不等式の解法のコツをつかもう。

$A>B$ のとき，次のように変形できる。

(i) $A+C>B+C$　　(ii) $A-C>B-C$

(iii) ・$C>0$ のとき $CA>CB$
・$C<0$ のとき $CA<CB$

(iv) ・$C>0$ のとき $\dfrac{A}{C}>\dfrac{B}{C}$
・$C<0$ のとき $\dfrac{A}{C}<\dfrac{B}{C}$

(*ex*) $2x-3>-x+4$ を解くと，$2x+x>4+3$（両辺に $x+3$ をたした）

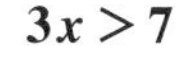

$3x>7$

$\therefore x>\dfrac{7}{3}$ となる。（両辺を 3 で割った）

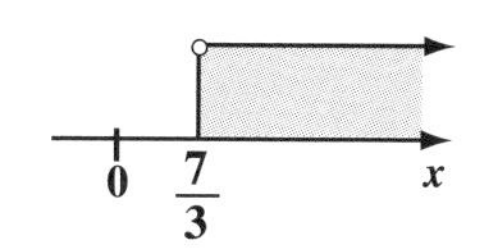

初めからトライ！問題 1　指数法則　CHECK 1　CHECK 2　CHECK 3

次の式を簡単にせよ。

(1) $2^0\times2^2\times2^4$　(2) $(2^2)^3-2^2\times2^3$　(3) $\dfrac{3^3\times3^5}{(3^3)^2}$

(4) $\dfrac{6^4}{2^3\times3^2}$　(5) $\left(\dfrac{2}{5}\right)^3\times\dfrac{3^2\times4^3\times5^2}{2^4\times3}$

ヒント！ 指数法則の公式 $a^0=1$，$a^m\times a^n=a^{m+n}$，$(a^m)^n=a^{m\times n}$ などを使って解いていこう。まず，基本的な計算を確実にできることが大切なんだね。

解答＆解説

(1) $\underbrace{2^0}_{1}\times2^2\times2^4=2^{2+4}=2^6=2\times\underbrace{2^5}_{32}=2\times32=64$ ……………………(答)

公式：$a^m\times a^n=a^{m+n}$

$2^5=32$，$2^{10}=1024$ は覚えておこう。今回は $2^6=2\times2^5=2\times32=64$ と計算した。

(2) $\underbrace{(2^2)^3}_{2^{2\times3}}-\underbrace{2^2\times2^3}_{2^{2+3}}=2^6-2^5=64-32=32$ ……(答)

公式：$(a^m)^n=a^{m\times n}$，$a^m\times a^n=a^{m+n}$

(3) $\dfrac{3^3\times3^5}{(3^3)^2}=\dfrac{3^{3+5}}{3^{3\times2}}=\dfrac{3^8}{3^6}=3^{8-6}=3^2=9$ ……………………(答)

・$a^m\cdot a^n=a^{m+n}$
・$(a^m)^n=a^{m\times n}$

$\dfrac{a^m}{a^n}=a^{m-n}$

(4) $\dfrac{6^4}{2^3\times3^2}=\dfrac{(2\times3)^4}{2^3\times3^2}=\dfrac{2^4\times3^4}{2^3\times3^2}=2^{4-3}\times3^{4-2}=2\times3^2=2\times9=18$ ……(答)

$(a\times b)^m=a^m\times b^m$

$\dfrac{a^m}{a^n}=a^{m-n}$

(5) $\left(\dfrac{2}{5}\right)^3\times\dfrac{3^2\times4^3\times5^2}{2^4\times3}=\dfrac{2^3}{5^3}\times\dfrac{3^2\times2^6\times5^2}{2^4\times3}=\dfrac{2^9\times3^2\times5^2}{2^4\times3^1\times5^3}$

$(2^2)^3=2^{2\times3}$　　2^{3+6}

$\left(\dfrac{b}{a}\right)^m=\dfrac{b^m}{a^m}$

指数法則の公式を総動員して解こう！

$=\dfrac{2^{9-4}\times3^{2-1}}{5^{3-2}}=\dfrac{2^5\times3}{5}=\dfrac{32\times3}{5}=\dfrac{96}{5}$ ……………………(答)

$\dfrac{5^2}{5^3}=5^{2-3}=5^{-1}=\dfrac{1}{5}$ と計算してもいい。

初めからトライ！問題 2	指数法則	CHECK 1	CHECK 2	CHECK 3

次の式を簡単にせよ。

(1) $x \times x^2 \times (x^3)^2$　　(2) $(2y^2)^3 - 5y^2 \times y^4$

(3) $(-2xy^2)^3 \times (-3x)^2$　　(4) $\dfrac{(-6x^2y)^3}{(3x)^2 \times 2y^4}$

ヒント！ 文字 x, y についての指数法則の問題だ。まず，正確に計算できるように頑張ろう！そして，正確に計算できるようになったら，今度はスピーディに結果が出せるように頑張ろう！！

解答＆解説

(1) $x \times x^2 \times \underbrace{(x^3)^2}_{x^{3\times 2}} = \underbrace{x^1 \times x^2 \times x^6}_{x^{1+2+6}} = x^{1+2+6} = x^9$ ………(答)

公式：$a^m \times a^n = a^{m+n}$　$(a^m)^n = a^{m\times n}$ を使った。

(2) $\underbrace{(2y^2)^3}_{2^3\cdot(y^2)^3 = 8\cdot y^{2\times 3}} - 5\underbrace{y^2 \times y^4}_{y^{2+4}} = 8y^6 - 5y^6 = (8-5)y^6 = 3y^6$ …(答)

公式：$(a \times b)^m = a^m \cdot b^m$，$a^m \times a^n = a^{m+n}$　$(a^m)^n = a^{m\times n}$ を使った。

(3) $\underbrace{(-2xy^2)^3}_{(-2)^3\cdot x^3\cdot (y^2)^3 = -2^3\cdot x^3\cdot y^{2\times 3}} \times \underbrace{(-3x)^2}_{(-3)^2\cdot x^2 = 9\cdot x^2} = -8\cdot x^3\cdot y^6 \times 9\cdot x^2$

⊖の数を 3 回かけると ⊖だから，$(-2)^3 = -2^3 = -8$
⊖の数を 2 回かけると ⊕だから，$(-3)^2 = 3^2 = 9$ だね。

$= -72\cdot x^{3+2}\cdot y^6 = -72x^5y^6$ ……………………(答)

(4) $\dfrac{(-6x^2y)^3}{(3x)^2 \times 2y^4} = \dfrac{-6^3\cdot x^6\cdot y^3}{3^2\cdot x^2\cdot 2\cdot y^4} = -\dfrac{6^3}{2\cdot 3^2}\cdot\dfrac{x^6}{x^2}\cdot\dfrac{y^3}{y^4}$

$(-6)^3\cdot(x^2)^3\cdot y^3 = -6^3\cdot x^6\cdot y^3$

$(3x)^2 = 3^2\cdot x^2$

$\dfrac{2^3\cdot 3^3}{2\cdot 3^2} = 2^{3-1}\cdot 3^{3-2} = 2^2\cdot 3 = 4\cdot 3 = 12$

$x^{6-2} = x^4$

$\dfrac{1}{y^{4-3}} = \dfrac{1}{y}$

$= -12\cdot x^4\cdot\dfrac{1}{y} = -\dfrac{12x^4}{y}$ ……………………………(答)

初めからトライ！問題 3	整式の展開	CHECK 1	CHECK 2	CHECK 3

次の式を展開せよ。

(1) $(2x^2+x)(x-2)$　　(2) $(2x^2-1)^2$

(3) $(2x+y-1)(2x-y+1)$　　(4) $(x+2y-3)^2$

ヒント！ (1) は，そのまま展開すればいい。(2) では，公式 $(a-b)^2=a^2-2ab+b^2$ を，また (3) では，公式 $(a+b)(a-b)=a^2-b^2$ を利用しよう。(4) は，公式 $(a+b+c)^2=a^2+b^2+c^2+2ab+2bc+2ca$ を用いて展開すればいいんだね。

解答＆解説

(1) $(2x^2+x)(x-2)=2x^3-4x^2+x^2-2x=2x^3-3x^2-2x$ ……………(答)

$(-4+1)x^2=-3x^2$

(2) $(2x^2-1)^2=(2x^2)^2-2\cdot2x^2\cdot1+1^2=4x^4-4x^2+1$ ………………(答)

$[\,(a-b)^2 = a^2 - 2ab + b^2\,]$

$2x^2=a$，$1=b$ とおくと，$(a-b)^2=a^2-2ab+b^2$ の公式が利用できる。

(3) $(2x+y-1)(2x-y+1)$

$-(y-1)=-1\cdot(y-1)=-y+1$ となるからね。

$=\{2x+(y-1)\}\{2x-(y-1)\}=(2x)^2-(y-1)^2$

$[\,(a+b)(a-b)=a^2-b^2\,]$

$2x=a$，$y-1=b$ とおくと，$(a+b)(a-b)=a^2-b^2$ の公式が使える。

$=4x^2-(y^2-2y+1)=4x^2-y^2+2y-1$ ………………………………(答)

$-1\cdot(y^2-2y+1)=-y^2+2y-1$ となる。

(4) $(x+2y-3)^2=\{x+2y+(-3)\}^2$

$[(a+b+c)^2\,]$

$=x^2+(2y)^2+(-3)^2+2\cdot x\cdot2y+2\cdot2y\cdot(-3)+2\cdot(-3)x$

$[\,=a^2+b^2+c^2+2ab+2bc+2ca\,]$

$=x^2+4y^2+9+4xy-12y-6x=x^2+4y^2+4xy-6x-12y+9$ …(答)

初めからトライ！問題 4 因数分解 CHECK 1 CHECK 2 CHECK 3

次の式を因数分解せよ。

(1) $3a^3b+6a^2b^2$ (2) $2x^2y+8xy+8y$

(3) $16\alpha^2-36\beta^2$ (4) x^4-16y^4

ヒント！ 因数分解でまずやるべき操作は，共通因数を見つけてくくり出すことだね。後は，公式：$a^2\pm 2ab+b^2=(a\pm b)^2$ や $a^2-b^2=(a+b)(a-b)$ などを利用するんだね。

解答＆解説

(1) $3a^3b+6a^2b^2=3a^2b\cdot a+3a^2b\cdot 2b=3a^2b(a+2b)$ ……………………(答)

共通因数 これをくくり出す。

(2) $2x^2y+8xy+8y=2y\cdot x^2+2y\cdot 4x+2y\cdot 4$

くくり出す。 共通因数

公式：$a^2+2ab+b^2=(a+b)^2$ を使った。

$=2y(x^2+4x+4)$

$=2y(x^2+2\cdot x\cdot 2+2^2)=2y(x+2)^2$ ……………………(答)

$[\ 2y(a^2+\ 2ab\ +b^2)=2y(a+b)^2\ ]$

(3) $16\alpha^2-36\beta^2=4\cdot 4\alpha^2-4\cdot 9\beta^2$

くくり出す。 共通因数

公式：$a^2-b^2=(a+b)(a-b)$ を使った。

$=4(4\alpha^2-9\beta^2)$

$=4\{(2\alpha)^2-(3\beta)^2\}=4(2\alpha+3\beta)(2\alpha-3\beta)$ ………………(答)

$[\ 4(\ a^2\ -\ b^2\ )=4(\ a\ +\ b\ )(\ a\ -\ b\ )]$

(4) $x^4-16y^4=(x^2)^2-(4y^2)^2=(x^2+4y^2)(x^2-4y^2)$

$[\ a^2\ -\ b^2\ =(a\ +\ b\ )(a\ -\ b\ )]$

$=(x^2+4y^2)\{x^2-(2y)^2\}$

$=(x^2+4y^2)(x+2y)(x-2y)$

$x=a$，$2y=b$ とおくと，また公式 $a^2-b^2=(a+b)(a-b)$ が使える！

…………(答)

初めからトライ！問題 5　因数分解　CHECK 1　CHECK 2　CHECK 3

次の式を因数分解せよ。

(1) $x^2+8x+12$　　(2) $x^2-2x-35$

(3) $x^2+5ax+6a^2$　　(4) $(x-1)x(x+1)(x+2)-3$

ヒント！ $x^2+(a+b)x+ab=(x+a)(x+b)$ の形の因数分解の問題なんだね。（$a+b$：たして，ab：かけて）

(3), (4) は少し応用になっているけれど，よく考えて解いていこう。

解答＆解説

(1) $x^2+8x+12=(x+2)(x+6)$ ……(答)

たして $2+6$　かけて 2×6

(2) $x^2-2x-35=(x-7)(x+5)$ ……(答)

たして $-7+5$　かけて $(-7)\times5$

(3) x の 2 次式として，a を定数と考えると，

$x^2+5ax+6a^2=(x+2a)(x+3a)$ ……(答)

たして $2a+3a$　かけて $2a\times3a$

(4) これは，まず $x(x+1)$ と $(x-1)(x+2)$ を計算すると，いずれも x^2+x が出てくるので，これを $x^2+x=A$ とでもおけば同様に因数分解できる。

$(x-1)x(x+1)(x+2)-3=x(x+1)(x-1)(x+2)-3$

（$x(x+1)=(x^2+x)$，$(x-1)(x+2)=(x^2+x-2)$）

$=(x^2+x)(x^2+x-2)-3$　　ここで，$x^2+x=A$ とおくと，

与式 $=A(A-2)-3=A^2-2A-3$

たして $-3+1$　かけて $(-3)\times1$

$=(A-3)(A+1)$　　ここで，$A=x^2+x$ を代入して，

与式 $=(x^2+x-3)(x^2+x+1)$ ……(答)

たして 1，かけて -3 となる整数はない。

たして 1，かけて 1 となる整数もないので，これ以上因数分解はできない！

初めからトライ！問題 6	因数分解	CHECK 1	CHECK 2	CHECK 3

次の式を因数分解せよ。

(1) $3x^2+4x+1$　　(2) $6x^2-7x+2$

(3) $12x^2+5x-3$　　(4) $ax^2+(a^2+a-2)x-2a-2$　$(a \neq 0)$

ヒント！ $acx^2+(ad+bc)x+bd=(ax+b)(cx+d)$ の形のたすきがけによる

a ╲╱ b
c ╱╲ d

因数分解の問題だ。**(4)** は少し応用だけれど，頑張って解いてみよう！

解答＆解説

(1) $3x^2+4x+1=(3x+1)(x+1)$ ……(答)

3 ╲╱ 1 → 1
1 ╱╲ 1 → 3 (+
→ 4

(2) $6x^2-7x+2=(3x-2)(2x-1)$ ……(答)

3 ╲╱ −2 → −4
2 ╱╲ −1 → −3 (+
→ −7

(3) $12x^2+5x-3=(4x+3)(3x-1)$ ……(答)

4 ╲╱ 3 → 9
3 ╱╲ −1 → −4 (+
→ 5

(4) $ax^2+(a^2+a-2)x-2a-2$

$=ax^2+(a^2+a-2)x-2(a+1)$

a ╲╱ -2 → -2
1 ╱╲ $a+1$ → a^2+a (+
→ a^2+a-2

$=(ax-2)(1\cdot x+a+1)$

$=(ax-2)(x+a+1)$ ……(答)

初めからトライ！問題 7	因数分解	CHECK 1	CHECK 2	CHECK 3

次の式を因数分解せよ。

(1) $x^3-6x^2y+12xy^2-8y^3$　　(2) $3x^3y-24y^4$

(3) $x^6-2x^3y^3+y^6$　　(4) x^9-1

ヒント！ 3次式の因数分解公式：$(a\pm b)^3=a^3\pm 3a^2b+3ab^2\pm b^3$, $a^3\pm b^3=(a\pm b)(a^2\mp ab+b^2)$ は，実は数学Ⅱの範囲のものなんだけれど，ここで，効率よくまとめてマスターしておこう。実力がグッと伸びるよ！

解答＆解説

(1) $x^3-3\cdot x^2\cdot 2y+3\cdot x\cdot(2y)^2-(2y)^3=(x-2y)^3$ ……(答)

$[\ a^3-3\cdot a^2\cdot b+3\cdot a\cdot b^2-b^3=(a-b)^3\ ]$

(2) $3y\cdot x^3-3y\cdot 8y^3=3y(x^3-8y^3)$ ← まず共通因数 $3y$ をくくり出した

$=3y\{x^3-(2y)^3\}=3y(x-2y)\{x^2+x\cdot 2y+(2y)^2\}$

$[\ 3y(a^3-b^3)=3y(a-b)(a^2+ab+b^2)\ ]$

$=3y(x-2y)(x^2+2xy+4y^2)$ ……(答)

(3) $(x^3)^2-2\cdot x^3\cdot y^3+(y^3)^2=(x^3-y^3)^2=\{(x-y)\cdot(x^2+xy+y^2)\}^2$　（x^3-y^3 → $(x-y)(x^2+xy+y^2)$）

$[\ a^2-2\cdot a\cdot b+b^2=(a-b)^2\ ]$

$=(x-y)^2\cdot(x^2+xy+y^2)^2$ ……(答)

(4) $x^9-1=(x^3)^3-1^3$

$=(x^3-1)\{(x^3)^2+x^3\cdot 1+1^2\}$ ← $a^3-b^3=(a-b)(a^2+ab+b^2)$ より

$=(x-1)(x^2+x+1)(x^6+x^3+1)$ ……(答)

初めからトライ！問題 8	因数分解	CHECK 1	CHECK 2	CHECK 3

次の式を因数分解せよ。

(1) x^4-2x^2-8　　(2) x^4-10x^2+9

(3) $8x^4+2x^2-1$　　(4) $9x^4-10x^2+1$

ヒント！ すべて x の 4 次式なんだけれども，$x^2=t$ とおくと，t の 2 次式の因数分解の問題に帰着するんだね。少し応用だけれど，頑張って解いてみよう！

解答&解説

(1) $(x^2)^2-2\cdot x^2-8$ より，$x^2=t$ とおくと，

与式 $=t^2-2t-8=(t-4)(t+2)=(x^2-4)(x^2+2)$

たして $-4+2$　かけて $(-4)\times 2$　t を x^2 に戻した。　$(x^2-2^2)=(x+2)(x-2)$

$=(x-2)(x+2)(x^2+2)$ ……(答)

(2) $(x^2)^2-10\cdot x^2+9$ より，$x^2=t$ とおくと，

与式 $=t^2-10t+9=(t-1)(t-9)=(x^2-1)(x^2-9)$

たして $-1+(-9)$　かけて $(-1)\times(-9)$　t を x^2 に戻した。　$(x+1)(x-1)$　$(x+3)(x-3)$

$=(x+1)(x-1)(x+3)(x-3)$ ……(答)

(3) $8\cdot(x^2)^2+2x^2-1$ より，$x^2=t$ とおくと，

与式 $=8t^2+2t-1=(4t-1)(2t+1)=(4x^2-1)(2x^2+1)$

t を x^2 に戻した。

4 ╲╱ $-1\rightarrow -2$

2 ╱╲ $1\rightarrow 4$ (+

2

$\{(2x)^2-1^2\}=(2x+1)(2x-1)$

$=(2x-1)(2x+1)(2x^2+1)$ ……(答)

(4) $9(x^2)^2-10x^2+1$ より，$x^2=t$ とおくと，

与式 $=9t^2-10t+1=(t-1)(9t-1)=(x^2-1)(9x^2-1)$

t を x^2 に戻した。

1 ╲╱ $-1\rightarrow -9$

9 ╱╲ $-1\rightarrow -1$ (+

-10

$(x+1)(x-1)$　$\{(3x)^2-1^2\}=(3x+1)(3x-1)$

$=(x+1)(x-1)(3x+1)(3x-1)$ ……(答)

初めからトライ！問題 9　平方根の計算　CHECK 1　CHECK 2　CHECK 3

次の式を簡単にせよ。

(1) $\sqrt{3}\times\sqrt{18}$　(2) $\sqrt{6}\times\sqrt{27}$　(3) $\dfrac{\sqrt{64}}{\sqrt{2}}$　(4) $\dfrac{\sqrt{162}}{\sqrt{24}}$

(5) $\sqrt{50}+(-\sqrt{2})^3$　(6) $\sqrt{20}(\sqrt{5}-\sqrt{8})$

ヒント！ 平方根の計算公式：$\sqrt{a^2}=a\ (a>0)$, $\sqrt{a}\times\sqrt{b}=\sqrt{ab}$, $\dfrac{\sqrt{b}}{\sqrt{a}}=\sqrt{\dfrac{b}{a}}$ などを用いて，簡単な形にまとめていこう。

解答＆解説

(1) $\sqrt{3}\times\underbrace{\sqrt{3^2\times 2}}_{\sqrt{3^2}\times\sqrt{2}=3\sqrt{2}}$ の形で
$\sqrt{3}\times\sqrt{18}=\sqrt{3}\times\sqrt{3^2\times2}=\sqrt{3}\times3\sqrt{2}=3\sqrt{3\times2}=3\sqrt{6}$ ……………(答)

$$\sqrt{3^2}\times\sqrt{2}=3\sqrt{2}$$

(2) $\underbrace{\sqrt{6}}_{\sqrt{3}\times\sqrt{2}}\times\underbrace{\sqrt{27}}_{\sqrt{3^2\cdot3}=3\sqrt{3}}=\sqrt{3}\times\sqrt{2}\times3\sqrt{3}=3\underbrace{(\sqrt{3})^2}_{3}\times\sqrt{2}=9\sqrt{2}$ ……………(答)

(3) $\dfrac{\sqrt{64}}{\sqrt{2}}=\sqrt{\dfrac{64}{2}}=\sqrt{32}=\sqrt{4^2\times2}=4\sqrt{2}$ ……………(答)

(4) $\dfrac{\sqrt{162}}{\sqrt{24}}=\sqrt{\dfrac{162}{24}}=\sqrt{\dfrac{27}{4}}=\dfrac{\sqrt{27}}{\sqrt{4}}=\dfrac{3\sqrt{3}}{2}$ ……………(答)

（分子・分母を6で割って）　$\sqrt{27}$：$\sqrt{3^2\cdot3}=3\sqrt{3}$　$\sqrt{4}$：2

(5) $\underbrace{\sqrt{50}}_{\sqrt{5^2\times2}=5\sqrt{2}}+\underbrace{(-\sqrt{2})^3}_{(-1)^3\cdot(\sqrt{2})^3=-2\sqrt{2}}=5\sqrt{2}-2\sqrt{2}=(5-2)\sqrt{2}=3\sqrt{2}$ ……………(答)

(6) $\underbrace{\sqrt{20}}_{\sqrt{2^2\times5}=2\sqrt{5}}\cdot(\sqrt{5}-\underbrace{\sqrt{8}}_{\sqrt{2^2\times2}=2\sqrt{2}})=2\sqrt{5}(\sqrt{5}-2\sqrt{2})$

$=2\underbrace{\sqrt{5}\times\sqrt{5}}_{5}-4\cdot\underbrace{\sqrt{5}\cdot\sqrt{2}}_{\sqrt{5\times2}=\sqrt{10}}=2\times5-4\sqrt{10}$

$=10-4\sqrt{10}$ ……………(答)

初めからトライ！問題 10	平方根の計算	CHECK 1	CHECK 2	CHECK 3

次の式を簡単にせよ。

(1) $\dfrac{3}{\sqrt{8}}$　(2) $\sqrt{\dfrac{1}{5}+\dfrac{1}{4}}$　(3) $\dfrac{2}{\sqrt{3}+1}$

(4) $\dfrac{1}{3-2\sqrt{2}}$　(5) $\dfrac{\sqrt{2}}{\sqrt{3}-\sqrt{2}}-\dfrac{\sqrt{2}}{\sqrt{3}+\sqrt{2}}$

ヒント！ これは，すべて有理化の問題なんだね。(3)，(4)，(5) では，$(a+b)(a-b)=a^2-b^2$ の公式を利用して，有理化すればいいよ。

解答＆解説

(1) $\dfrac{3}{\sqrt{8}}=\dfrac{3}{2\sqrt{2}}=\dfrac{3\sqrt{2}}{2(\sqrt{2}\cdot\sqrt{2})}=\dfrac{3\sqrt{2}}{4}$ ……………………(答)

$\sqrt{8}=\sqrt{2^2\cdot 2}=2\sqrt{2}$，分子・分母に $\sqrt{2}$ をかけて，$\sqrt{2}\cdot\sqrt{2}=2$

(2) $\sqrt{\dfrac{1}{5}+\dfrac{1}{4}}=\sqrt{\dfrac{9}{20}}=\dfrac{\sqrt{9}}{\sqrt{20}}=\dfrac{3}{\sqrt{2^2\cdot 5}}=\dfrac{3}{2\sqrt{5}}=\dfrac{3\sqrt{5}}{10}$ …(答)

$\dfrac{1\times4+1\times5}{5\times4}=\dfrac{9}{20}$ ← $\dfrac{b}{a}+\dfrac{d}{c}=\dfrac{bc+ad}{ac}$，分子・分母に $\sqrt{5}$ をかけて

(3) $\dfrac{2}{\sqrt{3}+1}=\dfrac{2(\sqrt{3}-1)}{(\sqrt{3}+1)(\sqrt{3}-1)}=\dfrac{2(\sqrt{3}-1)}{2}=\sqrt{3}-1$ …(答)

分子・分母に $\sqrt{3}-1$ をかけて，$(\sqrt{3})^2-1^2=3-1=2$

(4) $\dfrac{1}{3-2\sqrt{2}}=\dfrac{3+2\sqrt{2}}{(3-2\sqrt{2})(3+2\sqrt{2})}=3+2\sqrt{2}$ ……(答)

分子・分母に $3+2\sqrt{2}$ をかけて，$3^2-(2\sqrt{2})^2=9-4\cdot2=9-8=1$

(5) $\dfrac{\sqrt{2}}{\sqrt{3}-\sqrt{2}}-\dfrac{\sqrt{2}}{\sqrt{3}+\sqrt{2}}=\dfrac{\sqrt{2}(\sqrt{3}+\sqrt{2})-\sqrt{2}(\sqrt{3}-\sqrt{2})}{(\sqrt{3}-\sqrt{2})(\sqrt{3}+\sqrt{2})}$ ← $\dfrac{b}{a}-\dfrac{d}{c}=\dfrac{bc-ad}{ac}$

$(\sqrt{3})^2-(\sqrt{2})^2=3-2=1$

$=\sqrt{6}+2-\sqrt{6}+2=4$ ……………………………(答)

初めからトライ！問題 11　繁分数の計算　CHECK 1　CHECK 2　CHECK 3

次の繁分数を簡単にせよ。

(1) $\dfrac{3}{\dfrac{\sqrt{5}-2}{\sqrt{2}}}$　　(2) $\dfrac{\dfrac{6}{\sqrt{2}}}{\dfrac{2-\sqrt{2}}{4}}$　　(3) $\dfrac{1}{1-\dfrac{1}{1+\dfrac{1}{\sqrt{3}-1}}}$

ヒント！ 繁分数の計算の要領は右の通りだね。(3) は，たんねんに下から計算していけばいいんだよ。

$$\frac{\frac{b}{a}}{\frac{d}{c}}=\frac{bc}{ad}$$

解答＆解説

(1) $\dfrac{3}{\dfrac{\sqrt{5}-2}{\sqrt{2}}}=\dfrac{3\sqrt{2}}{\sqrt{5}-2}=\dfrac{3\sqrt{2}(\sqrt{5}+2)}{(\sqrt{5}-2)(\sqrt{5}+2)}$

分子・分母に $\sqrt{5}+2$ をかけて有理化

$(\sqrt{5})^2-2^2=5-4=1$

$=3\sqrt{2}\cdot\sqrt{5}+3\sqrt{2}\cdot 2=3\sqrt{10}+6\sqrt{2}$ ……………………………(答)

(2) $\dfrac{\dfrac{6}{\sqrt{2}}}{\dfrac{2-\sqrt{2}}{4}}=\dfrac{24}{\sqrt{2}(2-\sqrt{2})}=\dfrac{\overset{12}{\cancel{24}}}{\cancel{2}(\sqrt{2}-1)}=\dfrac{12(\sqrt{2}+1)}{(\sqrt{2}-1)(\sqrt{2}+1)}$

$\sqrt{2}(2-\sqrt{2})=\sqrt{2}(\sqrt{2}-1)$

$(\sqrt{2})^2-1^2=2-1=1$

$=12(\sqrt{2}+1)=12\sqrt{2}+12$ ……………………………(答)

(3) $\dfrac{1}{1-\dfrac{1}{1+\dfrac{1}{\sqrt{3}-1}}}=\dfrac{1}{1-\dfrac{1}{\dfrac{\sqrt{3}}{\sqrt{3}-1}}}=\dfrac{1}{1-\dfrac{\sqrt{3}-1}{\sqrt{3}}}=\dfrac{1}{\dfrac{1}{\sqrt{3}}}$

$1+\dfrac{1}{\sqrt{3}-1}=\dfrac{\sqrt{3}-\cancel{1}+\cancel{1}}{\sqrt{3}-1}=\dfrac{\sqrt{3}}{\sqrt{3}-1}$

$1-\dfrac{\sqrt{3}-1}{\sqrt{3}}=\dfrac{\cancel{\sqrt{3}}-(\cancel{\sqrt{3}}-1)}{\sqrt{3}}=\dfrac{1}{\sqrt{3}}$

$=\dfrac{\sqrt{3}}{1}=\sqrt{3}$ ……………………………(答)

初めからトライ！問題 12	2 重根号の問題	CHECK 1	CHECK 2	CHECK 3

次の 2 重根号の式を簡単にせよ。

(1) $\sqrt{6+2\sqrt{5}}$　　(2) $\sqrt{7-2\sqrt{12}}$

(3) $\sqrt{8+\sqrt{60}}$　　(4) $\sqrt{4-\sqrt{7}}$

ヒント！ (1), (2) 2 重根号をはずす要領は，$\sqrt{(a+b)\pm2\sqrt{ab}}=\sqrt{a}\pm\sqrt{b}$（$a+b$：たして，$ab$：かけて）

$(a>b>0)$ なんだね。(3), (4) も，この形にもち込んで解いてみよう。

解答＆解説

(1) $\sqrt{6+2\sqrt{5}}=\sqrt{5}+\sqrt{1}=\sqrt{5}+1$ ……………………………………(答)

（たして $5+1$，かけて 5×1）

(2) $\sqrt{7-2\sqrt{12}}=\sqrt{4}-\sqrt{3}=2-\sqrt{3}$ ……………………………………(答)

（たして $4+3$，かけて 4×3）

(3) 2 重根号をはずすためには，必ず $\sqrt{(a+b)+2\sqrt{ab}}$ の形にする必要が（$a+b$：たして，ab：かけて）

ある。今回の場合，根号内の $\sqrt{60}$ を $\sqrt{60}=\sqrt{2^2\times15}=2\sqrt{15}$ とすれば，うまくいく。$\sqrt{8+\sqrt{60}}=\sqrt{8+2\sqrt{15}}=\sqrt{5}+\sqrt{3}$ ………………(答)

（$\sqrt{2^2\times15}=2\sqrt{15}$，たして $5+3$，かけて 5×3）

(4) 根号内の $\sqrt{7}$ から $2\sqrt{ab}$ の形を作ることができないので，根号内を 2 倍して 2 で割るとうまくいく。

$$\sqrt{4-\sqrt{7}}=\sqrt{\frac{2(4-\sqrt{7})}{2}}=\sqrt{\frac{8-2\sqrt{7}}{2}}$$

（根号内を 2 倍して 2 で割った。）

（たして $7+1$，かけて 7×1）

$$=\frac{\sqrt{8-2\sqrt{7}}}{\sqrt{2}}=\frac{\sqrt{7}-\sqrt{1}}{\sqrt{2}}=\frac{\sqrt{7}-1}{\sqrt{2}}=\frac{\sqrt{2}(\sqrt{7}-1)}{(\sqrt{2})^2}$$

（分子・分母に $\sqrt{2}$ をかけて）

$$=\frac{\sqrt{2}(\sqrt{7}-1)}{2}=\frac{\sqrt{14}-\sqrt{2}}{2}$$ ……………………………………(答)

初めからトライ！問題 13　基本対称式と対称式　CHECK 1　CHECK 2　CHECK 3

$x=\sqrt{7+\sqrt{40}}$，$y=\sqrt{7-\sqrt{40}}$ のとき，次の式の値を求めよ。

(1) x^2y+xy^2　　(2) $\dfrac{y}{x}+\dfrac{x}{y}$

ヒント！ x，y は2重根号の式だから，まずこれをはずして，x と y の値を求め，次に基本対称式 $x+y$ と xy の値を求めよう。(1) と (2) は共に対称式だから，基本対称式で表すことができるので，それぞれの式の値も楽に求まるはずだ。

解答＆解説

・$x=\sqrt{7+\sqrt{40}}=\sqrt{7+2\sqrt{10}}=\sqrt{5}+\sqrt{2}$ ……①

（$\sqrt{40}=\sqrt{2^2\cdot10}$，たして $5+2$，かけて 5×2）

・$y=\sqrt{7-\sqrt{40}}=\sqrt{7-2\sqrt{10}}=\sqrt{5}-\sqrt{2}$ ……②

（$\sqrt{40}=\sqrt{2^2\cdot10}$，たして $5+2$，かけて 5×2）

①，②より，基本対称式 $x+y$ と xy の値は，

$$\begin{cases} x+y=\sqrt{5}+\sqrt{2}+\sqrt{5}-\sqrt{2}=2\sqrt{5} & \cdots\cdots③ \\ xy=(\sqrt{5}+\sqrt{2})(\sqrt{5}-\sqrt{2})=(\sqrt{5})^2-(\sqrt{2})^2=5-2=3 & \cdots\cdots④ \end{cases}$$

(1) ③，④より，対称式 x^2y+xy^2 の値は，

$$x^2y+xy^2=xy\cdot x+xy\cdot y=xy\cdot(x+y)=3\times2\sqrt{5}=6\sqrt{5} \quad \cdots\cdots(答)$$

（xy は共通因数，xy・$(x+y)$ は基本対称式，$xy=3$，$x+y=2\sqrt{5}$ ← ③，④より）

(2) ③，④より，対称式 $\dfrac{y}{x}+\dfrac{x}{y}$ の値は，

$$\frac{y}{x}+\frac{x}{y}=\frac{y^2+x^2}{xy}=\frac{(x+y)^2-2xy}{xy}$$

（$x+y=2\sqrt{5}$，$xy=3$）

$(x+y)^2=x^2+2xy+y^2$ より，この分子は $x^2+y^2=(x+y)^2-2xy$ となる。（基本対称式）

$$=\frac{(2\sqrt{5})^2-2\cdot3}{3}=\frac{20-6}{3}=\frac{14}{3} \quad \cdots\cdots(答)$$

（$2^2\cdot(\sqrt{5})^2=4\cdot5=20$）

初めからトライ！問題 14　絶対値の計算　CHECK 1　CHECK 2　CHECK 3

(1) 次の式の値を求めよ。

(i) $|-3|$　(ii) $|2-\sqrt{3}|$　(iii) $|\sqrt{5}-3|$

(2) 次の式を簡単にせよ。また，$x=\sqrt{2}$ のときの値を求めよ。

$$\sqrt{x^2-2x+1}+\sqrt{x^2-2\sqrt{2}x+2}+\sqrt{x^2-4x+4}$$

ヒント！ (1) ・$a \geqq 0$ のとき，$|a|=a$ であり，・$a<0$ のとき，$|a|=-a$ だね。(2) は，公式 $\sqrt{a^2}=|a|$ を利用して解けばいいんだよ。少し応用だけれど，頑張ろう！

解答＆解説

(1)(i) $|-3|=-(-3)=3$　（-3 は ⊖）

(ii) $|2-\sqrt{3}|=2-\sqrt{3}$　（$\sqrt{3}=1.7\cdots$，$2-\sqrt{3}$ は ⊕）……………(答)

(iii) $|\sqrt{5}-3|=-(\sqrt{5}-3)=3-\sqrt{5}$　（$\sqrt{5}=2.2\cdots$，$\sqrt{5}-3$ は ⊖）……………(答)

(2) $\sqrt{x^2-2x+1}+\sqrt{x^2-2\sqrt{2}x+2}+\sqrt{x^2-4x+4}$

$x^2-2\cdot x\cdot 1+1^2=(x-1)^2$，$x^2-2\cdot x\cdot\sqrt{2}+(\sqrt{2})^2=(x-\sqrt{2})^2$，$x^2-2\cdot x\cdot 2+2^2=(x-2)^2$

公式：$a^2-2ab+b^2=(a-b)^2$ を使った。

$=\sqrt{(x-1)^2}+\sqrt{(x-\sqrt{2})^2}+\sqrt{(x-2)^2}$

（$=|x-1|$，$=|x-\sqrt{2}|$，$=|x-2|$）

公式：$\sqrt{a^2}=|a|$ を使った。

$=|x-1|+|x-\sqrt{2}|+|x-2|$ ……① ……………(答)

・$x=\sqrt{2}$ のとき，与式の値は①の x に $\sqrt{2}$ を代入したものより，

与式 $=|\sqrt{2}-1|+|\sqrt{2}-\sqrt{2}|+|\sqrt{2}-2|$

（$\sqrt{2}=1.4\cdots$，$\sqrt{2}-1$ は ⊕，$|0|=0$，$\sqrt{2}-2$ は ⊖）

$=\sqrt{2}-1-(\sqrt{2}-2)=\sqrt{2}-1-\sqrt{2}+2=1$ ……………(答)

初めからトライ！問題 15	1次方程式	CHECK 1	CHECK 2	CHECK 3

(1) 次の x の 1 次方程式を解け。

(i) $4x-1=2x+3$　　(ii) $1-2x=3x+5$

(2) 次の循環小数を既約分数で表せ。

(i) $0.\dot{1}\dot{2}$　　(ii) $0.\dot{1}4\dot{4}$

(ただし，$0.\dot{1}\dot{2}=0.121212\cdots$，$0.\dot{1}4\dot{4}=0.144144144\cdots$ である。)

ヒント！ (1) は，1 次方程式の解法の手順に従って，x の値を求めればいい。(2)(i) $x=0.\dot{1}\dot{2}$ とおいて，両辺に 100 をかければいい。(ii) も同様に解ける。

解答＆解説

(1)(i) $4x-1=2x+3$ を変形して，$4x-2x=3+1$ ← 両辺に $-2x+1$ をたした。

$2x=4$　$\therefore x=\frac{4}{2}=2$ ← 両辺を 2 で割った ……………………(答)

(ii) $1-2x=3x+5$ を変形して，$1-5=3x+2x$ ← 両辺に $2x-5$ をたした。

$5x=-4$　$\therefore x=-\frac{4}{5}$ ← 両辺を 5 で割った ……………………(答)

(2)(i) $x=0.\dot{1}\dot{2}$ とおくと，$x=0.12121212\cdots$

この両辺に100 をかけて，$100x=\underline{12.121212\cdots}$

よって，$100x=12+x$ より　← $12+0.121212\cdots=12+x$

$100x-x=12$

$99x=12$　$\therefore x=\frac{12}{99}=\frac{4}{33}$ ……………………(答)

(ii) $x=0.\dot{1}4\dot{4}$ とおくと，$x=0.144144144\cdots$

この両辺に1000 をかけて，$1000x=\underline{144.144144\cdots}$

よって，$1000x=144+x$ より　← $144+0.144144\cdots=144+x$

$1000x-x=144$

$999x=144$　$\therefore x=\frac{144}{999}=\frac{16}{111}$ ……………………(答)

初めからトライ！問題 16	1 次方程式の応用	CHECK 1	CHECK 2	CHECK 3

a を実数定数とするとき，次の 1 次方程式を解け。

$ax+3=-x+1$ …①

ヒント！ ①の方程式は，$a \neq -1$ のときは，解が求まるんだけれど，$a=-1$ のときは不能（解なし）になるんだね。その理由をヨ～ク考えてみよう。

解答＆解説

1 次方程式 $ax+3=-x+1$ …① を変形して，

$ax+x=1-3$ ← 両辺に $x-3$ をたした

$(a+1)x=-2$ ……②　②より，

このa+1が0でなければ，②の両辺を $a+1$ で割って，解が求まる。しかし，$a+1$ が0であれば，②の両辺を0で割ることはできないので，②は解をもたないことになる。

(i) $a \neq -1$ のとき，解 $x=-\dfrac{2}{a+1}$ であり，（$a+1 \neq 0$ のとき）

(ii) $a=-1$ のとき，不能（解なし）である。（$a+1=0$ のとき）

……………………………(答)

(ii) このa=−1 のとき，つまり $a+1=0$ のとき，②は $0 \cdot x=-2$，すなわち $0=-2$ となって，矛盾（むじゅん）が生じるので，解なし（不能）になる。これを，グラフでも考えてみよう。

$a=-1$ のとき①は，$-x+3=-x+1$

となる。左右両辺をそれぞれ y とおくと，

$\begin{cases} y=-x+3 \\ y=-x+1 \end{cases}$ となって，2 直線の

方程式になる。これらは，右図に示すように，平行な直線で共有点をもたない。

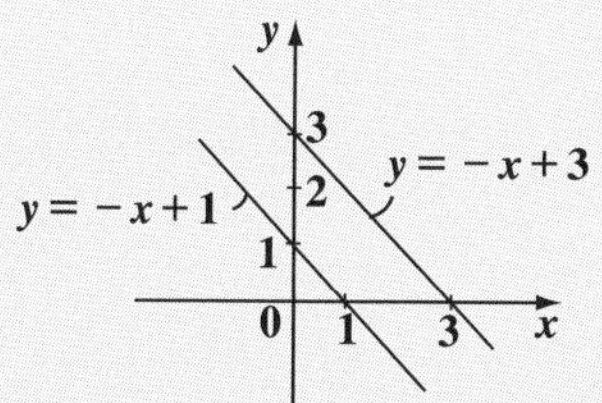

これから①の方程式が解なし（不能）であることが分かるんだね。納得いった？

初めからトライ！問題 17	1次方程式の応用	CHECK 1	CHECK 2	CHECK 3

x の方程式 $|x-1|=-2x+3$ を解け。

ヒント！ $|a|$については，(i) $a \geqq 0$ のとき $|a|=a$，(ii) $a<0$ のとき $|a|=-a$ となるんだね。したがって，与方程式の$|x-1|$についても，(i) $x \geqq 1$ のときと (ii) $x<1$ のときに，場合分けして解いていけばいいんだね。

解答＆解説

方程式 $|x-1|=-2x+3$ …① とおくと，

$$|x-1|=\begin{cases} x-1 & (x \geqq 1 \text{ のとき}) \\ -(x-1) & (x<1 \text{ のとき}) \end{cases}$$

← $x-1 \geqq 0$ のとき
← $x-1<0$ のとき

(i) $x \geqq 1$ のとき，①は，$x-1=-2x+3$　これを変形して，

$x+2x=3+1$　　$3x=4$

（両辺に $2x+1$ をたした）

$\therefore x=\frac{4}{3}$　（これは，$x \geqq 1$ をみたす。）

(ii) $x<1$ のとき，①は，$-(x-1)=-2x+3$　これを変形して，

（$-(x-1)=-x+1$）

$-x+2x=3-1$　　$x=2$　（これは，$x<1$ の条件をみたさない。）

（両辺に $2x-1$ をたした）

$\therefore$ 不適

以上(i)(ii)より，①の方程式の解は，$x=\frac{4}{3}$ ……………………………（答）

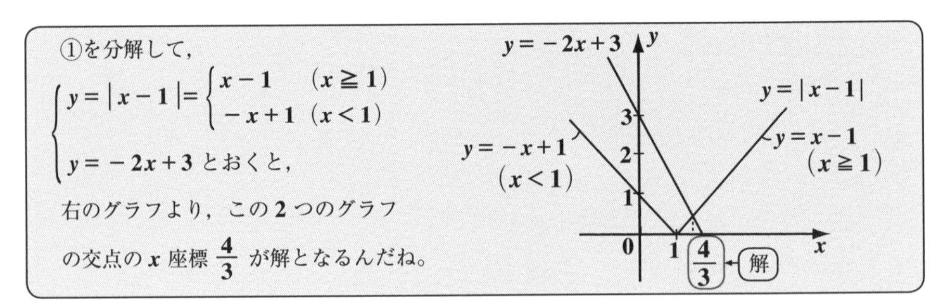

初めからトライ！問題 18　1次不等式　CHECK 1　CHECK 2　CHECK 3

次の1次不等式を解け。

(1) $x+2 \geqq 7-4x$　　(2) $-2x+4>3x+13$

(3) $3x+2 \leqq 5-x$　　(4) $5-x<2x+3$

ヒント！ 1次不等式の解法で気を付けなければならないのは，両辺を負の数で割ったり，両辺に負の数をかけたりすると，不等号の向きが逆転することなんだね。

解答＆解説

(1) $x+2 \geqq 7-4x$　これを変形して，

$\underline{x+4x \geqq 7-2}$　$5x \geqq 5$　$\therefore x \geqq 1$ ……(答)

（両辺に $4x-2$ をたした）（両辺を5で割った）

(2) $-2x+4>3x+13$　これを変形して，

$\underline{-2x-3x>13-4}$　$-5x>9$　両辺を -5 で割って，

（両辺に $-3x-4$ をたした）

$x<-\dfrac{9}{5}$ ……(答)

（両辺を負の数 -5 で割ったので，不等号の向きが変わった）

(3) $3x+2 \leqq 5-x$　これを変形して，

$\underline{3x+x \leqq 5-2}$　$4x \leqq 3$　$\therefore x \leqq \dfrac{3}{4}$ ……(答)

（両辺に $x-2$ をたした）（両辺を4で割った）

(4) $5-x<2x+3$　これを変形して，

$\underline{-x-2x<3-5}$　$-3x<-2$　両辺を -3 で割って，

（両辺に $-2x-5$ をたした）

$x>\dfrac{-2}{-3}$　$\therefore x>\dfrac{2}{3}$ ……(答)

（両辺を負の数 -3 で割ったので，不等号の向きが変わった）

初めからトライ！問題 19	連立 1 次不等式	CHECK 1	CHECK 2	CHECK 3

次の x の連立 1 次不等式を解け。

$$\begin{cases} \dfrac{2x-1}{3} \leqq \dfrac{x+1}{2} & \cdots\cdots\cdots\cdots\cdots\cdots\text{①} \\ 2(x-1)+3 < 4x+\dfrac{2-x}{3} & \cdots\cdots\text{②} \end{cases}$$

ヒント！ まず，①，②をそれぞれ独立に計算して，x の範囲を求める。そして，①かつ②が成り立たなければならないので，その共通部分が解となるんだね。

解答＆解説

(i) $\dfrac{2x-1}{3} \leqq \dfrac{x+1}{2}$ …① について，

両辺に 6 をかけて，

$2(2x-1) \leqq 3(x+1)$　　$4x-2 \leqq 3x+3$

$4x-3x \leqq 3+2$　　$\therefore x \leqq 5$

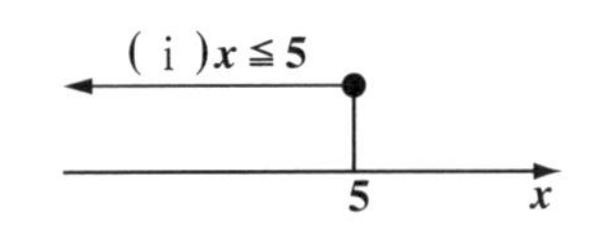

(ii) $2(x-1)+3 < 4x+\dfrac{2-x}{3}$ …② について，

両辺に 3 をかけて，

$6(x-1)+9 < 12x+2-x$　　$6x+3 < 11x+2$

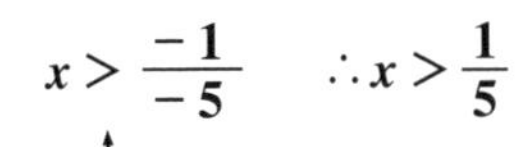

$6x-11x < 2-3$　　$-5x < -1$　両辺を -5 で割って，

$x > \dfrac{-1}{-5}$　　$\therefore x > \dfrac{1}{5}$

両辺を負の数 -5 で割ったので不等号の向きが変わった。

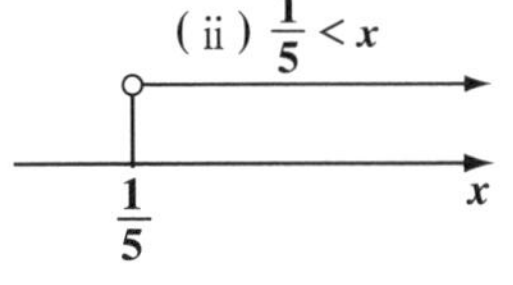

以上 (i)(ii) より，この連立 1 次不等式の解は，

$\dfrac{1}{5} < x \leqq 5$ ……………………………………(答)

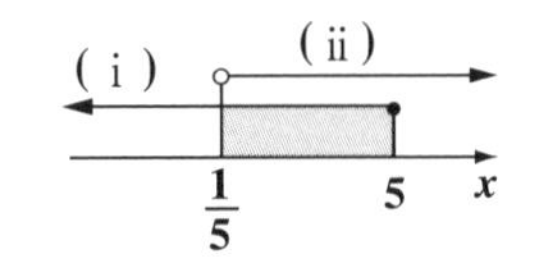

初めからトライ！問題 20	1次不等式の応用	CHECK 1	CHECK 2	CHECK 3

x の不等式 $|2x+1| \leqq 3-x$ …① を解け。

ヒント！ 絶対値の入った1次不等式の問題だね。$|2x+1|$は，(i) $2x+1 \geqq 0$，または(ii) $2x+1<0$ の2通りに場合分けして解くんだね。

解答＆解説

$|2x+1| \leqq 3-x$ …①について，

$$|2x+1| = \begin{cases} 2x+1 & \left(x \geqq -\frac{1}{2}\text{のとき}\right) \leftarrow 2x+1 \geqq 0\text{のとき} \\ -(2x+1) & \left(x < -\frac{1}{2}\text{のとき}\right) \leftarrow 2x+1<0\text{のとき} \end{cases}$$

となる。よって，

(i) $x \geqq -\frac{1}{2}$ のとき，①は，

$2x+1 \leqq 3-x \qquad 2x+x \leqq 3-1$

$3x \leqq 2 \qquad \therefore x \leqq \frac{2}{3}$

よって，$-\frac{1}{2} \leqq x \leqq \frac{2}{3}$

(i) $-\frac{1}{2} \leqq x \leqq \frac{2}{3}$

(ii) $x < -\frac{1}{2}$ のとき，①は，

$-(2x+1) \leqq 3-x$

$-2x-1 \leqq 3-x \qquad -2x+x \leqq 3+1$

$-x \leqq 4 \qquad \therefore x \geqq -4$

両辺に -1 をかけたので，不等号の向きが変わった。

よって，$-4 \leqq x < -\frac{1}{2}$

(ii) $-4 \leqq x < -\frac{1}{2}$

以上(i)または(ii)の関係なので，(i)と(ii)で求めた x の範囲の和集合が①の解である。

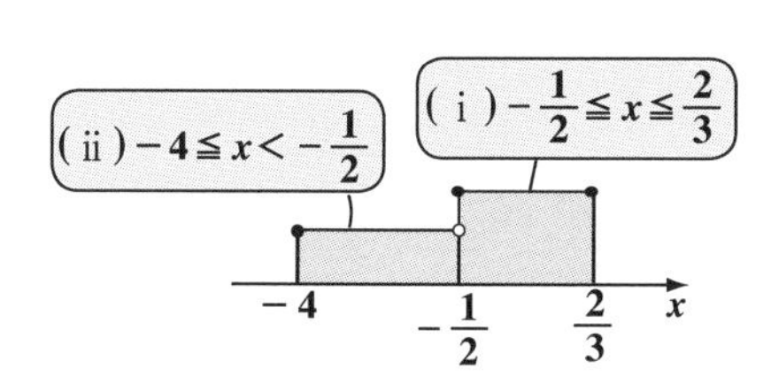

$\therefore -4 \leqq x \leqq \frac{2}{3}$ ………………(答)

第1章 ● 数と式の公式を復習しよう！

1. 指数法則 (m, n：自然数，$m \geqq n$)

(1) $a^0 = 1$　(2) $a^1 = a$　(3) $a^m \times a^n = a^{m+n}$　(4) $(a^m)^n = a^{m \times n}$　など

2. 乗法公式（因数分解公式）

(i) $m(a+b) = ma + mb$　(ii) $(a \pm b)^2 = a^2 \pm 2ab + b^2$（複号同順）

(iii) $(a+b)(a-b) = a^2 - b^2$

(iv) $(a+b+c)^2 = a^2 + b^2 + c^2 + 2ab + 2bc + 2ca$

(v) $(ax+b)(cx+d) = acx^2 + (ad+bc)x + bd$ ← この右辺から左辺への変形は，"**たすきがけ**"による因数分解の公式

(vi) $(a \pm b)^3 = a^3 \pm 3a^2b + 3ab^2 \pm b^3$　（複号同順）

(vii) $(a \pm b)(a^2 \mp ab + b^2) = a^3 \pm b^3$　（複号同順）

3. 平方根の計算 ($a > 0$，$b > 0$)

(i) $\sqrt{a^2} = a$　(ii) $\sqrt{a} \times \sqrt{b} = \sqrt{a \times b}$　(iii) $\dfrac{\sqrt{b}}{\sqrt{a}} = \sqrt{\dfrac{b}{a}}$

4. 2重根号のはずし方

$\sqrt{(a+b) \pm 2\sqrt{ab}} = \sqrt{a} \pm \sqrt{b}$　（ただし，$a > b > 0$ とする。）

5. 対称式と基本対称式

対称式 ($x^2y + xy^2$, $x^2 + y^2$, $x^3 + y^3$, …など) は，すべて基本対称式 ($x+y$, xy) のみの式で表すことができる。

6. 絶対値の性質

(i) $|a|^2 = a^2$　(ii) $\sqrt{a^2} = |a|$　(a は実数)

7. 方程式 $A = B$ が与えられたとき，次式が成り立つ

(i) $A \pm C = B \pm C$（複号同順）

(ii) $AC = BC$　(iii) $\dfrac{A}{C} = \dfrac{B}{C}$　（ただし，$C \neq 0$）

8. 不等式 $A > B$ が与えられたとき，次式が成り立つ

(i) $A \pm C > B \pm C$　（複号同順）

(ii) $C > 0$ のとき，$AC > BC$　$\dfrac{A}{C} > \dfrac{B}{C}$

(iii) $C < 0$ のとき，$AC < BC$　$\dfrac{A}{C} < \dfrac{B}{C}$

第 2 章
CHAPTER

2 集合と論理

- 集合（和集合と共通部分，補集合）
  ド・モルガンの法則
- 命題，必要条件・十分条件
- 論証（対偶による証明，背理法）

“集合と論理” を初めから解こう！ 公式&解法パターン

1. 集合(しゅうごう)とは，ハッキリしたものの集りだ。

集合とは，ある一定の条件をみたすものの集りのことで，一般に A，B，C，X，Y，…など，大文字のアルファベットで表す。集合を構成する 1 つ 1 つのものを**要素**(ようそ)（または**元**(げん)）と呼び，a が集合 A の要素のときは，$a \in A$ と表し，b が集合 A の要素でないときは，$b \notin A$ と表す。

また，集合 A の要素の個数は，$n(A)$ で表す。

(1) 集合には，次の 3 種類がある。

(ⅰ) **有限集合**：属する要素の個数が有限の集合

(ⅱ) **空集合**：属する要素が 1 つもない集合（ϕ で表す）($n(\phi)=0$)

(ⅲ) **無限集合**：属する要素の個数が無限の集合

(2) 部分集合と真部分集合の区別はこれだ。

(ⅰ) 集合 A の要素のすべてが集合 B に属するとき，

A を B の “**部分集合**” といい，$A \subseteq B$ [または $B \supseteq A$] と表す。

（これは，“A は B に含まれる”，または“B は A を含む”と読む。）

(ⅱ) $A \subseteq B$ かつ $A \supseteq B$ ならば，“**A と B は等しい**”といい，$A=B$ と表す。

（A が B の部分集合で，かつ B が A の部分集合ということは，A と B が共にまったく同じ要素を持つことになるので，“A と B は等しい”，すなわち $A=B$ となるんだね。）

(ⅲ) $A \subseteq B$ かつ $A \neq B$ ならば，

A を B の “**真部分集合**” といい，$A \subset B$ [または $B \supset A$] と表す。

2. 共通部分，和集合，全体集合，補集合などの意味も押さえよう。

(1) 共通部分 $A \cap B$ と和集合 $A \cup B$ の意味をマスターしよう。

2 つの集合 A，B について，

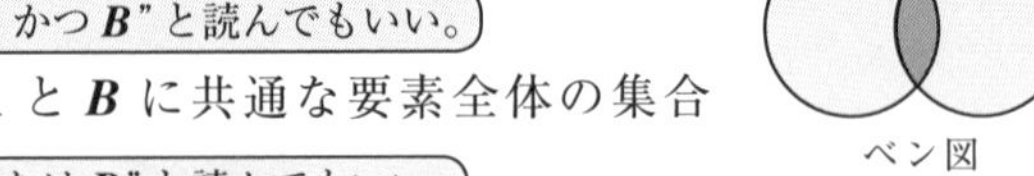

(ⅰ) **共通部分** $A \cap B$：A と B に共通な要素全体の集合

(ⅱ) **和集合** $A \cup B$：A または B のいずれかに属する要素全体の集合

A B

ベン図

(2) 共通部分と和集合の要素の個数の公式は重要だ。

(i) $A \cap B \neq \phi$ のとき，

$n(A \cup B) = n(A) + n(B) - n(A \cap B)$ となる。

(ii) $A \cap B = \phi$ のとき，

$n(A \cup B) = n(A) + n(B)$ となる。

(ex) $A = \{1, 2, 3, 4, 5, 6\}$

$B = \{3, 6, 9, 12, 15\}$

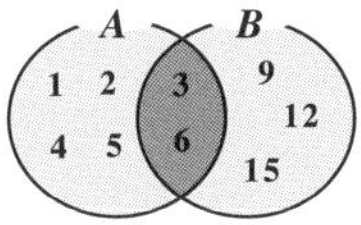

について，その共通部分と和集合を調べてみよう。

$A \cap B = \{3, 6\}$，$A \cup B = \{1, 2, 3, 4, 5, 6, 9, 12, 15\}$

よって，$n(A) = 6$，$n(B) = 5$，$n(A \cap B) = 2$，$n(A \cup B) = 9$ より

$n(A \cup B) = n(A) + n(B) - n(A \cap B)$ ← $9 = 6 + 5 - 2$

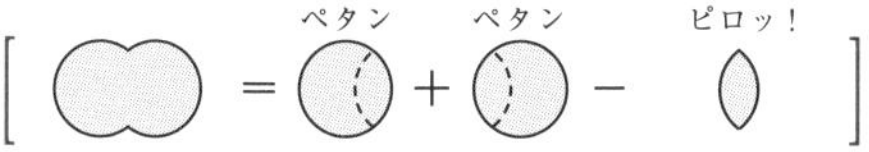

が成り立っていることが分かる。

(3) 全体集合 U と A の補集合 $\overline{A}$ は，ベン図で押さえよう。

全体集合 U と，その部分集合として

（考えている対象のすべてを要素とする集合）

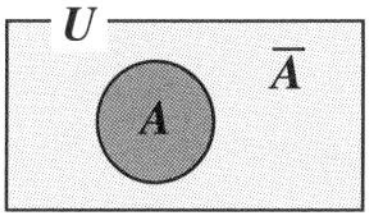

A が与えられたとき，補集合 $\overline{A}$ は次のように定義される。

補集合 $\overline{A}$：全体集合 U に属するが，集合 A には属さない要素からなる集合

ここで，$A \cap \overline{A} = \phi$ より，$n(U) = n(A) + n(\overline{A})$ が成り立つ。

（A と $\overline{A}$ で 2 重に重なる部分は存在しない。）

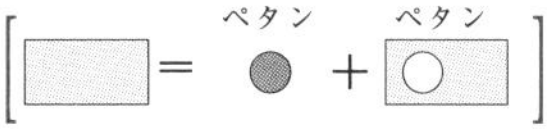

(4) ド・モルガンの法則も正確に覚えよう。

(i) $\overline{A \cup B} = \overline{A} \cap \overline{B}$

（A または B の否定は，A でなくかつ B でない）

(ii) $\overline{A \cap B} = \overline{A} \cup \overline{B}$

（A かつ B の否定は，A でないかまたは B でない）

（“**または**” の否定は “**かつ**” となり，“**かつ**” の否定は “**または**” となることに注意しよう。）

3. 命題の基本を押さえよう。

(1) 命題の定義

1つの判断を表した式または文章で，**真・偽**がはっきり定まるもの。

(*ex*)・太陽は地球のまわりを回る。(偽)

・人間であるならば動物である。(真)

(2) 必要条件と十分条件をマスターしよう。

「p であるならば q である」の形の命題，すなわち“$p \Rightarrow q$”について，

命題：“$p \Rightarrow q$”が真のとき，

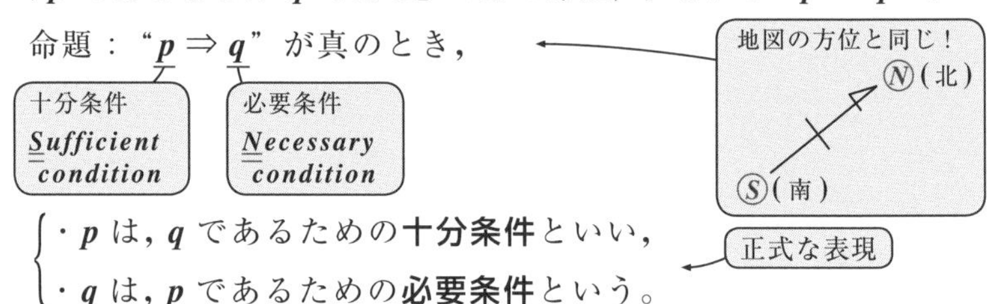

・p は，q であるための**十分条件**といい，
・q は，p であるための**必要条件**という。

従って，次のようにまとめることができるんだね。

(i)“$p \Rightarrow q$”が真のとき，p は十分条件，q は必要条件

(ii)“$p \Leftarrow q$”が真のとき，p は必要条件，q は十分条件

(iii)“$p \Leftrightarrow q$”が真のとき，p と q は共に，必要十分条件

(p と q は**同値**である。)

(3) 真理集合の考え方も重要だ。

p を表す集合 P が，q を表す集合 Q に含まれる，つまり，$P \subseteqq Q$ であるとき，命題“$p \Rightarrow q$”は真であると言える。

(*ex*)・人間の集合は，動物の集合に含まれる。
よって，命題「人間であるならば動物である。」は真である。

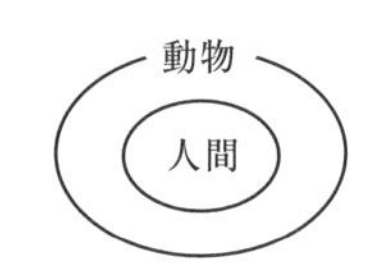

4. 命題“$p \Rightarrow q$”の逆・裏・対偶も正確に覚えよう。

・命題：“$p \Rightarrow q$”(p であるならば q である。)の逆・裏・対偶は，次のように定義される。

・**逆**：“$q \Rightarrow p$”(q であるならば p である。)

・**裏**：“$\overline{p} \Rightarrow \overline{q}$”($p$ でないならば q でない。)

・**対偶**：“$\overline{q} \Rightarrow \overline{p}$”($q$ でないならば p でない。)

5. 命題は，その対偶から証明できる。

(1) 命題とその対偶の真・偽は一致する。

- ・元の命題が真 $\Leftrightarrow$ 対偶が真
- ・元の命題が偽 $\Leftrightarrow$ 対偶が偽

(2) 対偶による証明法をマスターしよう。

命題“$p \Rightarrow q$”が真であることを直接証明するのが難しい場合，

この対偶“$\overline{q} \Rightarrow \overline{p}$”が真であることを示せれば，

元の命題“$p \Rightarrow q$”も真であると言える。

(ex) 命題“$x(y-1) \leqq 0$ ならば，$x \leqq 0$ または $y \leqq 1$……$(*)$”が真であることを示そう。

この形では証明しづらいので，この対偶をとって調べると，

対偶命題“$x > 0$ かつ $y > 1$ ならば，$\underset{\oplus}{\underline{x}}\underset{\oplus}{\underline{(y-1)}} > 0$”となる。

$x > 0$ かつ $y > 1$ ならば，$x(y-1) > 0$ は明らかに成り立つ。よって，元の命題 $(*)$ は真であることが示せるんだね。

6. 背理法による証明法もマスターしよう。

命題“$p \Rightarrow q$”や，命題“q である”が真であることを示すには，まず，$\overline{q}$（q でない）と仮定して，矛盾を導く。

(ex) $\sqrt{2}$ が無理数であることを使って，“$\frac{1}{\sqrt{2}}$ が無理数である”ことを背理法を用いて示してみよう。

$\frac{1}{\sqrt{2}}$ が無理数でない，すなわち $\frac{1}{\sqrt{2}}$ が有理数 a（整数や分数のこと）であると仮定すると，

$\frac{1}{\sqrt{2}} = a$（有理数）……①となる。①の左辺の分子・分母に $\sqrt{2}$ をかけて

$\frac{\sqrt{2}}{2} = a$　　$\therefore \underset{\text{無理数}}{\underline{\sqrt{2}}} = \underset{\text{有理数}\,a\,\text{に}\,2\,\text{をかけても有理数}}{\underline{2a}}$ より，(無理数)＝(有理数)となって矛盾する。

$\therefore$ 背理法により $\frac{1}{\sqrt{2}}$ は無理数であることが示せたんだね。

初めからトライ！問題 21	有限集合，無限集合，空集合	CHECK 1	CHECK 2	CHECK 3

次の各集合が，有限集合，無限集合，空集合のいずれであるかを示し，有限集合の場合，その要素の個数を示せ。

(1) $A = \{n \mid n = 2k,\ k = -2,\ -1,\ 0,\ 1,\ 2\}$

(2) $B = \{n \mid n$ は，$0 \leqq n < 2$ をみたす整数$\}$

(3) $C = \{x \mid x$ は，$0 \leqq x < 2$ をみたす実数$\}$

(4) $D = \{x \mid x$ は，$|x| \leqq -1$ をみたす実数$\}$

ヒント！ この問題では，集合がすべて，$\{n \mid n$ のみたすべき条件$\}$ や $\{x \mid x$ のみたすべき条件$\}$ の形で表されているけれど，これから，要素の個数が有限か，無限か，0 かで，有限集合，無限集合，空集合に分類できるんだね。

解答＆解説

(1) $n = 2k,\ k = -2,\ -1,\ 0,\ 1,\ 2$ より，$n = -4,\ -2,\ 0,\ 2,\ 4$ よって，集合 A を，要素を列挙する形で表すと，$A = \{-4,\ -2,\ 0,\ 2,\ 4\}$ となる。

（5 つの要素からなる集合 A）

∴集合 A は有限集合で，この要素の個数 $n(A) = 5$ である。……………(答)

(2) n は，$0 \leqq n < 2$ をみたす整数より，$n = 0,\ 1$ よって，集合 B を，要素を列挙する形で表すと，$B = \{0,\ 1\}$ となる。

（2 つの要素からなる集合 B）

∴集合 B は有限集合で，この要素の個数 $n(B) = 2$ である。……………(答)

(3) x は，$0 \leqq x < 2$ をみたす実数なので，x はこの範囲に無数に存在する。

（$x = 0,\ 0.003,\ 1,\ 1.223,\ \sqrt{2},\ \sqrt{3},\ 1.999\cdots$ など，実数 x は無数に存在する。）

∴集合 C は無限集合である。……………………………………………………(答)

(4) 実数 x に対して，つねに $|x| \geqq 0$ となるので，$|x| \leqq -1$ をみたす実数 x は存在しない。

∴集合 D は空集合，すなわち $D = \phi$ である。……………………………(答)

（空集合の要素の個数は 0 より，$n(D) = n(\phi) = 0$ と表せる。）

初めからトライ！問題 22　部分集合，共通部分，和集合　CHECK 1　CHECK 2　CHECK 3

5つの集合 $A=\{1,\ 2,\ 3,\ 4,\ 5,\ 6,\ 7\}$，$B=\{2,\ 4,\ 6,\ 8,\ 10\}$，$C=\{4,\ 6,\ 8\}$，$D=\{4,\ 8,\ 12\}$，$E=\{3,\ 6\}$ について，次の各問いに答えよ。

(1) C，D，E の内，A の真部分集合となるもの，および B の真部分集合となるものを示せ。

(2) $A\cap B$，$A\cap C$，$B\cap D$ を求めよ。

(3) $A\cup C$，$B\cup D$ を求めよ。

ヒント！ (1) C，D，E の内，すべての要素が A，または B に含まれるものを調べればいい。(2) $A\cap B$ は，A と B に共に含まれる要素からなる集合だね。(3) $A\cup C$ は，A または C に含まれる要素からなる集合のことだ。

解答＆解説

(1)・$A=\{1,\ 2,\ 3,\ 4,\ 5,\ 6,\ 7\}$，$E=\{3,\ 6\}$

$\therefore A\supset E$ より，E は A の真部分集合である。……(答)

・$B=\{2,\ 4,\ 6,\ 8,\ 10\}$，$C=\{4,\ 6,\ 8\}$

$\therefore B\supset C$ より，C は B の真部分集合である。……(答)

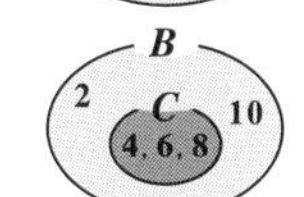

(2)・A と B の両方に含まれる要素を調べると，

$\{2,\ 4,\ 6\}$ より，$A\cap B=\{2,\ 4,\ 6\}$ ……(答)

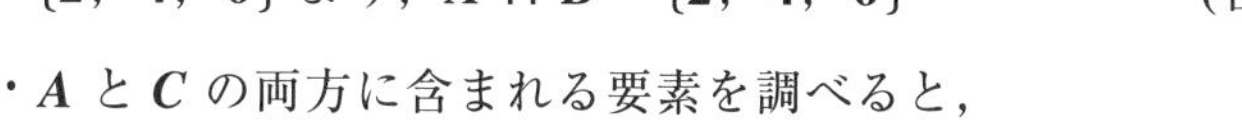

・A と C の両方に含まれる要素を調べると，

$\{4,\ 6\}$ より，$A\cap C=\{4,\ 6\}$ ……(答)

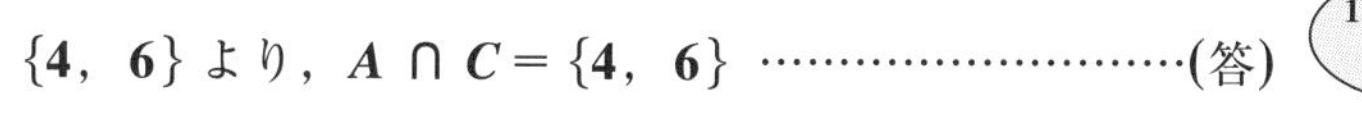

・B と D の両方に含まれる要素を調べると，

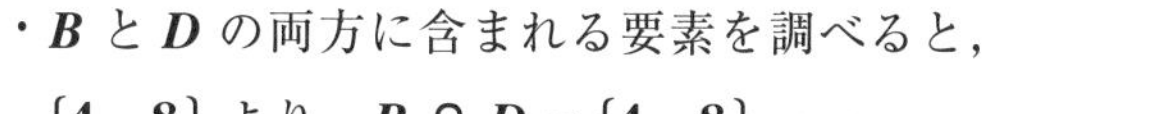

$\{4,\ 8\}$ より，$B\cap D=\{4,\ 8\}$ ……(答)

(3)・A または C に含まれる要素を調べると，

$\{1,\ 2,\ 3,\ 4,\ 5,\ 6,\ 7,\ 8\}$ より

$A\cup C=\{1,\ 2,\ 3,\ 4,\ 5,\ 6,\ 7,\ 8\}$ ……(答)

・B または D に含まれる要素を調べると，

$\{2,\ 4,\ 6,\ 8,\ 10,\ 12\}$ より

$B\cup D=\{2,\ 4,\ 6,\ 8,\ 10,\ 12\}$ ……(答)

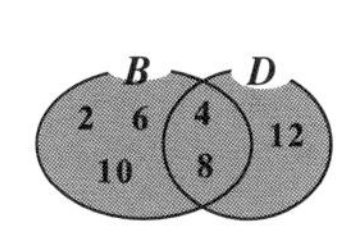

初めからトライ！問題 23	補集合	CHECK 1	CHECK 2	CHECK 3

全体集合 $U = \{1, 2, 3, 4, 5, 6, 7, 8, 9, 10, 11, 12\}$ と，その4つの部分集合 $A = \{1, 2, 3, 4, 5, 6, 7\}$，$B = \{2, 4, 6, 8, 10\}$，$C = \{4, 6, 8\}$，$D = \{4, 8, 12\}$ について，次の各問いに答えよ。

(1) $\overline{A}$ と $\overline{B}$ を求めよ。

(2) $A \cap \overline{B}$，$\overline{A} \cap B$ を求めよ。

(3) $A \cap \overline{C}$，$\overline{B} \cap D$ を求めよ。

ヒント！ (1)，(2)，(3) はいずれも補集合についての問題だね。ベン図を使うと分かりやすいと思うよ。

解答＆解説

(1) ・全体集合 U のうち，A でないものの集合は，

$\{8, 9, 10, 11, 12\}$ より

$\overline{A} = \{8, 9, 10, 11, 12\}$ ……………………(答)

・全体集合 U のうち，B でないものの集合は，

$\{1, 3, 5, 7, 9, 11, 12\}$ より

$\overline{B} = \{1, 3, 5, 7, 9, 11, 12\}$ …………(答)

(2) ・A のうち B でないものの集合は，

$\{1, 3, 5, 7\}$ より

$A \cap \overline{B} = \{1, 3, 5, 7\}$ ……………………(答)

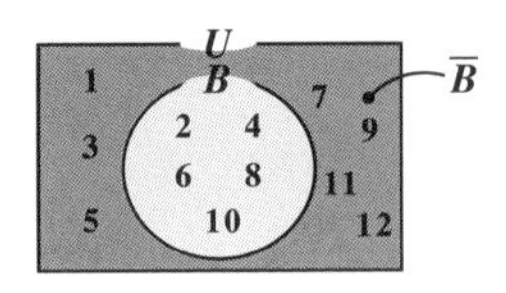

・B のうち A でないものの集合は，

$\{8, 10\}$ より

$\overline{A} \cap B = \{8, 10\}$ ……………………………(答)

(3) ・A のうち C でないものの集合は，

$\{1, 2, 3, 5, 7\}$ より

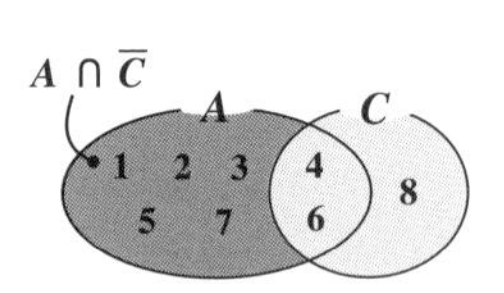

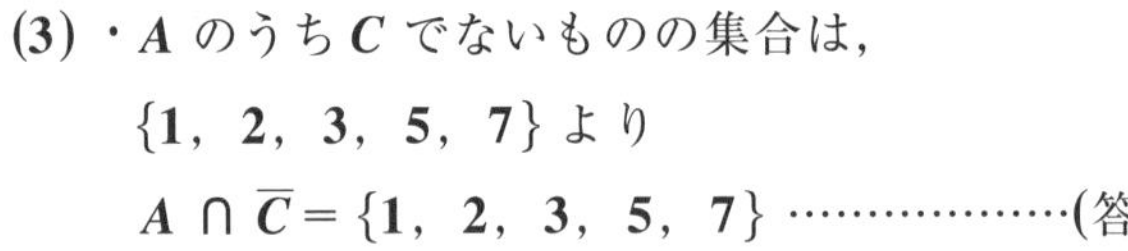

$A \cap \overline{C} = \{1, 2, 3, 5, 7\}$ …………(答)

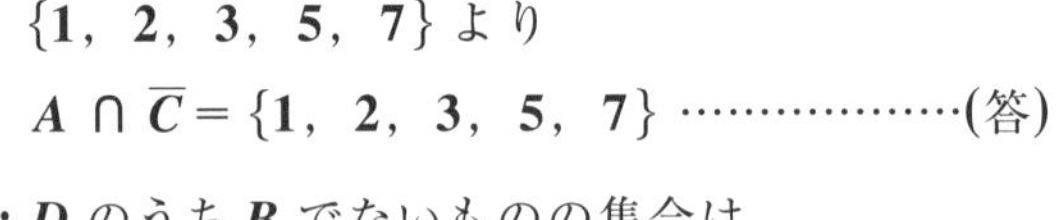

・D のうち B でないものの集合は，

$\{12\}$ より

$\overline{B} \cap D = \{12\}$ ……………………………(答)

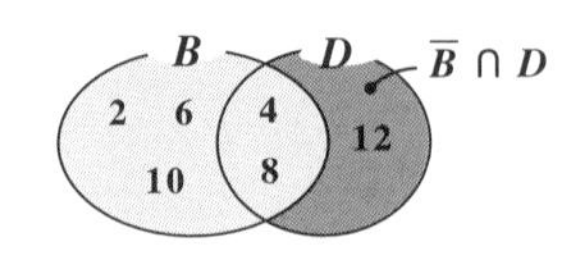

初めからトライ！問題 24	集合の要素の個数	CHECK 1	CHECK 2	CHECK 3

全体集合 $U=\{1, 2, 3, 4, 5, 6, 7, 8, 9, 10, 11, 12\}$ と，その 4 つの部分集合 $A=\{1, 2, 3, 4, 5, 6, 7\}$，$B=\{2, 4, 6, 8, 10\}$，$C=\{4, 6, 8\}$，$D=\{4, 8, 12\}$ について，次の各問いに答えよ。

(1) $n(U)$，$n(A)$，$n(B)$，$n(C)$，$n(D)$ を求めよ。

(2) $n(A \cap B)$ と $n(A \cup B)$ を求めよ。

(3) $n(A \cap \overline{D})$ と $n(B \cap \overline{C})$ を求めよ。

ヒント！ それぞれの要素の個数を求める問題だね。(2) では，公式 $n(A \cup B)=n(A)+n(B)-n(A \cap B)$ を使ってもいいよ。

解答＆解説

(1) 集合 U，A，B，C，D の要素の個数は，それぞれ 12，7，5，3，3 より

$n(U)=12$，$n(A)=7$，$n(B)=5$，$n(C)=3$，$n(D)=3$ ……………………(答)

(2) $A \cap B=\{2, 4, 6\}$ より，$n(A \cap B)=3$…………(答)

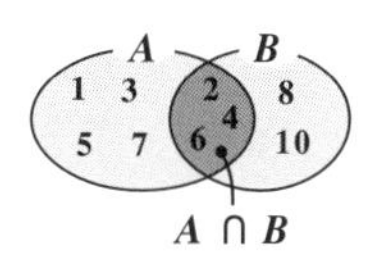

また，$A \cup B=\{1, 2, 3, 4, 5, 6, 7, 8, 10\}$ より

$n(A \cup B)=9$……………………………………………(答)

これは，公式：$n(A \cup B)=n(A)+n(B)-n(A \cap B)$ を使って

2 重に重なった部分を 1 枚ピロッとはがす

$n(A \cup B)=7+5-3=9$ と求めても，もちろんいいよ。

(3) ・$A \cap \overline{D}=\{1, 2, 3, 5, 6, 7\}$ より

$n(A \cap \overline{D})=6$ ……………………………………(答)

$A \cap \overline{D}$　A　D　1 2 3　5 6 7　4　8　12

これは，$A \cap D=\{4\}$ より，$n(A \cap D)=1$ なので，

$n(A \cap \overline{D})=n(A)-n(A \cap D)=7-1=6$ と求めてもいいよ。

・$B \cap \overline{C}=\{2, 10\}$ より

$n(B \cap \overline{C})=2$ ……………………………………(答)

B　$B \cap \overline{C}$　2　C　10　4, 6, 8

これは，$B \cap C=C=\{4, 6, 8\}$，$n(B \cap C)=3$ より，

$n(B \cap \overline{C})=n(B)-n(B \cap C)=5-3=2$ と求めてもいいよ。

初めからトライ！問題 25	補集合の要素の個数	CHECK 1	CHECK 2	CHECK 3

全体集合 $U=\{n|n$ は，$1\leqq n\leqq 20$ をみたす整数$\}$と，その2つの部分集合 $X=\{n|n=2k, k=1, 2, \cdots, 10\}$，$Y=\{n|n=3k, k=1, 2, \cdots, 6\}$ について，次の各問いに答えよ。

(1) $n(X)$，$n(Y)$，$n(X\cap Y)$，$n(X\cup Y)$ を求めよ。

(2) $n(\overline{X})$，$n(\overline{Y})$，$n(\overline{X}\cap\overline{Y})$ を求めよ。

ヒント！ (1) の $n(X\cup Y)$ は，公式 $n(X\cup Y)=n(X)+n(Y)-n(X\cap Y)$ を使って求めるといいね。(2) についても，公式 $n(\overline{X})=n(U)-n(X)$，$n(\overline{Y})=n(U)-n(Y)$ を使えばいい。また，ド・モルガンの法則：$\overline{X}\cap\overline{Y}=\overline{X\cup Y}$ も利用しよう。

解答＆解説

(1) $U=\underbrace{\{1, 2, 3, \cdots, 20\}}_{20\text{個の要素からなる全体集合}}$，$X=\underbrace{\{2, 4, 6, \cdots, 20\}}_{2\text{の倍数で，}10\text{個の要素}}$，$Y=\underbrace{\{3, 6, 9, \cdots, 18\}}_{3\text{の倍数で，}6\text{個の要素}}$

よって，$X\cap Y$ は2かつ3の倍数，すなわち6の倍数を要素にもつ U の部分集合より

$X\cap Y=\{6, 12, 18\}$ となる。

$\therefore n(X)=10$，$n(Y)=6$，$n(X\cap Y)=3$，

$n(X\cup Y)=n(X)+n(Y)-n(X\cap Y)=10+6-3=\underline{\underline{13}}$ ……………(答)

(2) ・$\overline{X}$ は，U のうち X に属さない要素からなる集合なので，$n(\overline{X})$ は

$n(\overline{X})=n(U)-n(X)=20-10=10$ となる。……………………(答)

・$\overline{Y}$ は，U のうち Y に属さない要素からなる集合なので，$n(\overline{Y})$ は

$n(\overline{Y})=n(U)-n(Y)=20-6=14$ となる。……………………(答)

・ド・モルガンの法則：$\overline{X}\cap\overline{Y}=\overline{X\cup Y}$ より，$\overline{X}\cap\overline{Y}$ すなわち $\overline{X\cup Y}$ は，U のうち $X\cup Y$ に属さない要素からなる集合なので，

$n(\overline{X}\cap\overline{Y})=n(\overline{X\cup Y})=n(U)-n(\underline{\underline{X\cup Y}})=20-\underline{\underline{13}}=7$ となる。

…………(答)

初めからトライ！問題 26	集合の要素の個数	CHECK 1	CHECK 2	CHECK 3

1 から **200** までの自然数の中で、次の条件をみたすものの個数を求めよ。

(1)5 でも **6** でも割り切れるもの

(2)5 で割り切れるが **6** では割り切れないもの

(3)5 でも **6** でも割り切れないもの

ヒント！ 全体集合 $U=\{1,\ 2,\ 3,\ \cdots,\ 200\}$, $A=\{5,\ 10,\ 15,\ \cdots,\ 200\}$, $B=\{6,\ 12,\ 18,\ \cdots,\ 198\}$ とおいて, (1)$n(A\cap B)$, (2)$n(A\cap\overline{B})$, (3)$n(\overline{A}\cap\overline{B})$ を求めればいいんだね。頑張ろう！

解答＆解説

全体集合 $U=\{1,\ 2,\ 3,\ \cdots,\ 200\}$ とおくと, $n(U)=200$ である。また,
集合 $A=\{n|n$ は **5** で割り切れる **200** 以下の自然数 $\}$ とおくと,
$A=\{5,\ 10,\ 15,\ \cdots,\ 200\}$ より, $n(A)=40$ となる。 ← $\frac{200}{5}=40 = n(A)$

集合 $B=\{n|n$ は **6** で割り切れる **200** 以下の自然数 $\}$ とおくと,
$B=\{6,\ 12,\ 18,\ \cdots,\ 198\}$ より, $n(B)=33$ となる。 ← $\frac{200}{6}=33.33\cdots$, $33 = n(B)$

(1) **5** でも **6** でも割り切れるものとは, A かつ B の集合の要素のことより

$A\cap B=\{n|n$ は **30** で割り切れる **200** 以下の自然数 $\}$
$=\{30,\ 60,\ 90,\ \cdots,\ 180\}$ $\therefore n(A\cap B)=6$ …(答) ← $\frac{200}{30}=6.66\cdots$, $6 = n(A\cap B)$

(2) **5** で割り切れるが **6** で割り切れないものとは, A かつ $\overline{B}$ の集合の要素のことより

$n(A\cap\overline{B})=n(A)-n(A\cap B)$

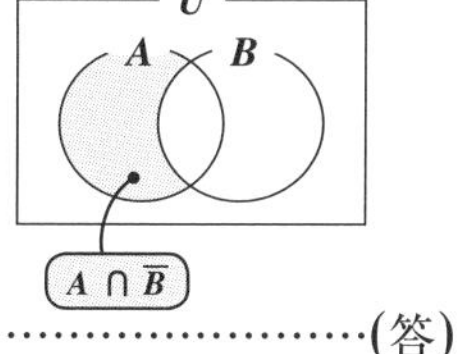

$=40-6=34$ となる。 ……………………………(答)

(3) **5** でも **6** でも割り切れないものとは, $\overline{A}$ かつ $\overline{B}$ の集合の要素のことより

$n(\overline{A}\cap\overline{B})=n(\overline{A\cup B})=n(U)-n(A\cup B)$ （ド・モルガン）

$=n(U)-\{n(A)+n(B)-n(A\cap B)\}$

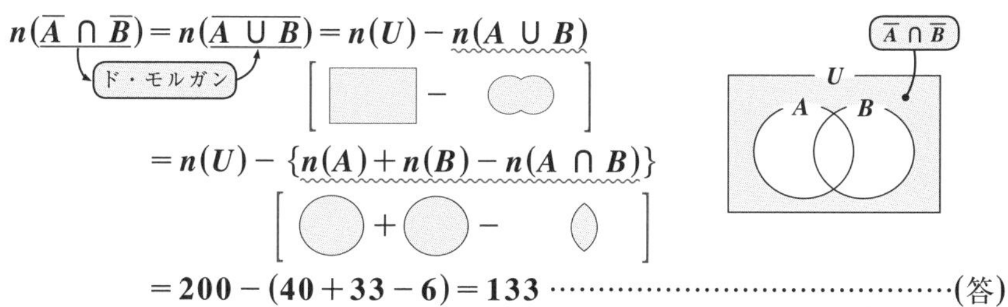

$=200-(40+33-6)=133$ ……………………………(答)

初めからトライ！問題 27	集合の要素の個数の応用	CHECK 1	CHECK 2	CHECK 3

1 から 100 までの自然数の中で、次の条件をみたすものの個数を求めよ。

(1) 2 で割り切れるものと，3 で割り切れるものと，5 で割り切れるもの

(2) 2 でも 3 でも割り切れるものと，3 でも 5 でも割り切れるものと，5 でも 2 でも割り切れるもの

(3) 2 でも 3 でも 5 でも割り切れるもの

(4) 2 か，または 3 か，または 5 で割り切れるもの

ヒント！ 全体集合 $U=\{1,\ 2,\ 3,\ \cdots,\ 100\}$，$A=\{2,\ 4,\ 6,\ \cdots,\ 100\}$，$B=\{3,\ 6,\ 9,\ \cdots,\ 99\}$，$C=\{5,\ 10,\ 15,\ \cdots,\ 100\}$ とおくと，(4) では，$n(A\cup B\cup C)$ を求めることになるんだね。この $A\cup B\cup C$ は，右のベン図の [ ] に相当する。

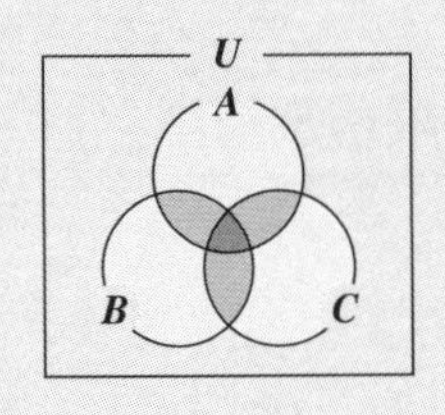

貼り紙でこれを 1 枚キレイに貼る要領で考えよう。まず，$n(A)$ [ ]，$n(B)$ [ ]，$n(C)$ [ ] を台紙にペタン，ペタン，ペタンと貼る，つまりたすんだね。すると重なっている部分があるので，これから，$n(A\cap B)$ [ ] と $n(B\cap C)$ [ ] と $n(C\cap A)$ [ ] をはがす，つまり引くんだね。すると，まん中の $A\cap B\cap C$ の部分が何もなくなるので，この分だけ $n(A\cap B\cap C)$ [ ] を貼る，つまりたせばいいんだね。以上，貼り紙の考え方から，

$n(A\cup B\cup C)=n(A)+n(B)+n(C)-n(A\cap B)-n(B\cap C)$

$-n(C\cap A)+n(A\cap B\cap C)$ が導ける。大丈夫？

解答＆解説

(1) 全体集合を $U=\{1,\ 2,\ 3,\ \cdots,\ 100\}$ とおくと，$n(U)=100$ である。

・$A=\{n\,|\,n$ は 2 で割り切れる 100 以下の自然数$\}$ とおくと，

$A=\{2,\ 4,\ 6,\ \cdots,\ 100\}$ より，$n(A)=50$ ………………(答)

$\frac{100}{2}=50$ ($n(A)$)

・$B=\{n|n$ は 3 で割り切れる 100 以下の自然数 $\}$ とおくと，
$B=\{3,\ 6,\ 9,\ \cdots,\ 99\}$ より，$n(B)=33$ ……………………(答)

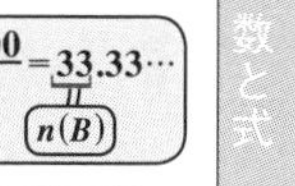

・$C=\{n|n$ は 5 で割り切れる 100 以下の自然数 $\}$ とおくと，
$C=\{5,\ 10,\ 15,\ \cdots,\ 100\}$ より，$n(C)=20$ ……………(答)

$\frac{100}{5}=20$ $n(C)$

(2) ・2 でも 3 でも割り切れるものとは，A かつ B の集合の要素のことだから，
$A\cap B=\{n|n$ は 6 で割り切れる 100 以下の自然数 $\}$ より
$A\cap B=\{6,\ 12,\ 18,\ \cdots,\ 96\}$　$\therefore n(A\cap B)=16$ ……(答)

$\frac{100}{6}=16.66\cdots$ $n(A\cap B)$

・3 でも 5 でも割り切れるものとは，B かつ C の集合の要素のことだから，
$B\cap C=\{n|n$ は 15 で割り切れる 100 以下の自然数 $\}$ より
$B\cap C=\{15,\ 30,\ 45,\ \cdots,\ 90\}$　$\therefore n(B\cap C)=6$ ……(答)

$\frac{100}{15}=6.66\cdots$ $n(B\cap C)$

・5 でも 2 でも割り切れるものとは，C かつ A の集合の要素のことだから，
$C\cap A=\{n|n$ は 10 で割り切れる 100 以下の自然数 $\}$ より
$C\cap A=\{10,\ 20,\ 30,\ \cdots,\ 100\}$　$\therefore n(C\cap A)=10$ …(答)

$\frac{100}{10}=10$ $n(C\cap A)$

(3) 2 でも 3 でも 5 でも割り切れるものとは，A かつ B かつ C の集合の要素のことだから，
$A\cap B\cap C=\{n|n$ は 30 で割り切れる 100 以下の自然数 $\}$ より
$n(A\cap B\cap C)=\{30,\ 60,\ 90\}$　$\therefore n(A\cap B\cap C)=3$ …(答)

$\frac{100}{30}=3.33\cdots$ $n(A\cap B\cap C)$

(4) 2 か，または 3 か，または 5 で割り切れるものとは，A または B または C の集合の要素のことだから，この集合の要素の個数 $n(A\cup B\cup C)$ は，(1)，(2)，(3) の結果を用いて，

$n(A\cup B\cup C)=50+33+20-16-6-10+3$

$=74$ となる。……………………………………………………(答)

初めからトライ！問題 28　集合の要素の個数の応用　CHECK 1　CHECK 2　CHECK 3

3 つの集合 A, B, C がある。各集合の要素の数は $n(A)=20$, $n(B)=30$, $n(C)=25$, $n(A\cap B)=11$, $n(B\cap C)=13$, $n(C\cap A)=8$, $n(A\cup B\cup C)=46$ である。
このとき，$\overline{A}\cap B\cap C$ の要素の数 $n(\overline{A}\cap B\cap C)$ を求めよ。

ヒント！　集合 $\overline{A}\cap B\cap C$ は，右のベン図の［　］に相当するので，この要素の個数は，

$n(\overline{A}\cap B\cap C)=n(B\cap C)-n(A\cap B\cap C)$

で計算できる。ここで，$n(B\cap C)=13$ と与えられているので，$n(A\cap B\cap C)$ を求めればいいんだね。頑張ろう。

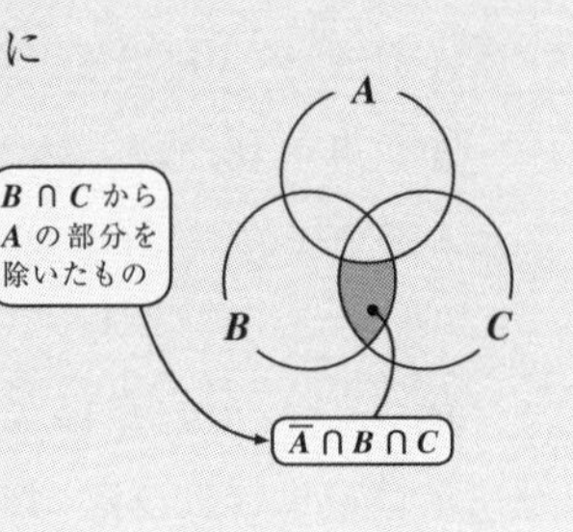

解答＆解説

$n(A)=20$, $n(B)=30$, $n(C)=25$, $n(A\cap B)=11$, $n(B\cap C)=13$, $n(C\cap A)=8$, $n(A\cup B\cup C)=46$ を，次の $n(A\cup B\cup C)$ を求める式に代入すると，

$$\underbrace{n(A\cup B\cup C)}_{46}=\underbrace{n(A)}_{20}+\underbrace{n(B)}_{30}+\underbrace{n(C)}_{25}-\underbrace{n(A\cap B)}_{11}-\underbrace{n(B\cap C)}_{13}-\underbrace{n(C\cap A)}_{8}+n(A\cap B\cap C)$$

よって，$46=\underbrace{20+30+25-11-13-8}_{43}+n(A\cap B\cap C)$ より

$n(A\cap B\cap C)=46-43=3$

よって，求める $\overline{A}\cap B\cap C$ の要素の個数 $n(\overline{A}\cap B\cap C)$ は，

$n(\overline{A}\cap B\cap C)=n(B\cap C)-n(A\cap B\cap C)$

$=13-3=10$ である。……………………(答)

初めからトライ！問題 29	必要・十分条件	CHECK 1	CHECK 2	CHECK 3

命題：「p であるならば，q である」を $p \Rightarrow q$ と表す。次の各文の□に適するものを，下の①～④から選べ。

(1) $p \Rightarrow q$ が真のとき，p は q であるための□

(2) $p \Leftarrow q$ が真のとき，p は q であるための□

(3) $p \Leftrightarrow q$ が真のとき，p は q であるための□

(4) $p \Rightarrow q$，$p \Leftarrow q$ のいずれも偽であるとき，p は q であるための□

①必要条件である。　②十分条件である。

③必要十分条件である。　④必要条件でも，十分条件でもない。

ヒント！ $p \Rightarrow q$ が真であるとき，p は十分条件 (S)，q は必要条件 (N) と呼ぶので，右図の地図の方位の北 (N) と南 (S)，と連想して覚えるといいね。

解答＆解説

(1) $p \Rightarrow q$ が真のとき，p は q であるための十分条件である。 ∴② …(答)

十分条件 (S) ← 矢印を出しているので，南の S から十分の S を連想しよう！

(2) $p \Leftarrow q$ が真のとき，p は q であるための必要条件である。 ∴① …(答)

必要条件 (N) ← 矢印が来てるので，北の N から必要の N を連想しよう！

(3) $p \Leftrightarrow q$ が真のとき，p は q であるための必要十分条件である。 ∴③ (答)

矢印を出し，かつ矢印が来てるので，N と S，つまり，必要かつ十分条件になる。

(4) $p \Rightarrow q$，$p \Leftarrow q$ のいずれも偽であるとき，p は q であるための

p は矢印を出してもいなければ，矢印が来てもいないので，必要条件でも十分条件でもないんだね。

必要条件でも十分条件でもない。 ∴④ ……………………………(答)

初めからトライ！問題 30	必要・十分条件	CHECK 1	CHECK 2	CHECK 3

次の各文の□に適するものを，下の①～④から選べ。ただし，x，y は実数とする。

(1) $x=5$ は，$|x|=5$ であるための□

(2) $x=0$ は，$|x|=0$ であるための□

(3) $xy=0$ は，$x^2+y^2=0$ であるための□

(4) $x>y$ は，$x^2>y^2$ であるための□

①必要条件である。

②十分条件である。

③必要十分条件である。

④必要条件でも，十分条件でもない。

ヒント！ いずれの問題も，(i) $p \Rightarrow q$ と (ii) $p \Leftarrow q$ の真・偽を 1 つ 1 つ調べていけばいいんだね。命題が偽であることを示すには，反例を 1 つ挙げればいいことも大丈夫だね。では，チャレンジしてみよう！

解答&解説

(1)(i) "$x=5 \Rightarrow |x|=5$" について，$x=5$ ならば，$|x|=|5|=5$ となる。

$\therefore$ $\underline{x=5} \Rightarrow |x|=5$ は真である。

（矢印を出しているので，まずこれは十分条件 (S) であることが分かった。）

(ii) "$x=5 \Leftarrow |x|=5$" について，

$|x|=5$ より，$x=\pm 5$ となる。よって，$|x|=5$ であるからといって，$x=5$ となるとは限らない。反例として，$x=-5$ が挙げられる。

$\therefore$ $x=5 \Leftarrow |x|=5$ は偽である。

以上 (i)(ii) より，$\underline{x=5} \underset{\times}{\overset{\bigcirc}{\rightleftarrows}} |x|=5$

（矢印を出しているだけなので，これは十分条件であって，必要条件ではない。）

（この○(真)や×(偽)は正式な書き方ではないけれど，分かりやすいので利用するね。）

よって，$x=5$ は，$|x|=5$ であるための十分条件であるが，必要条件ではない。

$\therefore$ ② ……………………………………………………………………(答)

(2)(i) "$x=0 \Rightarrow |x|=0$" について，$x=0$ ならば，$|x|=|0|=0$ となる。

$\therefore$ $\underline{x=0} \Rightarrow |x|=0$ は真である。

（まず，十分条件 (S) が言えた。）

(ⅱ) "$x=0 \Leftarrow |x|=0$" について，$|x|=0$ ならば，$x=0$ となる。

$\therefore$ $\underline{x=0} \Leftarrow |x|=0$ は真である。

（矢印が来てるので，これは必要条件 (N) でもある。）

以上 (ⅰ)(ⅱ) より，$x=0 \underset{\bigcirc}{\overset{\bigcirc}{\Leftrightarrow}} |x|=0$

よって，$x=0$ は，$|x|=0$ であるための必要十分条件である。　$\therefore$ ③ …(答)

（これは，"$x=0$ は $|x|=0$ と同値（どうち）である" ということもある。）

(3) (ⅰ) "$xy=0 \Rightarrow x^2+y^2=0$" について，

$xy=0$ となるとき，$x=0$，$y=1$ でもよい。このとき

$x^2+y^2=0^2+1^2=1 \neq 0$ となる。

$\therefore$ $\underline{xy=0} \Rightarrow x^2+y^2=0$ は偽である。(反例 : $x=0, y=1$)

（十分条件でない）

(ⅱ) "$xy=0 \Leftarrow x^2+y^2=0$" について，

$x^2 \geqq 0$，$y^2 \geqq 0$ より，$\underline{x^2+y^2=0}$ のとき，$\underline{x^2=0，かつ y^2=0}$，つまり

（0 以上の 2 つの数をたして 0 になるということは，$-1+1=0$ や $3+(-3)=0$ のようなことは不可能なので，2 つとも 0 でなければならないんだね。）

$x=0$，$y=0$ となる。

よって，$xy=0 \times 0=0$ となる。

$\therefore$ $\underline{xy=0} \Leftarrow x^2+y^2=0$ は真である。

（必要条件である）

以上 (ⅰ)(ⅱ) より，$xy=0 \underset{\bigcirc}{\overset{\times}{\Leftrightarrow}} x^2+y^2=0$

よって，$xy=0$ は，$x^2+y^2=0$ であるための必要条件であるが，十分条件でない。

$\therefore$ ① ……………………………………………………………………(答)

(4) (ⅰ) "$x>y \Rightarrow x^2>y^2$" について，$x=1$，$y=-3$ のとき $x>y$ であるが，

$1^2<(-3)^2$，すなわち $1<9$ となって，$x^2>y^2$ をみたさない。

$\therefore$ $x>y \Rightarrow x^2>y^2$ は偽である。(反例 : $x=1, y=-3$)

(ⅱ) "$x>y \Leftarrow x^2>y^2$" について，$x=-2$，$y=1$ のとき $\underline{x^2>y^2}$ であるが，

（$(-2)^2>1^2$）

$-2<1$ となって，$x>y$ をみたさない。

$\therefore$ $x>y \Leftarrow x^2>y^2$ は偽である。(反例 : $x=-2$，$y=1$)

以上 (ⅰ)(ⅱ) より，$x>y \underset{\times}{\overset{\times}{\Leftrightarrow}} x^2>y^2$

よって，$x>y$ は，$x^2>y^2$ であるための必要条件でも十分条件でもない。

$\therefore$ ④ ……………………………………………………………………(答)

初めからトライ！問題 31	必要・十分条件	CHECK 1	CHECK 2	CHECK 3

次の各文の□に適するものを，下の①，②から選べ。

(1) $\angle \mathbf{A} = \mathbf{90}^\circ$ は，$\triangle \mathbf{ABC}$ が直角三角形であるための□

(2) $\angle \mathbf{A} < \mathbf{90}^\circ$ は，$\triangle \mathbf{ABC}$ が鋭角三角形であるための□

①必要条件であるが，十分条件でない。

②十分条件であるが，必要条件でない。

ヒント！ これも，(i)$p \Rightarrow q$ と (ii)$p \Leftarrow q$ の真・偽を **1** つ **1** つ調べていこう。

解答＆解説

(1)(i) "$\angle \mathbf{A} = \mathbf{90}^\circ \Rightarrow \triangle \mathbf{ABC}$ は直角三角形" について，$\angle \mathbf{A} = \mathbf{90}^\circ$ であるならば，$\triangle \mathbf{ABC}$ は直角三角形と言える。

$\therefore$ $\underline{\angle \mathbf{A} = \mathbf{90}^\circ}$ $\Rightarrow \triangle \mathbf{ABC}$ は直角三角形 は真である。

十分条件 (S)

(ii) "$\angle \mathbf{A} = \mathbf{90}^\circ \Leftarrow \triangle \mathbf{ABC}$ は直角三角形" について，$\triangle \mathbf{ABC}$ が $\angle \mathbf{B} = \mathbf{90}^\circ$ の直角三角形の場合，$\angle \mathbf{A} < \mathbf{90}^\circ$ となって，$\angle \mathbf{A} = \mathbf{90}^\circ$ にはならない。

$\therefore$ $\underline{\angle \mathbf{A} = \mathbf{90}^\circ}$ $\Leftarrow \triangle \mathbf{ABC}$ は直角三角形 は偽である。(反例：$\angle \mathbf{B} = \mathbf{90}^\circ$ の直角三角形)

必要条件 (N) でない

以上 (i)(ii) より，$\angle \mathbf{A} = \mathbf{90}^\circ$ は $\triangle \mathbf{ABC}$ が直角三角形であるための十分条件であるが，必要条件ではない。$\therefore$ ② ……………………………………(答)

(2)(i) "$\angle \mathbf{A} < \mathbf{90}^\circ \Rightarrow \triangle \mathbf{ABC}$ が鋭角三角形" について，$\angle \mathbf{A} = \mathbf{30}^\circ$ $(< \mathbf{90}^\circ)$ としても，$\angle \mathbf{B} = \mathbf{120}^\circ$，$\angle \mathbf{C} = \mathbf{30}^\circ$ の場合，$\triangle \mathbf{ABC}$ は鈍角三角形である。

$\therefore$ $\underline{\angle \mathbf{A} < \mathbf{90}^\circ}$ $\Rightarrow \triangle \mathbf{ABC}$ が鋭角三角形 は偽である。(反例：$\angle \mathbf{A} = \mathbf{30}^\circ$　$\angle \mathbf{B} = \mathbf{120}^\circ$，$\angle \mathbf{C} = \mathbf{30}^\circ$)

十分条件 (S) でない

(ii) "$\angle \mathbf{A} < \mathbf{90}^\circ \Leftarrow \triangle \mathbf{ABC}$ が鋭角三角形" について，$\triangle \mathbf{ABC}$ が鋭角三角形ならば，当然 $\angle \mathbf{A}$ は鋭角で，$\angle \mathbf{A} < \mathbf{90}^\circ$ となる。

$\therefore$ $\underline{\angle \mathbf{A} < \mathbf{90}^\circ}$ $\Leftarrow \triangle \mathbf{ABC}$ が鋭角三角形 は真である。

必要条件 (N)

以上 (i)(ii) より，$\angle \mathbf{A} < \mathbf{90}^\circ$ は $\triangle \mathbf{ABC}$ が鋭角三角形であるための必要条件であるが，十分条件ではない。$\therefore$ ① ……………………………………(答)

初めからトライ！問題 32	真理集合	CHECK 1	CHECK 2	CHECK 3

次の各文の□に適するものを，下の①，②から選べ。

(1) $-2<x<3$ は，$-1<x<2$ であるための□

(2) $x>0$ は，$x \geqq 0$ であるための□

①必要条件であるが，十分条件でない。

②十分条件であるが，必要条件でない。

ヒント！ 命題"人間であるならば，動物である"，つまり，"人間である⇒動物である"が真であることは，右のベン図に示すように，人間の集合が，動物の集合に含まれるからなんだね。このような考え方を真理集合(しんりしゅうごう)による考え方という。

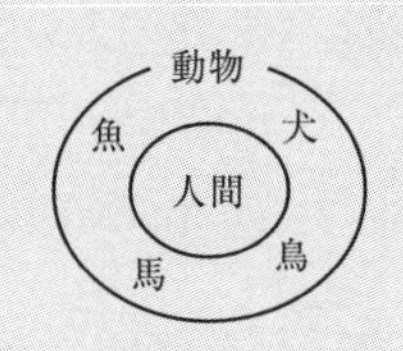

したがって，命題"$p \Rightarrow q$"について，p を表す集合 P が，q を表す集合 Q に含まれるとき，この命題は真理集合の考え方から真であると言えるんだね。

解答＆解説

(1) 集合 $P=\{x \mid x$ は，$-2<x<3$ をみたす$\}$

集合 $Q=\{x \mid x$ は，$-1<x<2$ をみたす$\}$

とおくと，$P \supset Q$　よって，真理集合の考え方により，

"$\underline{-2<x<3} \Leftarrow -1<x<2$"は真である。

（必要条件 (N)）

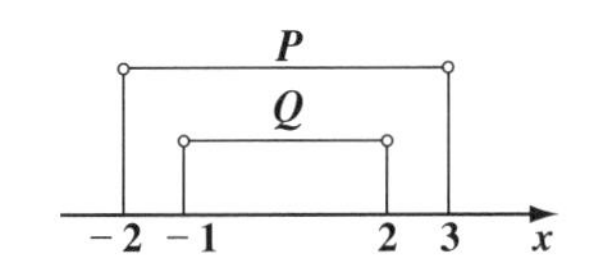

よって，$-2<x<3$ は，$-1<x<2$ であるための必要条件であるが，十分条件ではない。∴①……………………………………(答)

(2) 右図より，$x \geqq 0$ を表す集合は，$x>0$ を表す集合を含んでいるので，

"$\underline{x>0} \Rightarrow x \geqq 0$"は真である。

（十分条件 (S)）

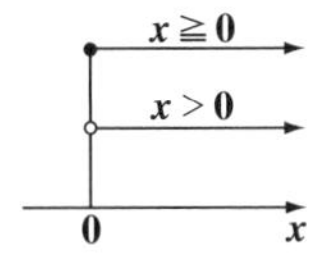

よって，$x>0$ は，$x \geqq 0$ であるための十分条件ではあるが，必要条件ではない。∴②……………………………………(答)

初めからトライ！問題 33	真理集合	CHECK 1	CHECK 2	CHECK 3

次の各文の□に適するものを，下の①～③から選べ。

(1) $|x| \leqq 1$ は，$x < 2$ であるための□

(2) $|x| > 1$ は，$x \leqq -2$ であるための□

(3) $|x| < 2$ は，$x \leqq -1$ であるための□

①必要条件であるが，十分条件でない。

②十分条件であるが，必要条件でない。

③必要条件でも，十分条件でもない。

ヒント！ 一般に，正の定数 r に対して，$|x| < r$ は，$-r < x < r$ となる。また，$|x| > r$ は，$x < -r$ または $r < x$ となる。これも頭に入れておこう。

解答＆解説

(1) $|x| \leqq 1$ は，$-1 \leqq x \leqq 1$ と変形できる。

右図より，$|x| \leqq 1$ は，$x < 2$ に含まれるので，

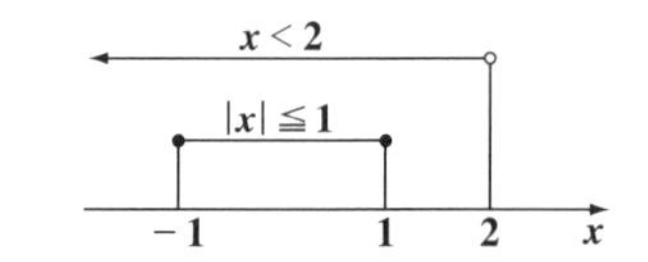

"$|x| \leqq 1 \Rightarrow x < 2$" は真である。

よって，$|x| \leqq 1$ は，$x < 2$ であるための十分条件であるが，必要条件ではない。 ∴② ……………………………………(答)

(2) $|x| > 1$ は，$x < -1$ または $1 < x$ と変形できる。右図より，$|x| > 1$ は，$x \leqq -2$ を含むので，

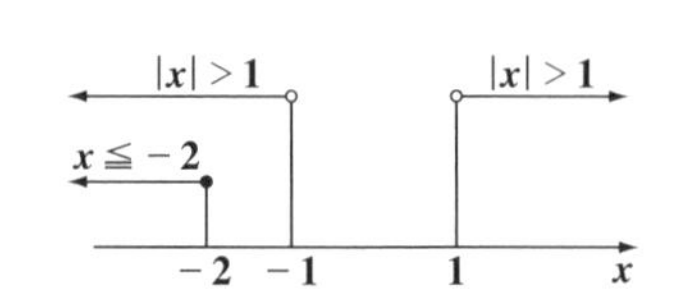

"$|x| > 1 \Leftarrow x \leqq -2$" は真である。

よって，$|x| > 1$ は，$x \leqq -2$ であるための必要条件であるが，十分条件ではない。 ∴① ……………………………………(答)

(3) $|x| < 2$ は，$-2 < x < 2$ と変形できる。

右図より，$|x| < 2$ と $x \leqq -1$ は，いずれか一方が他方を含む関係ではないので，

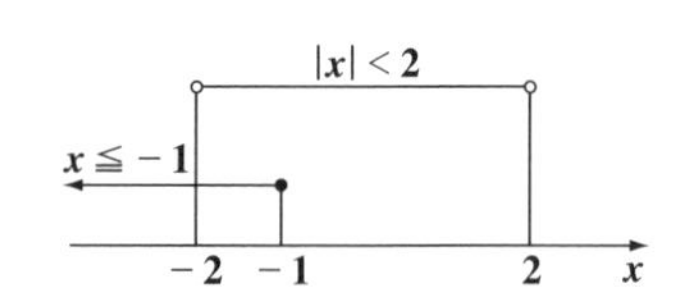

"$|x| < 2 \not\Leftrightarrow x \leqq -1$" となる。

よって，$|x| < 2$ は，$x \leqq -1$ であるための必要条件でも十分条件でもない。

∴③ ……………………………………(答)

初めからトライ！問題 34 逆・裏・対偶 CHECK 1 CHECK 2 CHECK 3

整数 l, m, n について，次の各命題の逆，裏，対偶を示せ。

(1)「l が偶数，かつ m が偶数ならば，$l+m$ は偶数である。」………(＊1)

(2)「l, m, n がすべて奇数ならば，$l+m+n$ は奇数である。」………(＊2)

ヒント！ 命題 "$p \Rightarrow q$" の逆は "$q \Rightarrow p$" であり，裏は "$\overline{p} \Rightarrow \overline{q}$" であり，対偶は，"$\overline{q} \Rightarrow \overline{p}$" となるんだね。"$\overline{\quad}$" は否定を表す。今回の問題では，"かつ" の否定は "または" になり，"すべての" の否定は "少なくとも 1 つの" になることに注意しよう。

解答＆解説

(1) 命題「l が偶数，かつ m が偶数ならば，$l+m$ は偶数である。」………(＊1)
について，
逆「$l+m$ が偶数ならば，l が偶数，かつ m は偶数である。」…………(答)
裏「l が奇数，または m が奇数ならば，$l+m$ は奇数である。」………(答)
対偶「$l+m$ が奇数ならば，l は奇数，または m は奇数である。」………(答)

逆を元の命題とすると，この裏が対偶になっていることに気をつけよう。元の命題をどれにするかによって，逆，裏，対偶は相対的に変化するんだね。大丈夫？

(2) 命題「l, m, n がすべて奇数ならば，$l+m+n$ は奇数である。」………(＊2)
について，
逆「$l+m+n$ が奇数ならば，l, m, n はすべて奇数である。」…………(答)
裏「l，m，n のうち少なくとも 1 つが偶数ならば，$l+m+n$ は偶数である。」……………………………………(答)
対偶「$l+m+n$ が偶数ならば，l，m，n のうち少なくとも 1 つは偶数である。」……………………………………(答)

初めからトライ！問題 35 対偶による証明 CHECK 1 CHECK 2 CHECK 3

次の各命題の対偶を調べることにより，その命題の真・偽を示せ。

(1)「l が奇数または m が奇数ならば，$l+m$ は奇数である。」………(＊1)

(2)「l，m，n のうち少なくとも 1 つが偶数ならば，$l+m+n$ は偶数である。」……………(＊2)

ヒント！ 元の命題 $p \Rightarrow q$ とその対偶 $\overline{q} \Rightarrow \overline{p}$ について，
・元の命題が真⇔対偶が真，また，・元の命題が偽⇔対偶が偽，
であるため，元の命題の真・偽がよく分からないときは，その対偶の真・偽を示せば，それで，元の命題の真・偽を示したことになるんだね。

解答＆解説

(1)(＊1) の命題の対偶は，

「$l+m$ が偶数ならば，l は偶数かつ m は偶数である。」……………(＊1)′

となる。

この反例として，たとえば，$l=3$(奇数)，$m=5$(奇数) が挙げられる。

このとき，$l+m=3+5=8$ となって偶数だけれど，l と m は共に奇数である。

よって，対偶 (＊1)′ は偽より，元の命題 (＊1) も偽である。…………(答)

(2)(＊2) の命題の対偶は，

「$l+m+n$ が奇数ならば，l，m，n はすべて奇数である。」………(＊2)′

となる。

この反例として，たとえば，$l=2$(偶数)，$m=4$(偶数)，$n=3$(奇数) が挙げられる。このとき，$l+m+n=2+4+3=9$ となって，奇数であるけれど，l，m，n がすべて奇数なのではない。

よって，対偶 (＊2)′ は偽より，元の命題 (＊2) も偽である。…………(答)

初めからトライ！問題 36	対偶による証明	CHECK 1	CHECK 2	CHECK 3

次の各命題の対偶を調べることにより，その命題の真・偽を示せ。

(1) “$x^2 \neq 4 \Rightarrow x \neq -2$” ……………………………………（＊1）

(2) “$xy \leqq 0 \Rightarrow x \geqq 0$ または $y \geqq 0$” ……………………（＊2）

(3) “$xyz \leqq 0 \Rightarrow x, y, z$ のうち少なくとも 1 つが 0 以上” …………（＊3）

ヒント！ 各命題の対偶をとって，対偶が真ならば元の命題も真であるし，対偶が偽であるならば元の命題も偽と言えるんだね。これが，対偶による証明法だ！

解答＆解説

(1)（＊1）の命題の対偶は，

“$x = -2 \Rightarrow x^2 = 4$” ………（＊1）′ となる。

$x = -2$ ならば，$x^2 = (-2)^2 = 4$ となるので，この対偶（＊1）′ は真である。

∴元の命題（＊1）は真である。 ……………………………………（答）

(2)（＊2）の命題の対偶は，

“$x < 0$ かつ $y < 0 \Rightarrow xy > 0$” ………（＊2）′ となる。

$x < 0$ かつ $y < 0$ ならば，$\underset{\ominus}{x} \cdot \underset{\ominus}{y} > 0$ となるので，この対偶（＊2）′ は真である。

∴元の命題（＊2）は真である。 ……………………………………（答）

(3)（＊3）の命題の対偶は，

“x, y, z がすべて 0 より小 $\Rightarrow xyz > 0$” ………（＊3）′ となる。

x, y, z がすべて 0 より小，すなわち $x < 0$ かつ $y < 0$ かつ $z < 0$ ならば，

$\underset{\ominus}{x} \cdot \underset{\ominus}{y} \cdot \underset{\ominus}{z} < 0$ となるので，この対偶（＊3）′ は偽である。

∴元の命題（＊3）は偽である。 ……………………………………（答）

このように，元の命題の真・偽がよく分からないときでも，その対偶をとれば，真・偽が明解に分かるものが多いんだね。対偶による証明法も是非マスターしよう！

初めからトライ！問題 37	背理法による証明	CHECK 1	CHECK 2	CHECK 3

互いに異なる実数 a, b が, $2a^2-3b^2=0$ ……①をみたすものとする。

(1) $b \neq 0$ であることを，背理法により示せ。

(2) $\frac{a}{b}$ の値を求めよ。

ヒント！ (1) で, $b \neq 0$ であることを示したいから，これを否定して，まず $b=0$ と仮定して，矛盾を導けばいいんだね。これが，背理法による証明だ。(2) では, $b \neq 0$ より, $b^2 \neq 0$ なので，①の両辺を b^2 で割れば話が見えてくるはずだ。

解答＆解説

(1) $2a^2-3b^2=0$ ……① (a, b は相異なる実数) について，

まず, $b=0$ と仮定して，これを①に代入すると，

$2a^2-3\cdot 0^2=0$, $2a^2=0$, $a^2=0$ $\quad \therefore a=0$ となる。

従って, $a=b=0$ となり，これは, a と b が異なる実数である条件に反する。

よって，矛盾。

$\therefore$ 背理法により, $b \neq 0$ である。 ……………………(終)

(2) $b \neq 0$ より, $b^2 \neq 0$ 　よって，①の両辺を b^2 で割ると，

$$\frac{2a^2}{b^2}-\frac{3b^2}{b^2}=0 \qquad 2\cdot\left(\frac{a}{b}\right)^2-3=0$$

$$2\cdot\left(\frac{a}{b}\right)^2=3 \qquad \left(\frac{a}{b}\right)^2=\frac{3}{2}$$

$$\therefore \frac{a}{b}=\pm\sqrt{\frac{3}{2}}=\pm\frac{\sqrt{3}}{\sqrt{2}}=\pm\frac{\sqrt{6}}{2}$$ ……………………(答)

（分子・分母に $\sqrt{2}$ をかけて）

初めからトライ！問題 38	背理法よる証明	CHECK 1	CHECK 2	CHECK 3

背理法を使って，次の各命題を証明せよ。

(1)「2 つの整数 m，n が，$n^2=2m^2$ をみたすとき，n は偶数である。」 ………(＊1)

(2)「$\sqrt{2}$ は無理数である。」 ………………………………………………(＊2)

ヒント！ (1) n が偶数であることを示したかったら，n を奇数であると仮定して，矛盾を導けばいい。(2) $\sqrt{2}$ が無理数であることを示したかったら，$\sqrt{2}$ が有理数であると仮定して，矛盾を導けばいいんだね。頑張ろう！

解答＆解説

(1) $n^2=2m^2$ ……① (m，n：整数) のとき，

n が奇数であると仮定すると，

・①の左辺 $=n^2=n\times n=$ (奇数)$\times$(奇数)$=$(奇数)

・①の右辺 $=2m^2=2\times$(整数)$=$(偶数)　となって，矛盾する。

たとえば，$3\times3=9$ などだね。

$\therefore$ n は偶数であるから，命題 (＊1) は成り立つ。 ……………………(終)

(2) $\sqrt{2}$ を有理数と仮定すると，

整数や分数のこと

$\sqrt{2}=\dfrac{n}{m}$ ……②と表せる。

(m，n：互いに素な整数)

m，n が互(たが)いに素(そ)というのは，m と n が 1 以外の公約数をもたないという意味だ。つまり，たとえば $\dfrac{n}{m}$ は，$\dfrac{6}{10}$ や $\dfrac{2}{8}$ などではなく，既約分数 $\dfrac{3}{5}$ や $\dfrac{1}{4}$ で表すという意味なんだね。

②を変形して，$n=\sqrt{2}\,m$　両辺を 2 乗して，

$n^2=2m^2$ ……③となる。(1) の結果より，n は偶数。

よって，$n=2k$ ……④ (k：整数) とおいて，④を③に代入すると，

$(2k)^2=2m^2$，$4k^2=2m^2$，$m^2=2k^2$ となるので，同様に m も偶数 (2 の倍数) になる。

これから，m も n も偶数となって，公約数 2 をもつので，m と n が互いに素の条件に反する。よって，矛盾。

$\therefore$「$\sqrt{2}$ は無理数である。」……(＊2) は成り立つ。 ……………………(終)

第2章 ● 集合と論理の公式を復習しよう！

1. 和集合の要素の個数

(i) $A \cap B \neq \phi$ のとき，

$$n(A \cup B) = n(A) + n(B) - n(A \cap B)$$

(ii) $A \cap B = \phi$ のとき，

$$n(A \cup B) = n(A) + n(B)$$

2. 集合 A と補集合 $\overline{A}$ の関係

$n(A) = n(U) - n(\overline{A})$　　(U：全体集合)

3. ド・モルガンの法則

(i) $\overline{A \cup B} = \overline{A} \cap \overline{B}$　　(ii) $\overline{A \cap B} = \overline{A} \cup \overline{B}$

4. 十分条件，必要条件

命題 "$p \Rightarrow q$" が真のとき，

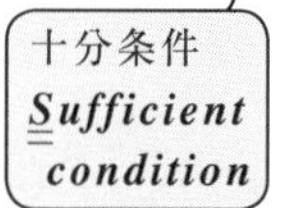

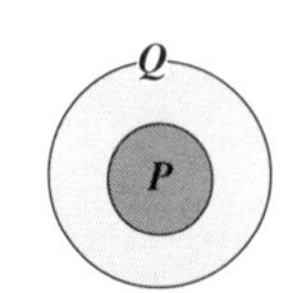

$\begin{cases} p \text{ は } q \text{ であるための十分条件} \\ q \text{ は } p \text{ であるための必要条件} \end{cases}$

5. 真理集合の考え方

命題 "$p \Rightarrow q$" が真のとき，$P \subseteq Q$ が成り立つ。
(ただし，P：p の真理集合，Q：q の真理集合)

6. 命題とその対偶との真・偽の関係

・元の命題が真 $\Longleftrightarrow$ 対偶が真

・元の命題が偽 $\Longleftrightarrow$ 対偶が偽

7. 対偶による証明法

命題 "$p \Rightarrow q$" が真であることを証明するのが難しい場合，この対偶 "$\overline{q} \Rightarrow \overline{p}$" が真であることを示せれば，元の命題 "$p \Rightarrow q$" も真と言える。

8. 背理法による証明法

命題 "$p \Rightarrow q$" や，命題 "q である" が真であることを示すには，まず，$\overline{q}$ (q でない) と仮定して，矛盾を導く。

第 3 章
CHAPTER

3 2次関数

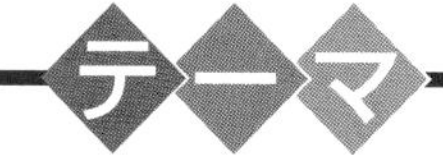

▶ 2 次方程式の解法

▶ 2 次関数と最大・最小問題

▶ 2 次関数と 2 次方程式

▶ 2 次不等式，分数不等式

1. 因数分解して，2次方程式を解こう。

(1) $x^2+(p+q)x+pq=0$ を変形して，
（$p+q$：たして，pq：かけて）

$(x+p)(x+q)=0$

∴求める解は，$x=-p$，$-q$ となる。

$A\cdot B=0$（$A\cdot B$：xの整式）のとき，$A=0$ または $B=0$

(2) $prx^2+(ps+qr)x+qs=0$　$(p\neq0,\ r\neq0)$ を変形して，

$p \quad q \to qr$
$r \quad s \to ps$（+
$ps+qr$

$(px+q)(rx+s)=0$　∴求める解は，$x=-\dfrac{q}{p}$，$-\dfrac{s}{r}$

(ex) $x^2+3x+2=0$ を解くと，$(x+1)(x+2)=0$　∴ $x=-1$，-2
（たして $1+2$，かけて 1×2）
$x+1=0$ または $x+2=0$ より

(ex) $2x^2-3x-2=0$ を解くと，$(2x+1)(x-2)=0$　∴ $x=-\dfrac{1}{2}$，2

$2 \quad 1 \to 1$
$1 \quad -2 \to -4$（+
-3

$2x+1=0$ または $x-2=0$ より

2. 解の公式を使って，2次方程式を解こう。

(1) 2次方程式 $ax^2+bx+c=0$　$(a\neq0)$ の解は，

$$x=\frac{-b\pm\sqrt{b^2-4ac}}{2a}\quad(\text{ただし，判別式 } D=b^2-4ac\geqq0)$$

(2) 2次方程式 $ax^2+2b'x+c=0$　$(a\neq0)$ の解は，

$$x=\frac{-b'\pm\sqrt{b'^2-ac}}{a}\quad\left(\text{ただし，判別式}\frac{D}{4}=b'^2-ac\geqq0\right)$$

(ex) $2x^2+3x-1=0$ の解は，$x=\dfrac{-3\pm\sqrt{3^2-4\cdot2\cdot(-1)}}{2\cdot2}=\dfrac{-3\pm\sqrt{17}}{4}$
（a：2，b：3，c：-1）

(ex) $1\cdot x^2-4x+2=0$ の解は，$x=\dfrac{2\pm\sqrt{(-2)^2-1\cdot2}}{1}=2\pm\sqrt{2}$
（a：1，$2b'$：-4，c：2）

3. 判別式 D で，2 次方程式の解を判別できる。

2 次方程式 $ax^2+bx+c=0$ $(a \neq 0)$ の判別式 D は

$D=b^2-4ac$ である。すると，この 2 次方程式は

(i) $D>0$ のとき，相異なる 2 実数解 $x=\dfrac{-b+\sqrt{D}}{2a}$，$\dfrac{-b-\sqrt{D}}{2a}$ をもつ。

(ii) $D=0$ のとき，重解 $x=-\dfrac{b}{2a}$ をもつ。

(iii) $D<0$ のとき，実数解をもたない。

(ex) $2x^2+3x+2=0$ の判別式 D は，（$a=2$，$b=3$，$c=2$）

$D=3^2-4\cdot2\cdot2=9-16=-7<0$

よって，この 2 次方程式は実数解をもたない。

4. 関数を定義しよう。

2 つの変数 x，y について，

x をある値に定めたとき，それに対してただ 1 つの y の値が定まるとき，y は x の**関数**であるといい，$y=f(x)$ などと表す。

これは，$y=g(x)$ でも，$y=h(x)$ でも，何でもいいよ。

(i) 1 次関数 $y=f(x)=ax+b$ $(a \neq 0)$

(ii) 2 次関数 $y=f(x)=ax^2+bx+c$ $(a \neq 0)$

(iii) 3 次関数 $y=f(x)=ax^3+bx^2+cx+d$ $(a \neq 0)$

5. 関数の移動のやり方も押さえよう。

(1) $y=f(x)$ を $(p,\ q)$ だけ平行移動したものは，

$y-q=f(x-p)$ である。 ← x の代わりに $x-p$，y の代わりに $y-q$ を代入する。

(2) $y=f(x)$ を x 軸に関して対称移動したものは，

$-y=f(x)$ である。 ← y の代わりに $-y$ を代入する。

(3) $y=f(x)$ を y 軸に関して対称移動したものは，

$y=f(-x)$ である。 ← x の代わりに $-x$ を代入する。

(4) $y=f(x)$ を原点 0 に関して対称移動したものは，

$-y=f(-x)$ である。 ← x の代わりに $-x$，y の代わりに $-y$ を代入する。

6. 2次関数には，3つのタイプがある。

(i) 基本形 $y = ax^2$ $(a \neq 0)$

(ii) 標準形 $y = a(x-p)^2 + q$ $(a \neq 0)$ ← $y = ax^2$ を (p, q) だけ平行移動したもの

(iii) 一般形 $y = ax^2 + bx + c$ $(a \neq 0)$

(i) $y = ax^2$ を (p, q) だけ平行移動すると，$y - q = a(x-p)^2$，すなわち(ii)の標準形 $y = a(x-p)^2 + q$ になるんだね。(iii)も，変形して(ii)の標準形にできる。

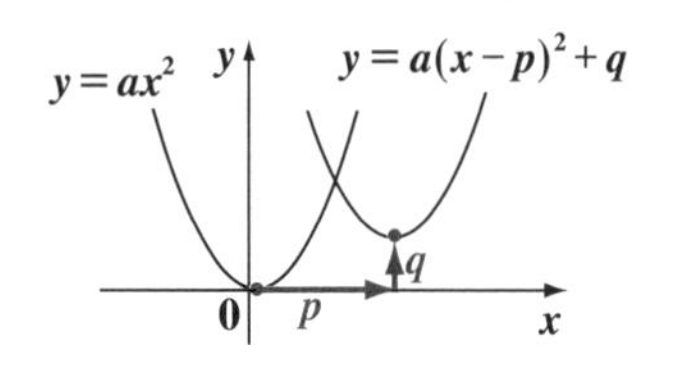

7. 2次関数の最大・最小は，グラフで考えよう。

右図のように，**定義域**(ていぎいき) $\alpha \leqq x \leqq \beta$ における放物線 $y = f(x) = ax^2 + bx + c$ が描けるとき，y の取り得る値の範囲を**値域**(ちいき)という。最大値・最小値もグラフから判断できるね。

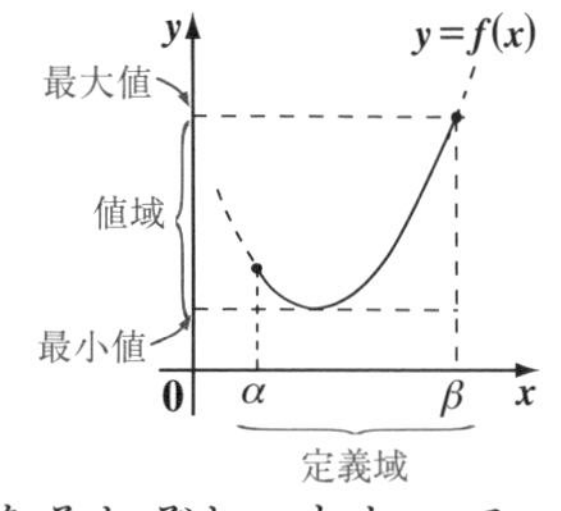

8. 2次方程式も，グラフで考えよう。

2次方程式 $ax^2 + bx + c = 0$ …① $(a > 0)$ の両辺をそれぞれ y とおいて，

分解すると，$\begin{cases} y = f(x) = ax^2 + bx + c \quad (a > 0) \\ y = 0 \end{cases}$ となる。

- $y = f(x) = ax^2 + bx + c$ ← 下に凸の放物線
- $y = 0$ ← x 軸

すると，この $y = f(x)$ と x 軸との共有点の x 座標が，2次方程式①の解となる。

従って，判別式 D と，$y = f(x)$ と x 軸との位置関係は下図のようになる。

(i) $D > 0$ のとき $\left[\dfrac{D}{4} > 0 \text{ のとき}\right]$

$y = ax^2 + bx + c$

$y = 0$

α　β　x

①は相異なる2実数解 α，β をもつ。$(\alpha < \beta)$

(ii) $D = 0$ のとき $\left[\dfrac{D}{4} = 0 \text{ のとき}\right]$

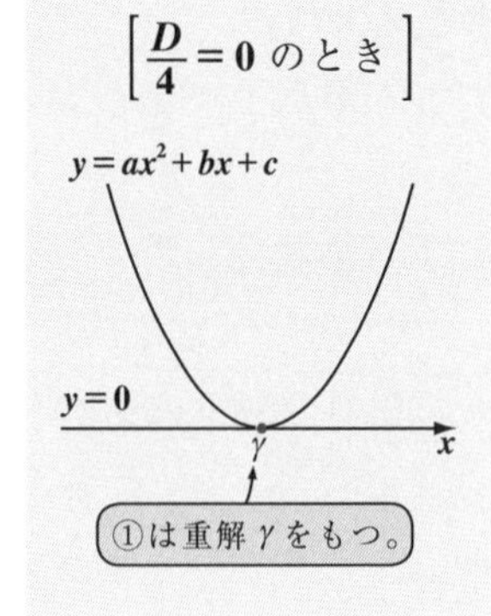

(iii) $D < 0$ のとき $\left[\dfrac{D}{4} < 0 \text{ のとき}\right]$

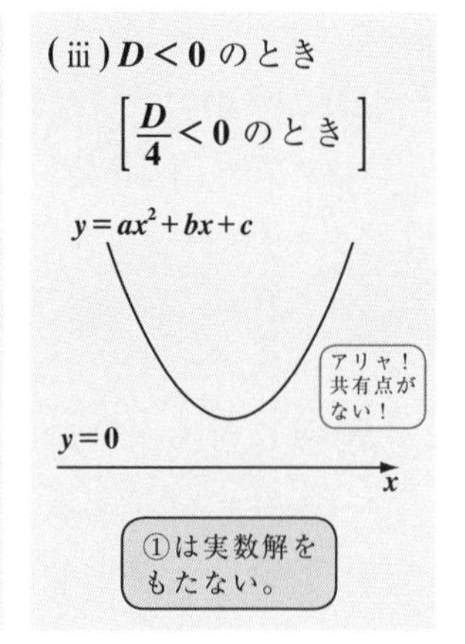

9. 2 次方程式の解の範囲の問題もマスターしよう。

2 次方程式 $ax^2+bx+c=0$ の 2 つの実数解 α, β について，たとえば，$0<\alpha<1<\beta$ などのように解の範囲を問う問題も，$y=f(x)=ax^2+bx+c$ と $y=0$［x 軸］との位置関係から考えて解いていけばいいんだね。

10. 2 次不等式の問題もグラフで考えよう。

2 次方程式 $ax^2+bx+c=0$ $(a>0)$ が相異なる実数解 α, β $(\alpha<\beta)$ をもつとき，$y=f(x)=ax^2+bx+c$ $(a>0)$ と $y=0$［x 軸］に分解して，グラフで考えると，次のように 2 次不等式の解が導ける。

(i) $ax^2+bx+c<0$ の解は
$\alpha<x<\beta$

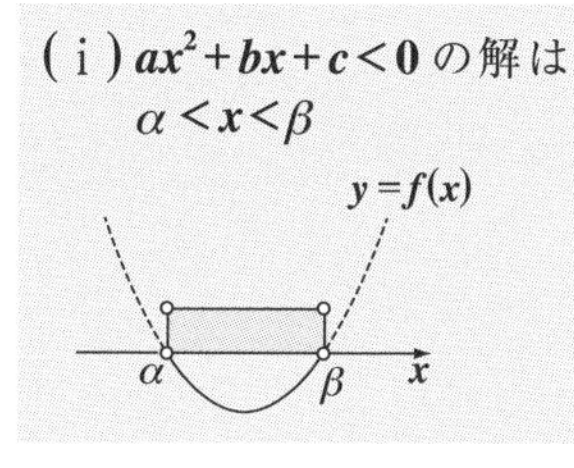

(ii) $ax^2+bx+c>0$ の解は
$x<\alpha$，または $\beta<x$

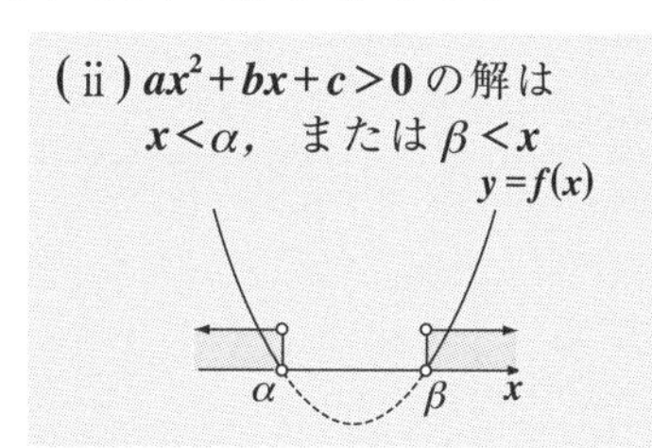

(ex) $2x^2-3x-2<0$ の解は，2 次方程式
$2x^2-3x-2=0$，すなわち
$(2x+1)(x-2)=0$
の解が $x=-\frac{1}{2}$，2 となるので，
$-\frac{1}{2}<x<2$ となる。

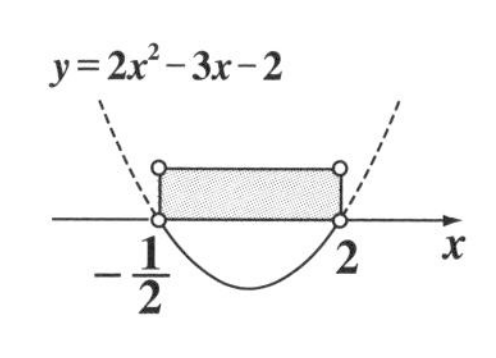

11. 分数不等式にもチャレンジしよう。

(i) $\frac{B}{A}>0 \iff A\cdot B>0$

(ii) $\frac{B}{A}<0 \iff A\cdot B<0$

見かけ上，分母の A が分子に上がったように見える。

(iii) $\frac{B}{A}\geqq 0 \iff A\cdot B\geqq 0$ かつ $A\neq 0$

(iv) $\frac{B}{A}\leqq 0 \iff A\cdot B\leqq 0$ かつ $A\neq 0$

初めからトライ！問題 39	2次方程式	CHECK 1	CHECK 2	CHECK 3

次の x の 2 次方程式を解け。

(1) $x^2 - x - 6 = 0$　　(2) $x^2 + 4x - 5 = 0$

(3) $2x^2 + x - 10 = 0$　　(4) $6x^2 - 7x - 3 = 0$

ヒント！ いずれも，因数分解して解く 2 次方程式の問題だ。(1)，(2) は $x^2 + (p+q)x + pq = 0$ の形のもので，(3)，(4) はたすきがけのタイプだね。

解答＆解説

(1) $x^2 \underline{-1} \cdot x \underline{-6} = 0$ を変形して，$(x+2)(x-3) = 0$

たして $2 + (-3)$　かけて $2 \times (-3)$

$A \cdot B = 0$ のとき，$A = 0$ または $B = 0$

$\therefore x + 2 = 0$ または $x - 3 = 0$ より，解は $x = -2$，または 3 ……(答)

(2) $x^2 + \underline{4}x \underline{-5} = 0$ を変形して，

たして $5 + (-1)$　かけて $5 \times (-1)$

$(x+5)(x-1) = 0$　　$\therefore$ 解 $x = -5$，または 1 …………………(答)

(3) $2x^2 + 1 \cdot x - 10 = 0$　　これを変形して，

$$\begin{array}{ccccc} 2 & \diagdown\!\!\!\diagup & 5 & \rightarrow & 5 \\ 1 & & -2 & \rightarrow & -4 \\ & & & & 1 \end{array}$$

$(2x+5)(x-2) = 0$ より，$2x + 5 = 0$，または $x - 2 = 0$

$\therefore$ 解 $x = -\dfrac{5}{2}$，または 2 ……………………………………………(答)

(4) $6x^2 - 7x - 3 = 0$　　これを変形して，

$$\begin{array}{ccccc} 2 & \diagdown\!\!\!\diagup & -3 & \rightarrow & -9 \\ 3 & & 1 & \rightarrow & 2 \\ & & & & -7 \end{array}$$

$(2x-3)(3x+1) = 0$

$\therefore$ 解 $x = \dfrac{3}{2}$，または $-\dfrac{1}{3}$ ……………………………………(答)

初めからトライ！問題 40	2次方程式	CHECK 1	CHECK 2	CHECK 3

次の x の 2 次方程式を解け。

(1) $2x^2+x-2=0$　　(2) $x^2-5x+3=0$

(3) $3x^2+6x+2=0$　　(4) $4x^2+3x+2=0$

ヒント！　解の公式 $x=\dfrac{-b\pm\sqrt{b^2-4ac}}{2a}$ $\left(\text{または}\dfrac{-b'\pm\sqrt{b'^2-ac}}{a}\right)$ を用いて解く 2 次方程式の問題だね。正確に解いていこう。

解答＆解説

(1) $\underset{a}{2}x^2+\underset{b}{1}\cdot x\underset{c}{-2}=0$ を解の公式を用いて解くと，

$$x=\frac{-1\pm\sqrt{1^2-4\cdot 2\cdot(-2)}}{2\cdot 2}=\frac{-1\pm\sqrt{17}}{4}$$ ……(答)

$ax^2+bx+c=0$ $(a\neq 0)$ の解は $x=\dfrac{-b\pm\sqrt{b^2-4ac}}{2a}$

(2) $\underset{a}{1}\cdot x^2\underset{b}{-5}x+\underset{c}{3}=0$ を解くと，

$$x=\frac{5\pm\sqrt{(-5)^2-4\cdot 1\cdot 3}}{2\cdot 1}=\frac{5\pm\sqrt{13}}{2}$$ ……(答)

(3) $\underset{a}{3}x^2+\underset{2b'}{6}x+\underset{c}{2}=0$ を解の公式を用いて解くと，

$$x=\frac{-3\pm\sqrt{3^2-3\cdot 2}}{3}=\frac{-3\pm\sqrt{3}}{3}$$ ……(答)

$ax^2+2b'x+c=0$ $(a\neq 0)$ の解は $x=\dfrac{-b'\pm\sqrt{b'^2-ac}}{a}$

(4) $\underset{a}{4}x^2+\underset{b}{3}x+\underset{c}{2}=0$ の判別式を D とおくと，

$$D=3^2-4\cdot 4\cdot 2=-23<0$$

よって，この 2 次方程式は実数解をもたない。……(答)

判別式 $D=b^2-4ac$ が負のとき，$\sqrt{\ }$ 内に負の数は存在できないので，解なしとなる。

方程式 $x^2 - 4|x-2| - 5 = 0$ …① を解け。

ヒント！ 絶対値内の $x-2$ が，(i) 0 以上か，(ii) 0 より小かで，場合分けして解こう。

解答&解説

$x^2 - 4|x-2| - 5 = 0$ …① の内の $|x-2|$ について，

$$|x-2| = \begin{cases} x-2 & (x \geqq 2 \text{ のとき}) \\ -(x-2) & (x < 2 \text{ のとき}) \end{cases}$$

$|a| = \begin{cases} a & (a \geqq 0) \\ -a & (a < 0) \end{cases}$ の場合分けだ。

(i) $x \geqq 2$ のとき，$|x-2| = x-2$ より，①は，

$x^2 - 4(x-2) - 5 = 0$　$x^2 - 4x + 8 - 5 = 0$

$x^2 - 4x + 3 = 0$　$(x-1)(x-3) = 0$　$\therefore x = 1$，または 3

たして $(-1)+(-3)$　かけて $(-1)\times(-3)$

ここで，$x \geqq 2$ より，$x = 3$ が①の解である。

(ii) $x < 2$ のとき，$|x-2| = -(x-2)$ より，①は，

$x^2 - 4\cdot\{-(x-2)\} - 5 = 0$　$x^2 + 4(x-2) - 5 = 0$

$x^2 + 4x - 8 - 5 = 0$　$1\cdot x^2 + 4x - 13 = 0$　（$a = 1$，$2b' = 4$，$c = -13$）

これを解いて，

$$x = \frac{-2 \pm \sqrt{2^2 - 1\cdot(-13)}}{1} = -2 \pm \sqrt{17}$$

（$\sqrt{17}$：4 より少し大きい数）

$ax^2 + 2b'x + c = 0$ の解 $x = \dfrac{-b' \pm \sqrt{b'^2 - ac}}{a}$

ここで，$\sqrt{17} > \sqrt{16} = 4$ より，$\sqrt{17}$ は 4 より少し大きな数である。

よって，$-2-\sqrt{17} < 2 < -2+\sqrt{17}$ より，$x < 2$ をみたす解は

$x = -2 - \sqrt{17}$

以上 (i)(ii) より，求める①の解は，$x = 3$，または $-2-\sqrt{17}$ ……(答)

初めからトライ！問題 42	2次方程式	CHECK 1	CHECK 2	CHECK 3

2 次方程式 $2x^2+(4-7a)x+3a^2-2a=0$ …① の解を a の式で表せ。
また，①の方程式が重解をもつときの a の値を求めよ。

ヒント！ ①の x の 2 次方程式の x^2 の係数が 2 なので，これは，たすきがけで因数分解して解くパターンだね。ここで，a は定数として，数字と同じように扱うことがコツだ。①が重解をもつとき，①を解いて出てきた 2 つの解 (a の式) を等しいとおけばいいんだね。頑張ろう！

解答＆解説

$2x^2+(4-7a)x+\underline{3a^2-2a}=0$ …① を変形して，

$3a^2-2a=a(3a-2)$

$2x^2+(4-7a)x+a(3a-2)=0$

2	╲╱	$-a$	→ $-a$
1	╱╲	$-(3a-2)$	→ $-6a+4$ (+
			$-7a+4$

$(2x-a)\{x-(3a-2)\}=0$

・$2x-a=0$ より
$x=\dfrac{a}{2}$
・$x-3a+2=0$ より
$x=3a-2$

$\therefore$ ①の解 $x=\dfrac{a}{2}$，または $3a-2$ ……………………………………(答)

①が重解をもつとき，2 つの解 $\dfrac{a}{2}$ と $3a-2$ は一致する。

よって，$\dfrac{a}{2}=3a-2$　　両辺に 2 をかけて

$a=6a-4$　　$5a=4$　　$\therefore a=\dfrac{4}{5}$ ……………………………………(答)

①が重解をもつとき，判別式 $D=0$ より，
$D=(4-7a)^2-4\cdot2\cdot(3a^2-2a)=0$　このaの 2 次方程式をまとめて，
$(4-7a)^2-8(3a^2-2a)=0$　　$16-56a+49a^2-24a^2+16a=0$
$25a^2-40a+16=0$　　$(5a-4)^2=0$　　$\therefore a=\dfrac{4}{5}$ と求めてもいいよ。
ただし，少し計算はメンドウだったね。

初めからトライ！問題 43	2次方程式	CHECK 1	CHECK 2	CHECK 3

2 次方程式 $2x^2-(4p+1)x+2p^2+p=0$ …① (p は整数) の 1 つの解が $x=1$ であるとき，p の値と，①のもう 1 つの解を求めよ。

ヒント！ $x=1$ は①の解なので，これを①に代入して成り立つんだね。その結果，p の 2 次方程式ができるので，これを解いて整数 p の値を求める。そして，この p の値を①に代入すれば，x の 2 次方程式になるので，これを解いて，$x=1$ 以外のもう 1 つの解を求めるんだね。

解答＆解説

$2x^2-(4p+1)x+2p^2+p=0$ …① (p：整数) は $x=1$ の解をもつので，これを①に代入すると

$2\cdot1^2-(4p+1)\cdot1+2p^2+p=0$　　$2-4p-1+2p^2+p=0$

$2p^2-3p+1=0$　　この p の 2 次方程式を解くと，

$$\begin{array}{ccc} 2 & -1 & \to -1 \\ 1 & -1 & \to -2 \\ & & -3 \end{array}$$

$(2p-1)(p-1)=0$　　$\therefore p=\frac{1}{2}$，または 1

ここで，p は整数より，$p=1$ ……② ……………………………………(答)

②を①に代入すると，$2x^2-(\underbrace{4\cdot1+1}_{5})x+\underbrace{2\cdot1^2+1}_{3}=0$

$2x^2-5x+3=0$　　この x の 2 次方程式を解くと，

$$\begin{array}{ccc} 2 & -3 & \to -3 \\ 1 & -1 & \to -2 \\ & & -5 \end{array}$$

$(2x-3)(x-1)=0$　　$\therefore x=1$，または $\frac{3}{2}$

よって，①の $x=1$ 以外のもう 1 つの解は，$x=\frac{3}{2}$ ……………………(答)

初めからトライ！問題 44	2次関数	CHECK 1	CHECK 2	CHECK 3

次の各 2 次関数の頂点の座標を求め，最大値・最小値を調べよ。

(1) $y = 2x^2 + 6x + 5$　　　　(2) $y = -2x^2 + 4kx - k^2$ （k：正の定数）

ヒント！ いずれも，2 次関数の一般形 $y = ax^2 + bx + c$ を，標準形 $y = a(x-p)^2 + q$ に変形して，頂点の座標 (p, q) を求めればいい。x^2 の係数 a が正のときは下に凸の，また負のときは上に凸の放物線になることも大丈夫だね。

解答＆解説

(1) $y = 2x^2 + 6x + 5$ を変形して，

$$y = 2\left(x^2 + 3x + \frac{9}{4}\right) + 5 - \frac{9}{2} = 2\left(x + \frac{3}{2}\right)^2 + \frac{1}{2}$$

標準形 $y = a(x-p)^2 + q$ 頂点 (p, q)

2 で割って 2 乗する　　$\frac{9}{2}$ たした分，引く

よって，この 2 次関数は右のグラフのように，頂点の座標 $\left(-\frac{3}{2}, \frac{1}{2}\right)$ の下に凸の放物線になる。……(答)

$y = 2x^2 + 6x + 5$　5　最小値　$\frac{1}{2}$　$-\frac{3}{2}$　0　x　y

よって，最小値は $\frac{1}{2}$ で，最大値は存在しない。……………………(答)

y 座標はいくらでも大きくなるので最大値は存在しないというんだね。

(2) $y = -2x^2 + 4kx - k^2$ を変形して，

$$y = -2(x^2 - 2kx + k^2) - k^2 + 2k^2 = -2(x-k)^2 + k^2$$

2 で割って 2 乗する　　$-2k^2$ の分，たす

よって，この 2 次関数は右のグラフのように，頂点の座標 (k, k^2) の上に凸の放物線になる。…………(答)

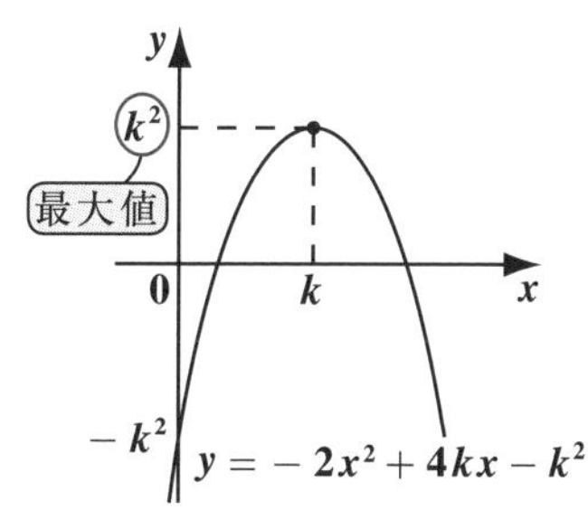

よって，最大値は k^2 で，最小値は存在しない。……………………(答)

y 座標はいくらでも小さくなるので最小値は存在しないというんだね。

初めからトライ！問題 45	2次関数	CHECK 1	CHECK 2	CHECK 3

2 次関数 $y = -x^2 + 2$ を，x 軸に関して対称移動した後，x 軸方向に -2，y 軸方向に 1 だけ平行移動し，さらにその後，y 軸に関して対称移動した 2 次関数を $y = f(x)$ とおく。

(1) 2 次関数 $y = f(x)$ を求めよ。

(2) $0 \leqq x \leqq 3$ における，$y = f(x)$ の最大値と最小値を求めよ。

ヒント！ (1) 2 次関数 $y = -x^2+2$ の対称移動と平行移動は公式通りにやればいい。(2) は，グラフを描いて，最大値と最小値を求めよう。

解答＆解説

(1) $y = -x^2 + 2$ —(x 軸に対称移動)→ $-y = -x^2 + 2$ —($(-2,\ 1)$ だけ平行移動)→

y の代わりに $-y$ を代入

$\therefore\ y = x^2 - 2$

x の代わりに $x+2$，y の代わりに $y-1$ を代入

$y - 1 = (x+2)^2 - 2$ —(y 軸に対称移動)→ $y = (-x+2)^2 - 1$

$\therefore\ y = (x+2)^2 - 1$　　x の代わりに $-x$ を代入　　$\therefore\ y = (x-2)^2 - 1$

$(-a)^2 = a^2$ より $\{-(x-2)\}^2 = (x-2)^2$ とした。

以上より，求める 2 次関数 $y = f(x)$ は，

$y = f(x) = (x-2)^2 - 1$ ……………………………………………(答)

これは，頂点 $(2, -1)$ の下に凸の放物線

(2) $y = f(x) = (x-2)^2 - 1 \quad (0 \leqq x \leqq 3)$

$f(0) = (0-2)^2 - 1 = 4 - 1 = 3$

$f(3) = (3-2)^2 - 1 = 1 - 1 = 0$ より，

$0 \leqq x \leqq 3$ における，$y = f(x)$ のグラフを右に示す。

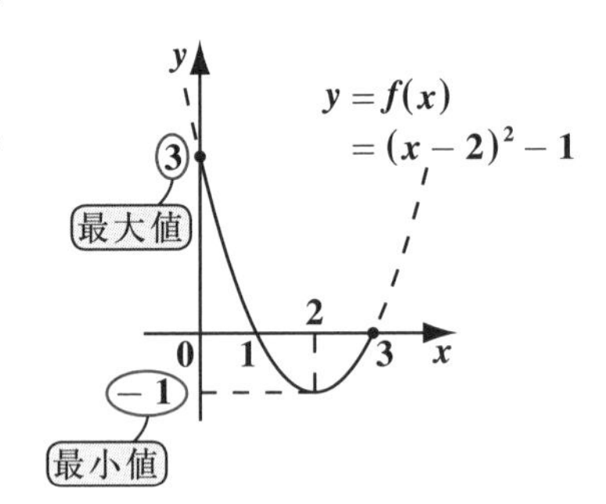

これから，$y = f(x)$ は，

・$x = 0$ のとき，最大値 3 をとり，

・$x = 2$ のとき，最小値 -1 をとる。

……(答)

初めからトライ！問題 46	2次関数	CHECK 1	CHECK 2	CHECK 3

2 次関数 $f(x)=ax^2+bx+c$ が，$f(0)=-4$，$f(1)=0$，$f(2)=0$ をみたすとき，次の問いに答えよ。

(1) a，b，c の値を求め，$y=f(x)$ のグラフの頂点の座標を求めよ。

(2) $0\leqq x\leqq 2$ における，$y=f(x)$ の最大値と最小値を求めよ。

ヒント！ (1) $f(0)=-4$，$f(1)=f(2)=0$ から，a，b，c を未知数とする連立方程式が得られるので，これを解けばいい。(2) は，グラフを描いて求めよう。

解答＆解説

(1) $f(x)=ax^2+bx+c$ について，

$f(0)=a\cdot 0^2+b\cdot 0+c=-4$ より，$c=-4$

$f(1)=a\cdot 1^2+b\cdot 1+c=a+b-4=0$ ……①

$f(2)=a\cdot 2^2+b\cdot 2+c=4a+2b-4=0$ ……②

②－①より，$3a+b=0$　　$\therefore b=-3a$ …③

③を①に代入して，$a-3a-4=0$　　$2a=-4$　　$\therefore a=-2$

③より，$b=-3\cdot(-2)=6$

以上より，$a=-2$，$b=6$，$c=-4$ ……………………………(答)

$\therefore y=f(x)=-2x^2+6x-4=-2\left(x^2-3x+\frac{9}{4}\right)-4+\frac{9}{2}$

2 で割って 2 乗　　$-\frac{9}{2}$ の分，たす

$=-2\left(x-\frac{3}{2}\right)^2+\frac{1}{2}$ ← 頂点 $\left(\frac{3}{2},\frac{1}{2}\right)$ の上に凸の放物線

よって，$y=f(x)$ の頂点の座標は，$\left(\frac{3}{2},\frac{1}{2}\right)$ ……………………(答)

(2) $y=f(x)=-2\left(x-\frac{3}{2}\right)^2+\frac{1}{2}$ $(0\leqq x\leqq 2)$

の右のグラフより，$y=f(x)$ は，

・$x=\frac{3}{2}$ で最大値 $\frac{1}{2}$ をとり，

・$x=0$ で最小値 -4 をとる。

………(答)

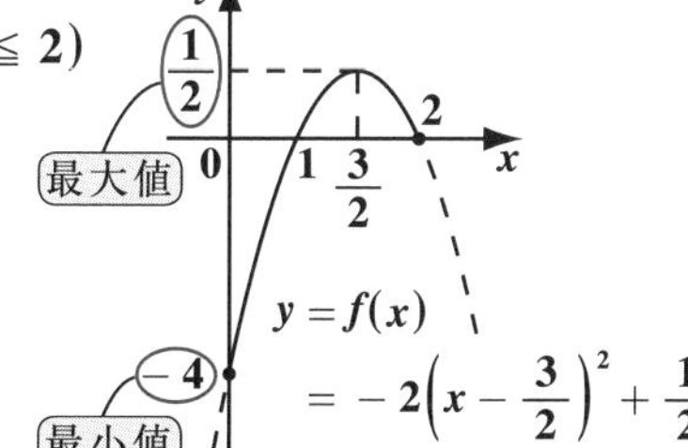

初めからトライ！問題 47	2次関数	CHECK 1	CHECK 2	CHECK 3

2 次関数 $y=f(x)=x^2-2ax+2a^2+1$ (a：定数) がある。

(1) $0 \leqq x \leqq 2$ における，$f(x)$ の最小値を求めよ。

(2) $0 \leqq x \leqq 2$ における，$f(x)$ の最大値を求めよ。

ヒント！ カニ歩き＆場合分けの問題の登場だね。$y=f(x)=(x-a)^2+a^2+1$ より，この頂点の x 座標が $x=a$ となるため，a の値が変化すると考えると，右図のように，放物線 $y=f(x)$ は横にカニ歩きするんだね。したがって，$0 \leqq x \leqq 2$ における $y=f(x)$ の最小値や最大値は，a の値の範囲によって場合分けして求めないといけないんだね。

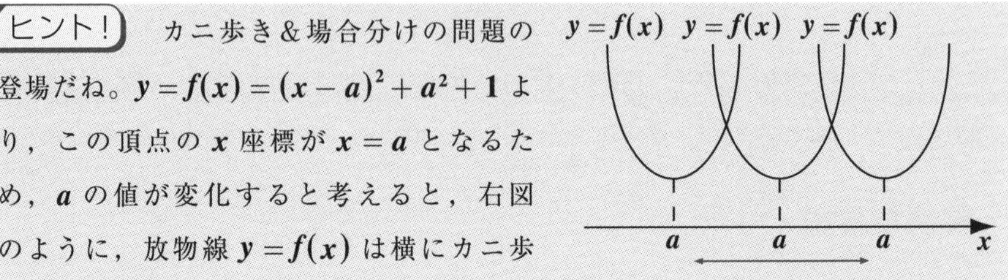

解答＆解説

(1) $y=f(x)=x^2-2ax+2a^2+1=(x^2-2ax+a^2)+2a^2+1-a^2$

（2 で割って 2 乗）（a^2 をたした分，引く）

$$=(x-a)^2+a^2+1 \text{ より}$$

$y=f(x)$ は，頂点 $(a,\ a^2+1)$ の下に凸の放物線である。

よって，$0 \leqq x \leqq 2$ における $y=f(x)$ の最小値を m とおくと，これは，下図より明らかに，(i) $a \leqq 0$，(ii) $0<a \leqq 2$，(iii) $2<a$ の 3 通りに場合分けして求めなければならない。

(i) $a \leqq 0$ のとき

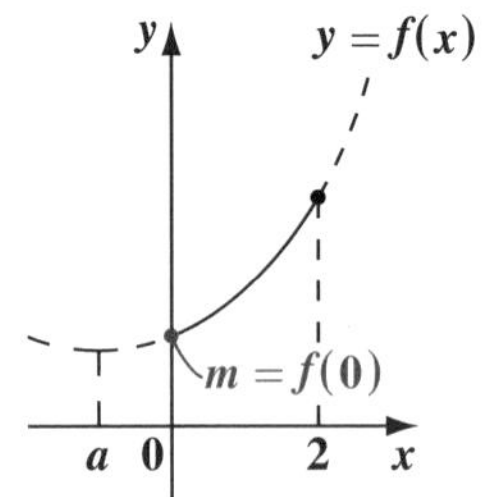

(ii) $0<a \leqq 2$ のとき

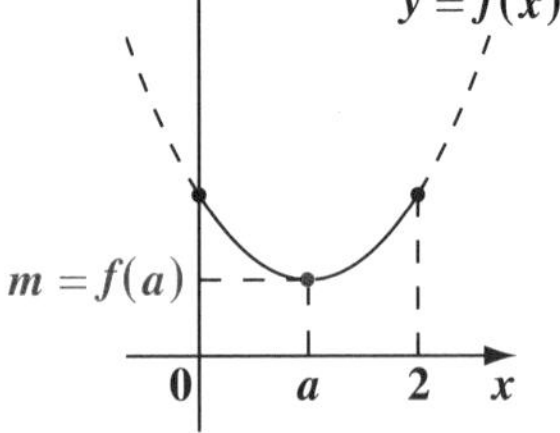

(iii) $2<a$ のとき

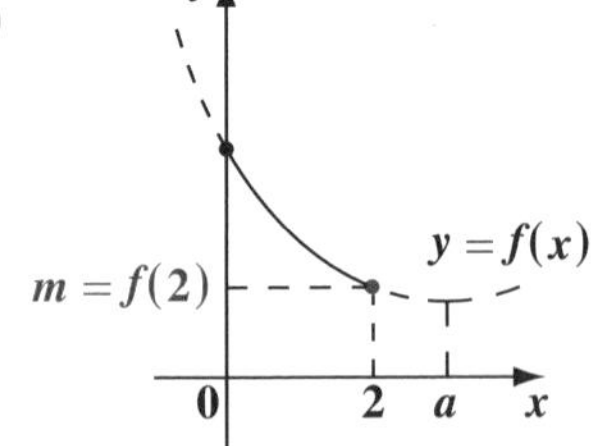

以上より，$y=f(x)$ の最小値 m は，

$$
\begin{cases}
(\text{i})\ a \leqq 0 \text{ のとき，} & m=f(0)=0^2-2a\cdot 0+2a^2+1=2a^2+1 \\
(\text{ii})\ 0<a \leqq 2 \text{ のとき，} & m=f(a)=(a-a)^2+a^2+1=a^2+1 \\
(\text{iii})\ 2<a \text{ のとき，} & m=f(2)=2^2-2a\cdot 2+2a^2+1=2a^2-4a+5
\end{cases}
$$

………(答)

(2) 次に，$0 \leqq x \leqq 2$ における $y=f(x)$ の最大値を M とおくと，これは下図より明らかに，(i) $a \leqq 1$，(ii) $1<a$ の 2 通りに場合分けして求める必要がある。

(i) $a \leqq 1$ のとき

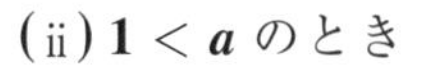

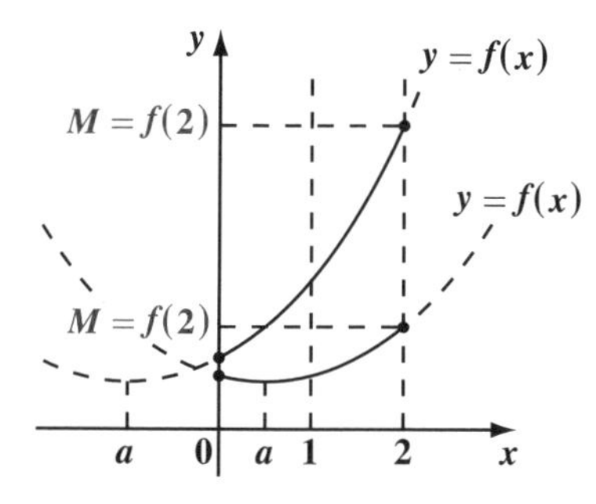

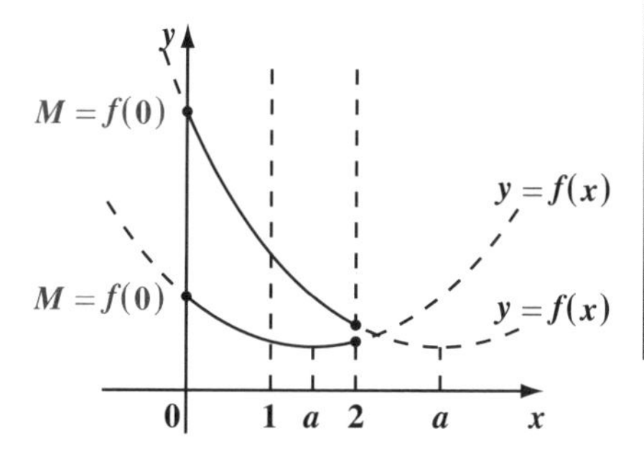

> 区間 $0 \leqq x \leqq 2$ の真ん中の値 $x=1$ より a が小さいか，大きいかによって，最大値 M の条件が変わるのが，上の図から分かるはずだ。

以上より，$y=f(x)$ の最大値 M は，

$$
\begin{cases}
(\text{i})\ a \leqq 1 \text{ のとき，} & M=f(2)=2a^2-4a+5 \\
(\text{ii})\ 1<a \text{ のとき，} & M=f(0)=2a^2+1
\end{cases}
$$

…………………………(答)

初めからトライ！問題 48	2次関数	CHECK 1	CHECK 2	CHECK 3

2 次関数 $y=f(x)=-x^2+2ax+a^2+3$ (a：定数) がある。

(1) $-1\leqq x\leqq 1$ における，$f(x)$ の最大値 M を求めよ。

(2) $-1\leqq x\leqq 1$ における，$f(x)$ の最小値 m を求めよ。

ヒント！ 今回は，$y=f(x)$ が上に凸の放物線の場合の，カニ歩き＆場合分けの問題だね。$y=f(x)=-(x-a)^2+2a^2+3$ より，この頂点の x 座標が $x=a$ となるため，$y=f(x)$ は右図に示すように，横にカニ歩きするんだね。よって，$-1\leqq x\leqq 1$ における，(1) $y=f(x)$ の最大値 M は 3 通りに場合分けして求め，(2) $y=f(x)$ の最小値 m は 2 通りに場合分けして求めればいいんだね。頑張ろう！

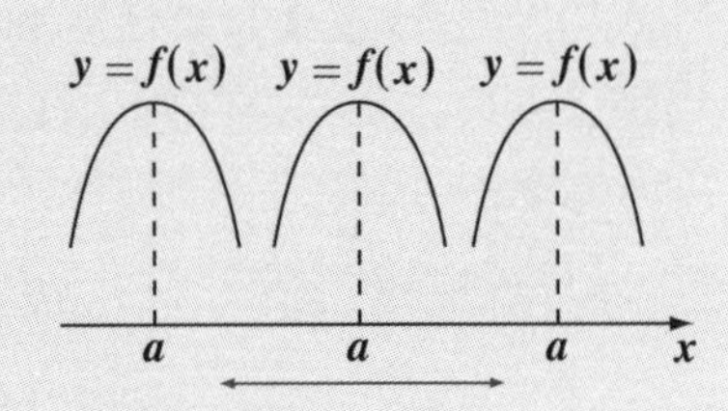

解答＆解説

(1) $y=f(x)=-x^2+2ax+a^2+3=-(x^2-2ax+a^2)+a^2+3+a^2$

（実質，引いている！）（2 で割って 2 乗！）（a^2 を引いた分，たす）

$=-(x-a)^2+2a^2+3$ より，

$y=f(x)$ は，頂点 $(a,\ 2a^2+3)$ の上に凸の放物線である。

よって，$-1\leqq x\leqq 1$ における $y=f(x)$ の最大値 M は，下図より明らかに (i) $a\leqq-1$，(ii) $-1<a\leqq 1$，(iii) $1<a$ の 3 通りに場合分けして求めなければならない。

(i) $a\leqq-1$ のとき

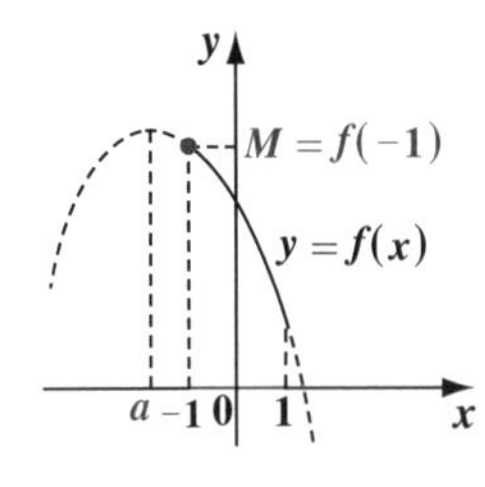

(ii) $-1<a\leqq 1$ のとき

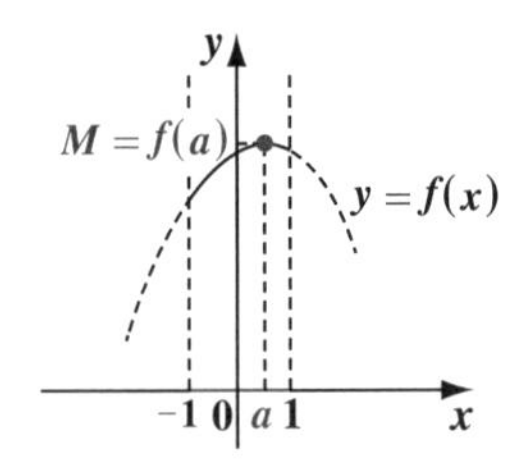

(iii) $1<a$ のとき

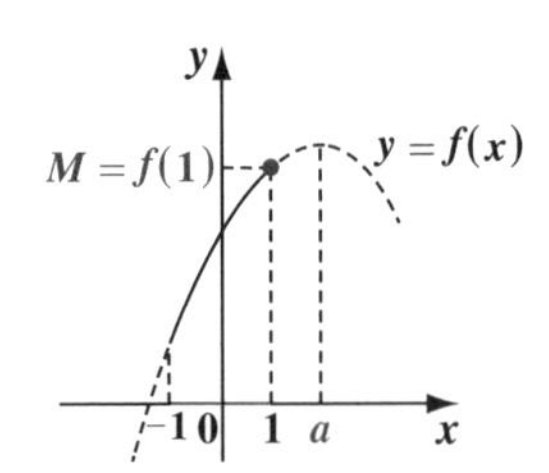

以上より，$y=f(x)$ の最大値 M は，

(i) $a \leqq -1$ のとき，　$M=f(-1)=-(-1)^2+2a\cdot(-1)+a^2+3$

$$=a^2-2a+2$$

(ii) $-1<a\leqq 1$ のとき，$M=f(a)=-(a-a)^2+2a^2+3$

$$=2a^2+3$$

(iii) $1<a$ のとき，　$M=f(1)=-1^2+2a\cdot 1+a^2+3$

$$=a^2+2a+2$$ ……………………(答)

(2) 次に，$-1\leqq x\leqq 1$ における最少値 m は，下図より明らかに，(i) $a\leqq 0$，(ii) $0<a$ の 2 通りに場合分けして求める必要がある。

(i) $a\leqq 0$ のとき

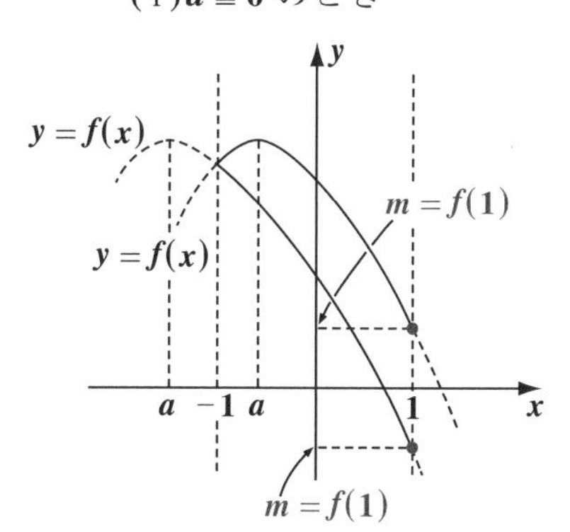

(ii) $0<a$ のとき

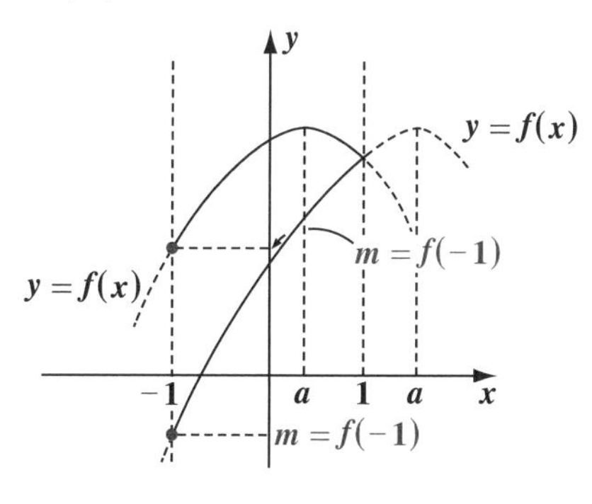

a が，$-1\leqq x\leqq 1$ の範囲内か否かに関わらず，$-1\leqq x\leqq 1$ の真ん中の値の $x=0$ より，a が小さいか，大きいかによって，最小値 m の値は場合分けして求められるんだね。

以上より，$y=f(x)$ の最小値 m は，

(i) $a\leqq 0$ のとき，$m=f(1)=-1^2+2a\cdot 1+a^2+3$

$$=a^2+2a+2$$

(ii) $0<a$ のとき，$m=f(-1)=-(-1)^2+2a\cdot(-1)+a^2+3$

$$=a^2-2a+2$$ ……………………(答)

初めからトライ！問題 49	2次関数・2次方程式	CHECK 1	CHECK 2	CHECK 3

2 次関数 $y = f(x) = 2x^2 + 4x + k - 1$ のグラフと x 軸との異なる共有点の個数を調べよ。

ヒント！ 2 次関数 $y = f(x)$ と x 軸との共有点の個数は，2 次方程式 $f(x) = 0$ の実数解の個数と同じなので，判別式 D の正・0・負によって分類しよう。

解答＆解説

2 次方程式 $\underset{a}{2}x^2 + \underset{2b'}{4}x + \underset{c}{\underline{k-1}} = 0$ …① の判別式を D とおくと，

$\frac{D}{4} = 2^2 - 2\cdot(k-1) = 4 - 2k + 2 = 6 - 2k$ となる。 ← $\frac{D}{4} = b'^2 - ac$

∴ 2 次関数 $y = f(x) = 2x^2 + 4x + k - 1$ のグラフと x 軸との共有点の個数は

(i) $\frac{D}{4} = 6 - 2k > 0$，$2k < 6$

よって，$k < 3$ のとき，2 個である。……(答)

これは，①の方程式が相異なる 2 実数解 α，β をもつことに対応する。

(ii) $\frac{D}{4} = 6 - 2k = 0$，$2k = 6$

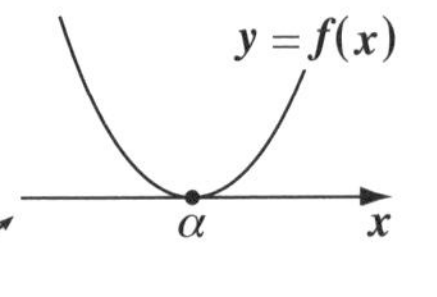

よって，$k = 3$ のとき，1 個である。……(答)

これは，①の方程式が重解 α をもつことに対応する。

(iii) $\frac{D}{4} = 6 - 2k < 0$，$2k > 6$

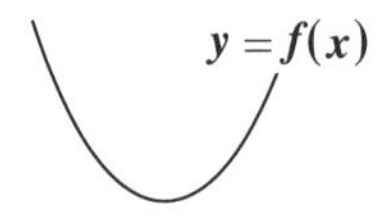

よって，$k > 3$ のとき，0 個である。……(答)

これは，①の方程式が実数解をもたないことに対応する。

この問題は，$y = f(x) = 2(x+1)^2 + \underline{k-3}$（頂点の y 座標）のグラフから明らかに，(i) $k - 3 < 0$，(ii) $k - 3 = 0$，(iii) $k - 3 > 0$ と分類しても同じ結果が得られるんだね。

初めからトライ！問題 50	2次関数・2次方程式	CHECK 1	CHECK 2	CHECK 3

次の x の2次関数(放物線)と直線がただ1つの共有点(接点)をもつとき，定数 p の値とその接点の x 座標を求めよ。

$$\begin{cases} y = -x^2 + 2x + 2 \cdots\cdots ① \\ y = x + p \cdots\cdots\cdots\cdots\cdots\cdots ② \end{cases}$$

ヒント！ ①，②から y を消去して，x の2次方程式を作る。その判別式 $D=0$ のとき，①と②はただ1つの共有点をもつので，これから p の値を求め，これを2次方程式に代入して，重解を求めると，これが接点の x 座標になるんだね。

解答＆解説

$$\begin{cases} y = f(x) = -x^2 + 2x + 2 \cdots\cdots ① \\ y = x + p \cdots\cdots\cdots\cdots\cdots\cdots\cdots\cdots ② \end{cases}$$ とおく。

①，②より y を消去して，まとめると，

$-x^2 + 2x + 2 = x + p$

$\underset{a}{1} \cdot x^2 \underset{b}{-1} \cdot x + \underset{c}{p-2} = 0 \cdots ③$ となる。

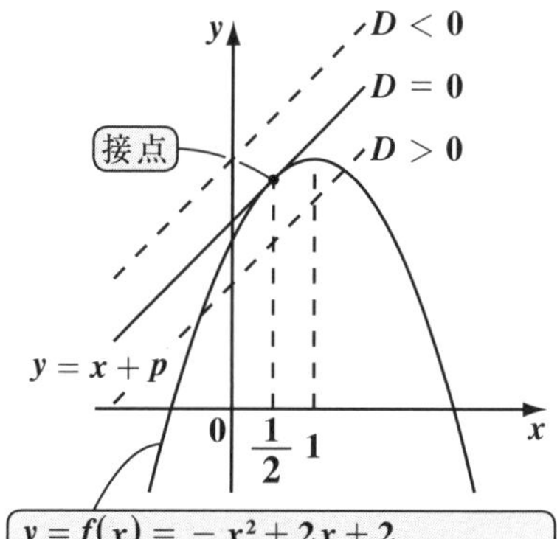

$y = f(x) = -x^2 + 2x + 2$
$= -(x^2 - 2x + 1) + 2 + 1$
$= -(x-1)^2 + 3$
頂点 $(1,\ 3)$ の上に凸の放物線

この2次方程式③の判別式を D とおくと，$D=0$ のとき，右図のように，①の放物線と②の直線は接する。

$D>0$ のときと，$D<0$ のときの①と②の位置関係も，右図に破線で示した！

$D = (-1)^2 - 4 \cdot 1 \cdot (p-2) = 1 - 4(p-2) = 1 - 4p + 8 = 9 - 4p$

$\therefore D = 9 - 4p = 0$ より，$4p = 9$ $\quad \therefore p = \frac{9}{4} \cdots ④$ ………………………(答)

④を③に代入すると，$x^2 - x + \frac{9}{4} - 2 = 0$ より，$x^2 - x + \frac{1}{4} = 0$

よって，$\left(x - \frac{1}{2}\right)^2 = 0$ より，求める接点の x 座標は $\frac{1}{2}$ ………………(答)

$D=0$ より，このように③は必ず重解をもち，これが接点の x 座標になるんだね。

初めからトライ！問題 51	2次関数・2次方程式	CHECK 1	CHECK 2	CHECK 3

2 次方程式 $x^2 - 2px + p + 3 = 0$ …① が相異なる 2 実数解 α, β $(\alpha < \beta)$ をもつものとする。

(1) $\alpha < 0 < \beta$ となるための p の値の範囲を求めよ。

(2) $1 < \alpha < 2 < \beta < 4$ となるための p の値の範囲を求めよ。

ヒント！ ①の方程式を，$y = f(x) = x^2 - 2px + p + 3$ と $y = 0$ [x 軸] に分解して，この共有点の x 座標 α，β が，(1) や (2) の条件をみたす p の範囲を求めよう。

解答＆解説

相異なる 2 実数解 $\alpha, \beta\,(\alpha < \beta)$ をもつ 2 次方程式 $x^2 - 2px + p + 3 = 0$ …①

を分解して，$\begin{cases} y = f(x) = x^2 - 2px + p + 3 & \cdots② \\ y = 0 \; [x \text{ 軸}] & \cdots③ \end{cases}$ とおくと，

②，③の共有点の x 座標が，①の解 α，β $(\alpha < \beta)$ である。

(1) $\alpha < 0 < \beta$ となるための条件は，右図より

$f(0) = 0^2 - 2p \cdot 0 + p + 3$

$= \boxed{p + 3 < 0}$

$p < -3$ ………………………………(答)

$y = f(x)$, 0, α, β, x, $f(0) < 0$

$f(0) < 0$ により，下に凸の放物線の頂点は x 軸より下 (⊖側) に引き下げられているので，必ず異なる 2 実数解をもつ。よって，$D > 0$ を言う必要はない！

(2) $1 < \alpha < 2 < \beta < 4$ となるための条件は，

右図より

$f(1) = 1 - 2p + p + 3 = 4 - p > 0$ …④

$f(2) = 4 - 4p + p + 3 = 7 - 3p < 0$ …⑤

$f(4) = 16 - 8p + p + 3 = 19 - 7p > 0$ …⑥

以上④，⑤，⑥より

$y = f(x)$, $f(1) > 0$, $f(4) > 0$, 2, 1, α, β, 4, x, $f(2) < 0$

これがあるので $D > 0$ は不要！

$p < 4$ かつ $\frac{7}{3} < p$ かつ $p < \frac{19}{7}$

$\frac{7}{3} \fallingdotseq 2.33\cdots$　　$\frac{19}{7} \fallingdotseq 2.71\cdots$

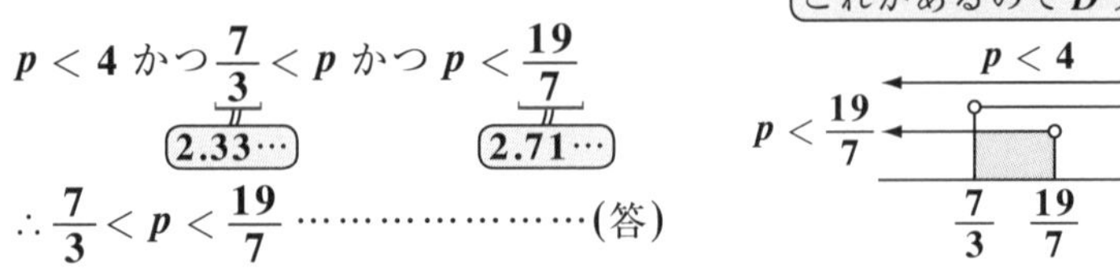

$\therefore \frac{7}{3} < p < \frac{19}{7}$ ………………………(答)

初めからトライ！問題 52	2次関数・2次方程式	CHECK 1	CHECK 2	CHECK 3

2 次方程式 $px^2+2px+p-2=0$ …① ($p>0$) が相異なる 2 実数解 α，β($\alpha<\beta$) をもつものとする。$\alpha<\beta<0$ となるための p の値の範囲を求めよ。

ヒント！ ①を，$y=f(x)=px^2+2px+p-2$ と $y=0$ [x 軸] に分解して，$y=f(x)$ と x 軸の 2 交点の x 座標 α，β ($\alpha<\beta$) が共に負となる条件をグラフから導いていくんだね。

解答＆解説

相異なる 2 実数解 α，β ($\alpha<\beta$) をもつ 2 次方程式

$\underset{a}{p}x^2+\underset{2b'}{2p}x+\underset{c}{p-2}=0$ …① ($p>0$) を分解して，

$$\begin{cases} y=f(x)=px^2+2px+p-2 \cdots② \ (p>0) \\ y=0 \ [x\text{ 軸}] \cdots\cdots③ \end{cases}$$ とおくと，

（下に凸の放物線）

②，③の共有点の x 座標が，①の解 α，β ($\alpha<\beta$) である。

よって，$\alpha<\beta<0$ となる条件は，右図より

①の 2 次方程式の判別式を D とおくと，

(i) $\dfrac{D}{4}=p^2-p(p-2)=2p>0$ より，

（$\dfrac{D}{4}=b'^2-ac$ を使った）

$p>0$ …④ （これは，元々与えられた条件だね。）

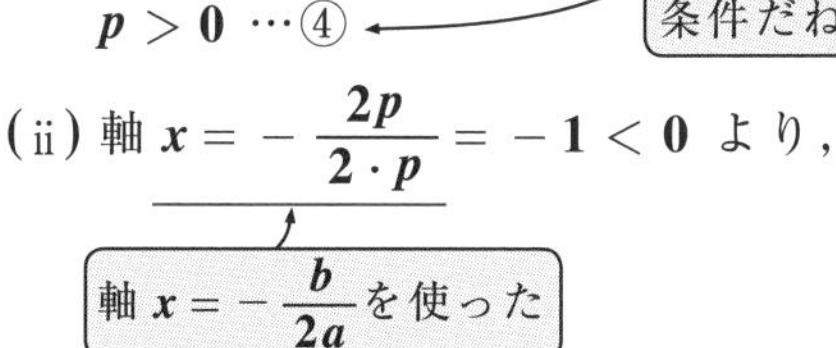

(ii) 軸 $x=-\dfrac{2p}{2\cdot p}=-1<0$ より，

（軸 $x=-\dfrac{b}{2a}$ を使った）

これは自動的にみたす。

$y=f(x)$，(i) $D>0$，(iii) $f(0)>0$，(ii) 軸 $x=-1<0$

$\alpha<\beta<0$ となる条件は，(i) $D>0$，かつ (ii) 軸 $x=-1<0$，かつ (iii) $f(0)>0$ の 3 つだね。

(iii) $f(0)=p\cdot0^2+2p\cdot0+p-2=p-2>0$ 　$\therefore p>2$ …⑤

以上 (i)～(iii) の④，⑤より，求める p の値の範囲は，$2<p$ ……………………(答)

初めからトライ！問題 53　　2次不等式　　CHECK 1　CHECK 2　CHECK 3

次の 2 次不等式を解け。

(1) $x^2 - x - 2 < 0$　　(2) $6x^2 - 11x + 4 \geqq 0$　　(3) $x^2 + 3x + 1 \leqq 0$

ヒント！ $ax^2 + bx + c = 0$ $(a > 0)$ が異なる 2 実数解 $x = \alpha, \beta$ $(\alpha < \beta)$ をもつとき，(i) $ax^2 + bx + c < 0$ の解は $\alpha < x < \beta$ であり，(ii) $ax^2 + bx + c > 0$ の解は，$x < \alpha$，$\beta < x$ となるんだね。

解答＆解説

(1) $x^2 \underline{-1} \cdot x \underline{-2} < 0$ を変形して

（たして $1 + (-2)$）（かけて $1 \times (-2)$）

$(x+1)(x-2) < 0$ より，求める解は，

$-1 < x < 2$ ……………………………（答）

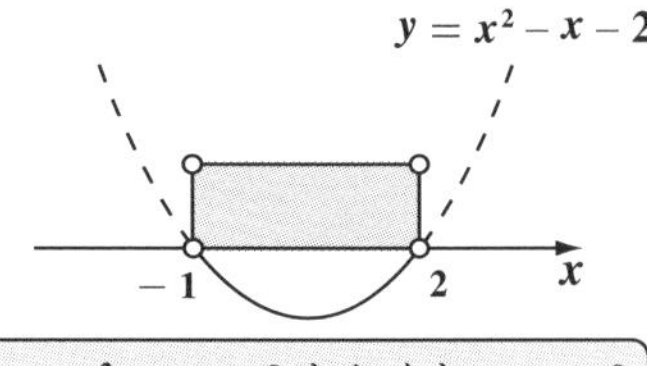

$y = x^2 - x - 2$ とおくと，$y < 0$ となる x の値の範囲だね。

(2) $6x^2 - 11x + 4 \geqq 0$ を変形して

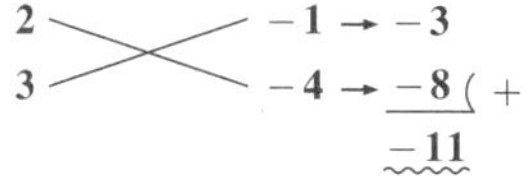

$(2x-1)(3x-4) \geqq 0$ より，求める解は，

$x \leqq \frac{1}{2}$，または $\frac{4}{3} \leqq x$ …………（答）

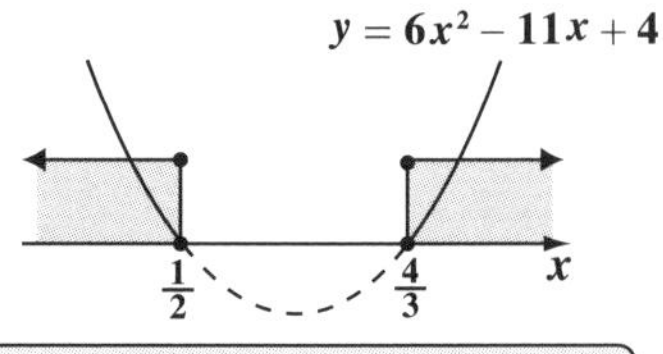

$y = 6x^2 - 11x + 4$ とおくと，$y \geqq 0$ となる x の値の範囲だね。

(3) $x^2 + 3x + 1 \leqq 0$ ……①について，

2 次方程式 $\underset{a}{1} \cdot x^2 + \underset{b}{3} \cdot x + \underset{c}{1} = 0$ の解は，

$$x = \frac{-3 \pm \sqrt{3^2 - 4 \cdot 1 \cdot 1}}{2 \cdot 1} = \frac{-3 \pm \sqrt{5}}{2}$$

∴求める 2 次不等式①の解は，

$\frac{-3-\sqrt{5}}{2} \leqq x \leqq \frac{-3+\sqrt{5}}{2}$ ……（答）

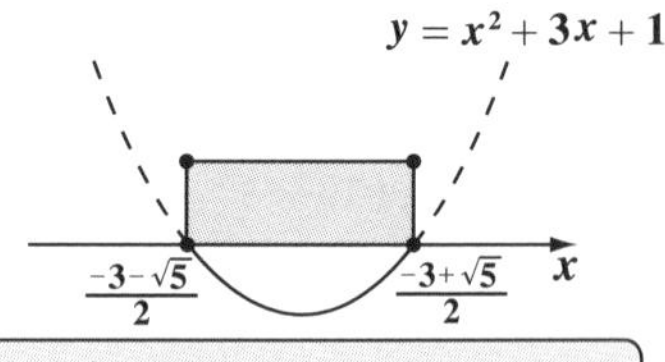

$y = x^2 + 3x + 1$ とおくと，$y \leqq 0$ となる x の値の範囲だね。

初めからトライ！問題 54	2次不等式	CHECK 1	CHECK 2	CHECK 3

次の2次不等式を解け。

(1) $x^2+x+3>0$　　　(2) $x^2+2\sqrt{2}x+2\leqq 0$

ヒント！ 2次方程式 $ax^2+bx+c=0$ の判別式 D が $D<0$，$D=0$ となる場合の2次不等式 $ax^2+bx+c>0$ や $ax^2+bx+c\leqq 0$ の問題なんだね。
グラフを使って，ヴィジュアルに考えればいいんだよ。頑張ろう！

解答＆解説

(1) $x^2+x+3>0$ ……①について，

2次方程式 $\underset{a}{1}\cdot x^2+\underset{b}{1}\cdot x+\underset{c}{3}=0$ の判別式

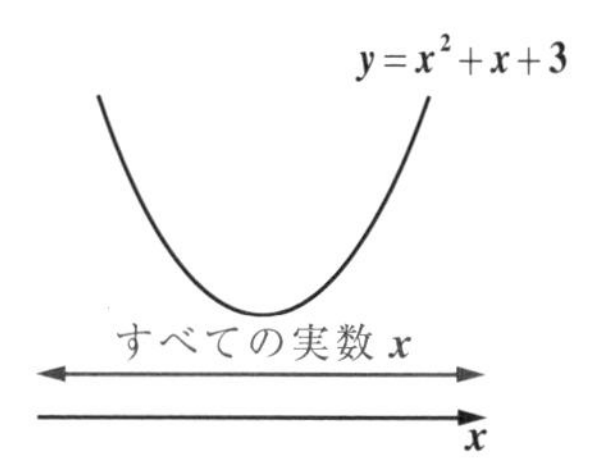

D は $D=1^2-4\cdot1\cdot3=-11<0$ となる。

よって，$y=\underset{⊕(下に凸の放物線)}{1}\cdot x^2+x+3$ のグラフは右のようになるので，すべての実数 x に対して，$y>0$ となる。

∴ 2次不等式①の解は，すべての実数 x である。……………………(答)

(2) $x^2+2\sqrt{2}x+2\leqq 0$ ……②について，

2次方程式 $\underset{a}{1}\cdot x^2+\underset{2b'}{2\sqrt{2}}x+\underset{c}{2}=0$ ……③

の判別式を D とおくと

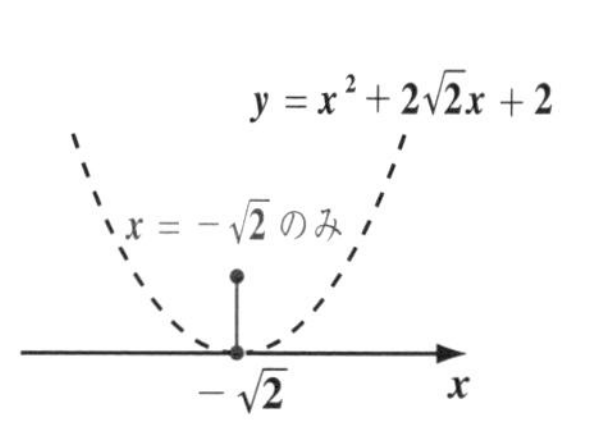

$\frac{D}{4}=(\sqrt{2})^2-1\cdot2=2-2=0$ となる。

つまり，③は $(x+\sqrt{2})^2=0$ となって

重解 $x=-\sqrt{2}$ をもつ。

よって，$y=x^2+2\sqrt{2}x+2$ のグラフは右図のようになるので，$y\leqq 0$ をみたすのは $x=-\sqrt{2}$ のみである。

∴ 2次不等式②の解は，$x=-\sqrt{2}$ ……………………………………(答)

初めからトライ！問題 55　**2 次不等式**　CHECK 1　CHECK 2　CHECK 3

(1) 2 次不等式 $x^2 - x \leqq 0$ ……① を解け。

(2) 2 次不等式 $x^2 + 2ax + a^2 - 1 \leqq 0$ ……②の解が①の解を含むような a の値の範囲を求めよ。

ヒント！ ①の解を $\alpha \leqq x \leqq \beta$，②の解を $\alpha' \leqq x \leqq \beta'$ とするとき，右図のようになればいいんだね。

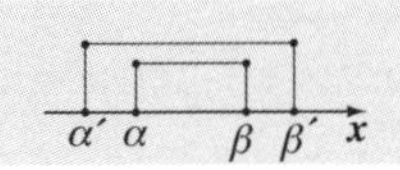

解答＆解説

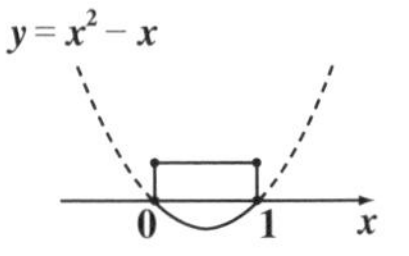

(1) $x^2 - x \leqq 0$ ……①を解いて

$x(x-1) \leqq 0$　　$\therefore 0 \leqq x \leqq 1$ ………(答)

(2) $x^2 + 2ax + a^2 - 1 \leqq 0$ ……②の解を $\alpha' \leqq x \leqq \beta'$ とおく。このとき

$\alpha' \leqq 0$ かつ $1 \leqq \beta'$ となるための条件は，$f(x) = x^2 + 2ax + a^2 - 1$ とおくと，右図より，

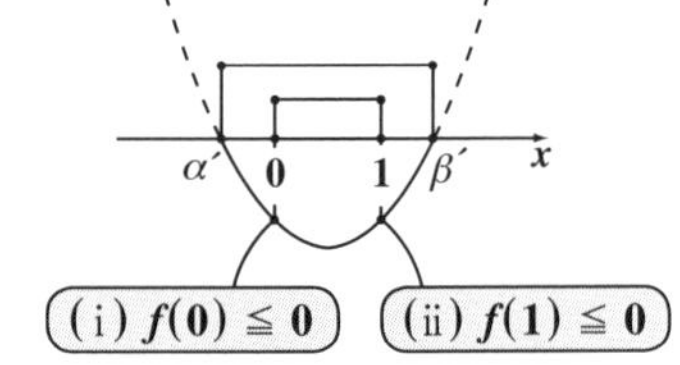

$f(0) \leqq 0$ かつ $f(1) \leqq 0$ である。

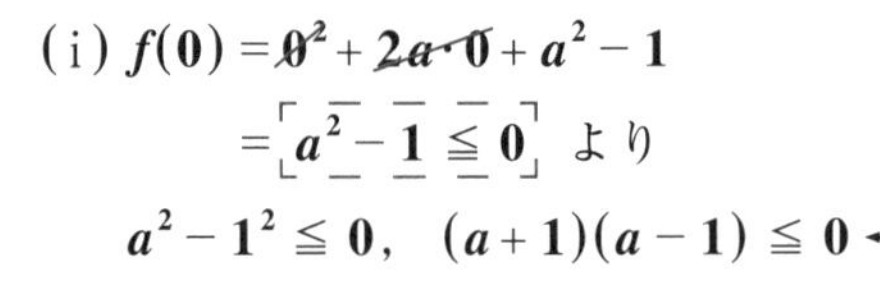

(i) $f(0) = 0^2 + 2a \cdot 0 + a^2 - 1$

$= a^2 - 1 \leqq 0$ より

$a^2 - 1^2 \leqq 0$，$(a+1)(a-1) \leqq 0$

$\therefore -1 \leqq a \leqq 1$ ……③

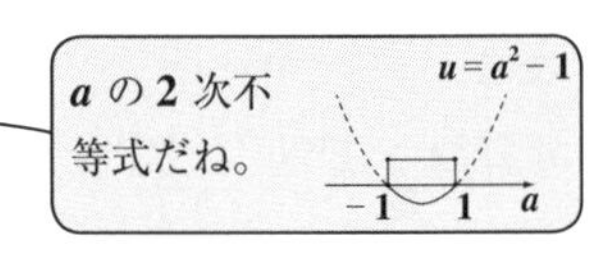

(ii) $f(1) = 1^2 + 2a \cdot 1 + a^2 - 1$

$= a^2 + 2a \leqq 0$ より

$a^2 + 2a \leqq 0$　　$a(a+2) \leqq 0$

$\therefore -2 \leqq a \leqq 0$ ……④

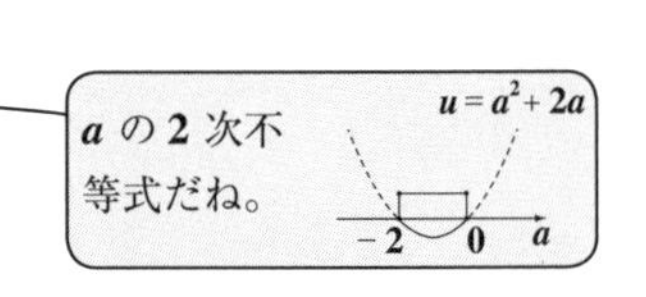

以上 (i)(ii) より，③と④の共通部分

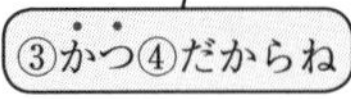

が求める a の値の範囲であるから

$-1 \leqq a \leqq 0$ ………………………(答)

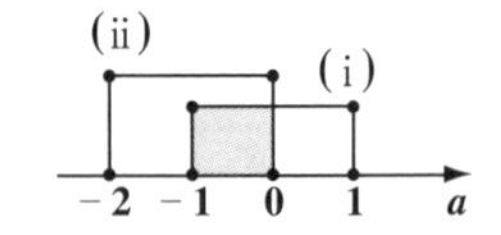

初めからトライ！問題 56	2 次不等式	CHECK 1	CHECK 2	CHECK 3

(1) 2 次方程式 $x^2+px+p+3=0$ ……①が相異なる 2 実数解をもつとき，実数 p の値の範囲を求めよ。

(2) 2 次方程式 $x^2-2kx+k+2=0$ ……②が実数解をもたないとき，実数 k の値の範囲を求めよ。

ヒント！ それぞれの判別式を D とおくと，(1) では相異なる実数解をもつので，$D>0$ となり，(2) では実数解をもたないので，$\frac{D}{4}<0$ として，計算すればいいんだね。

解答＆解説

(1) $\underset{a}{1}\cdot x^2+\underset{b}{p}\cdot x+\underset{c}{p+3}=0$ ……①が相異なる 2 実数解をもつとき，

①の判別式を D とおくと，（$D=b^2-4ac$）

$D=$「$p^2-4\cdot1\cdot(p+3)>0$」となる。よって，

$p^2-4p-12>0$ ←（p の 2 次不等式）

（たして $2+(-6)$）（かけて $2\times(-6)$）

$(p+2)(p-6)>0$

$\therefore\ p<-2$，または $6<p$ ………(答)

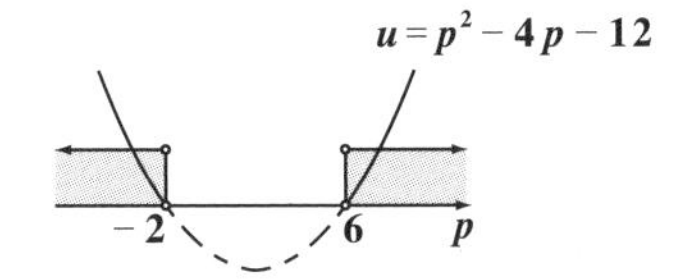

(2) $\underset{a}{1}\cdot x^2\underset{2b'}{-2k}\cdot x+\underset{c}{k+2}=0$ ……②が実数解をもたないとき

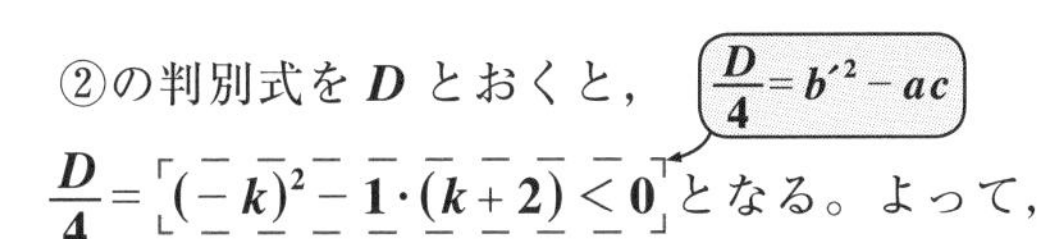

②の判別式を D とおくと，（$\frac{D}{4}=b'^2-ac$）

$\frac{D}{4}=$「$(-k)^2-1\cdot(k+2)<0$」となる。よって，

$k^2-1\cdot k-2<0$ ←（k の 2 次不等式）

（たして $1+(-2)$）（かけて $1\times(-2)$）

$(k+1)(k-2)<0$

$\therefore\ -1<k<2$ ……………………(答)

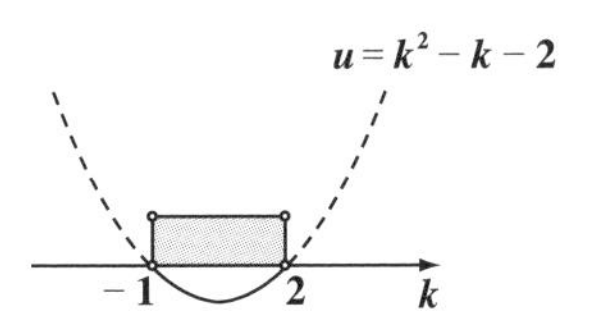

初めからトライ！問題 57	2次不等式	CHECK 1	CHECK 2	CHECK 3

すべての実数 x に対して，2 次不等式 $4x^2-12px+4p+5>0$…①が成り立つような実数 p の値の範囲を求めよ。

ヒント！ $y=f(x)=4x^2-12px+4p+5$ とおくと，これは下に凸の放物線なので，グラフで考えると，うまくいくんだね。

解答＆解説

2 次不等式 $4x^2-12px+4p+5>0$ …①について，

$y=f(x)=\underbrace{4}_{a\oplus}\cdot x^2\underbrace{-12p}_{2b'}\cdot x+\underbrace{4p+5}_{c}$ とおくと，これは下に凸の放物線であるので，すべての実数 x に対して $y>0$，すなわち①が成り立つための条件は，右図より，2 次方程式 $f(x)=0$ の判別式を D とおくと，$\frac{D}{4}<0$ である。

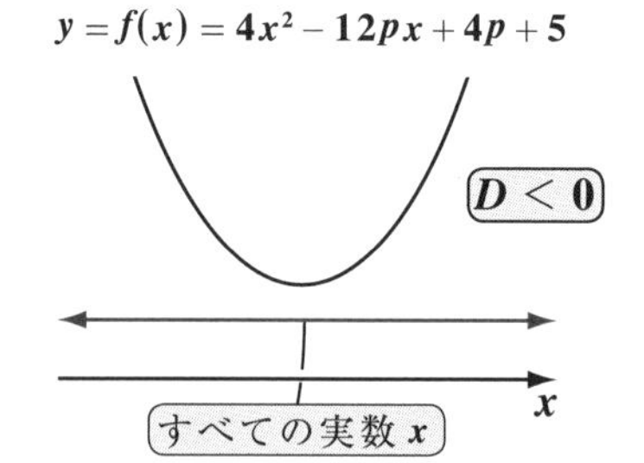

$\therefore \frac{D}{4}=(-6p)^2-4\cdot(4p+5)=36p^2-16p-20<0$ より

$36p^2-16p-20<0$ ←（p の 2 次不等式）

両辺を 4 で割って，

$9p^2-4p-5<0$ より

9 ╲╱ 5
1 ╱╲ −1

$(9p+5)(p-1)<0$

∴求める p の値の範囲は

$-\frac{5}{9}<p<1$ である。……(答)

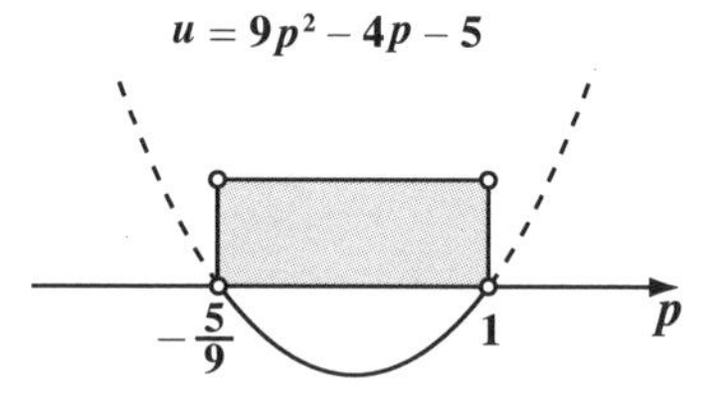

初めからトライ！問題 58	分数不等式	CHECK 1	CHECK 2	CHECK 3

次の分数不等式を解け。

(1) $\frac{2x+1}{x} > 1$　　(2) $1 < \frac{2}{x+1}$　　(3) $\frac{2}{2x-1} \leqq -1$

ヒント！ 分数不等式の公式 ：$\frac{B}{A} > 0 \Leftrightarrow AB > 0$ などを使って，解いていこう。

解答＆解説

(1) $\frac{2x+1}{x} > 1$ を変形して，

$\frac{2x+1}{x} - 1 > 0$　　$\frac{2x+1-x}{x} > 0$

$\frac{x+1}{x} > 0$ より，$x(x+1) > 0$　　$\therefore x < -1$，または $0 < x$ …………(答)

$\left[\ \frac{B}{A} > 0 \text{ より，} \quad A \cdot B > 0\ \right]$

(2) $1 < \frac{2}{x+1}$ を変形して，

$1 - \frac{2}{x+1} < 0$　　$\frac{x+1-2}{x+1} < 0$

$\frac{x-1}{x+1} < 0$ より，$(x+1)(x-1) < 0$　　$\therefore -1 < x < 1$ ………………(答)

$\left[\ \frac{B}{A} < 0 \text{ より，} \quad A \cdot B < 0\ \right]$

(3) $\frac{2}{2x-1} \leqq -1$ を変形して，

$\frac{2}{2x-1} + 1 \leqq 0$　　$\frac{2+2x-1}{2x-1} \leqq 0$

$\frac{2x+1}{2x-1} \leqq 0$ より，$(2x+1)(2x-1) \leqq 0$ かつ $2x-1 \neq 0$

$\left[\ \frac{B}{A} \leqq 0 \text{ より，} \quad A \cdot B \leqq 0 \text{ かつ } A \neq 0\ \right]$

よって，$-\frac{1}{2} \leqq x \leqq \frac{1}{2}$ かつ $x \neq \frac{1}{2}$

よって，求める解は，$-\frac{1}{2} \leqq x < \frac{1}{2}$ ……………………………………(答)

第3章●2次関数の公式を復習しよう！

1. $A \cdot B = 0$ の解法

$A \cdot B = 0$ ならば，$A = 0$ または $B = 0$ である。(A，B：x の整式)

2. 2次方程式 $ax^2 + bx + c = 0$ の解の公式

$x = \dfrac{-b \pm \sqrt{b^2 - 4ac}}{2a}$ となる。(ただし，判別式 $D = b^2 - 4ac \geqq 0$)

（$\sqrt{\ }$ 内の値は常に 0 以上）

3. 2次方程式 $ax^2 + 2b'x + c = 0$ (b'：整数) の解の公式

$x = \dfrac{-b' \pm \sqrt{b'^2 - ac}}{a}$ となる。　$\left(\dfrac{D}{4} = b'^2 - ac\right)$

4. 2次方程式 $ax^2 + bx + c = 0$ の解 x

(i) $D > 0$ のとき，$x = \dfrac{-b \pm \sqrt{D}}{2a}$　(判別式 $D = b^2 - 4ac$)

(ii) $D = 0$ のとき，$x = -\dfrac{b}{2a}$　(重解)

(iii) $D < 0$ のとき，実数解をもたない。

5. 2次関数の平行移動

(i) 基本形 $y = ax^2$ $\xrightarrow[\text{平行移動}]{(p,\ q)\text{だけ}}$ (ii) 標準形 $y - q = a(x - p)^2$

6. 2次不等式の解

2次方程式 $ax^2 + bx + c = 0$　$(a > 0)$ が相異なる2実数解 α，β $(\alpha < \beta)$ をもつとき，

(i) $ax^2 + bx + c \leqq 0$ の解は，$\alpha \leqq x \leqq \beta$

(ii) $ax^2 + bx + c > 0$ の解は，$x < \alpha$，または $\beta < x$

7. 分数不等式

(i) $\dfrac{B}{A} > 0 \iff AB > 0$　　(ii) $\dfrac{B}{A} < 0 \iff AB < 0$

(iii) $\dfrac{B}{A} \geqq 0 \iff AB \geqq 0$ かつ $A \neq 0$

(iv) $\dfrac{B}{A} \leqq 0 \iff AB \leqq 0$ かつ $A \neq 0$

第４章
CHAPTER

4 図形と計量

▶ 三角比の基本

▶ 三角比の拡張，三角比の公式

▶ 正弦定理と余弦定理

▶ 三角比の空間図形への応用

“図形と計量” を初めから解こう！ 公式&解法パターン

1. 三角比の定義を覚えよう。

(1) 直角三角形による**三角比**の定義

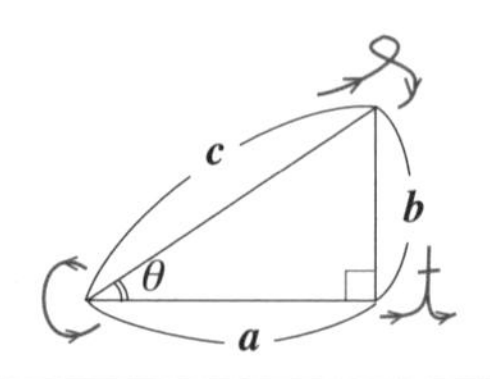

$\sin\theta = \dfrac{b}{c}$　　$\cos\theta = \dfrac{a}{c}$

$\tan\theta = \dfrac{b}{a}$

三角比 $\sin\theta$, $\cos\theta$, $\tan\theta$ はいずれも，相似な直角三角形であれば，その直角三角形の大きさ（サイズ）とは無関係に，角 θ の大きさのみによって定まるんだね。

(2) 半径 r の半円による**三角比**の定義

$\sin\theta = \dfrac{y}{r}$,　$\cos\theta = \dfrac{x}{r}$,　$\tan\theta = \dfrac{y}{x}$ $(x \neq 0)$

$(0° \leqq \theta \leqq 180°)$

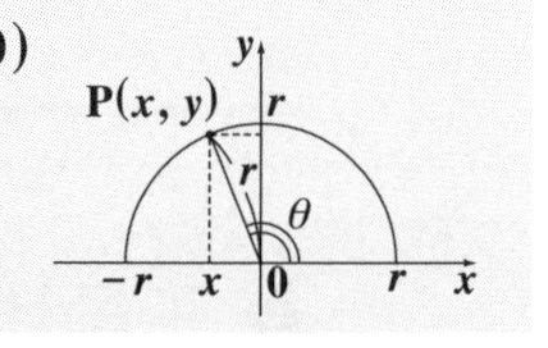

(3) 半径 1 の半円による**三角比**の定義

$\sin\theta = y$,　$\cos\theta = x$,　$\tan\theta = \dfrac{y}{x}$ $(x \neq 0)$

（$\dfrac{y}{1}$ のこと）　（$\dfrac{x}{1}$ のこと）

$(0° \leqq \theta \leqq 180°)$

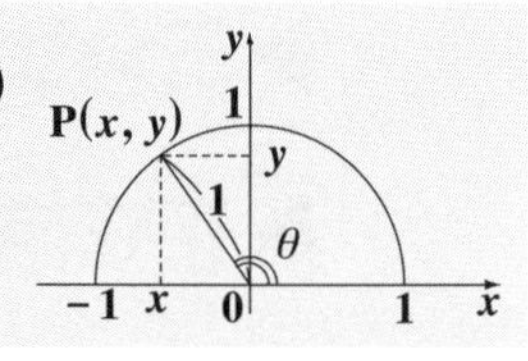

θ	$0°$	$30°$	$45°$	$60°$	$90°$	$120°$	$135°$	$150°$	$180°$
sin	0	$\frac{1}{2}$	$\frac{1}{\sqrt{2}}$	$\frac{\sqrt{3}}{2}$	1	$\frac{\sqrt{3}}{2}$	$\frac{1}{\sqrt{2}}$	$\frac{1}{2}$	0
cos	1	$\frac{\sqrt{3}}{2}$	$\frac{1}{\sqrt{2}}$	$\frac{1}{2}$	0	$-\frac{1}{2}$	$-\frac{1}{\sqrt{2}}$	$-\frac{\sqrt{3}}{2}$	-1
tan	0	$\frac{1}{\sqrt{3}}$	1	$\sqrt{3}$	／	$-\sqrt{3}$	-1	$-\frac{1}{\sqrt{3}}$	0

(ex) 次の三角比の式の値を求めよう。

$$\sin150^\circ \cdot \tan60^\circ + \sin30^\circ \cdot \cos150^\circ = \frac{1}{2} \times \sqrt{3} + \frac{1}{2} \times \left(-\frac{\sqrt{3}}{2}\right) = \frac{\sqrt{3}}{2} - \frac{\sqrt{3}}{4} = \frac{\sqrt{3}}{4}$$

2. 三角比の基本公式も重要だ。

(i) $\cos^2\theta + \sin^2\theta = 1$　　(ii) $\tan\theta = \dfrac{\sin\theta}{\cos\theta}$　$(\theta \neq 90^\circ)$

(iii) $1 + \tan^2\theta = \dfrac{1}{\cos^2\theta}$　$(\theta \neq 90^\circ)$

3. $\cos(\theta + 90^\circ)$ や $\sin(180^\circ - \theta)$ などの変形のコツを覚えよう。

(I) 90° の関係したもの

$$\begin{cases} \sin(90^\circ - \theta) = \cos\theta \\ \cos(90^\circ - \theta) = \sin\theta \\ \tan(90^\circ - \theta) = \dfrac{1}{\tan\theta} \end{cases} \qquad \begin{cases} \sin(90^\circ + \theta) = \cos\theta \\ \cos(90^\circ + \theta) = -\sin\theta \\ \tan(90^\circ + \theta) = -\dfrac{1}{\tan\theta} \end{cases}$$

(II) 180° の関係したもの

$$\begin{cases} \sin(180^\circ - \theta) = \sin\theta \\ \cos(180^\circ - \theta) = -\cos\theta \\ \tan(180^\circ - \theta) = -\tan\theta \end{cases}$$

(I)(II) 90° の関係したものの変形のコツ

(i) 記号の決定

- sin ⟶ cos
- cos ⟶ sin
- tan ⟶ $\dfrac{1}{\tan}$

(ii) 符号(⊕, ⊖)の決定

θ を第1象限の角，たとえば $\theta = 30^\circ$ とでもおいて，左辺の符号から右辺の符号を決定する。

(III) 180° の関係したものの変形のコツ

(i) 記号の決定

- sin ⟶ sin
- cos ⟶ cos
- tan ⟶ tan

180° 系では記号は変化しないね！

(ii) 符号(⊕, ⊖)の決定

θ を第1象限の角，たとえば $\theta = 30^\circ$ とでもおいて，左辺の符号から右辺の符号を決定する。

(ex) 次の三角比の式の値を求めよう。

$$\sin(180^\circ-\theta)\cdot\cos(90^\circ-\theta)-\sin(90^\circ+\theta)\cdot\cos(180^\circ-\theta)$$
$$=\sin\theta\cdot\sin\theta-\cos\theta\cdot(-\cos\theta)=\sin^2\theta+\cos^2\theta=1$$

4. 三角方程式の解法もマスターしよう。

三角方程式は三角比 ($\sin x$, $\cos x$, $\tan x$) の入った方程式のことで，$\sin x$ と $\cos x$ の方程式の解 x は，半径 1 の半円を利用して求め，$\tan x$ の方程式の解 x は直線 $X=1$ を利用して求められるんだね。

(ex) $\sin x=\dfrac{\sqrt{3}}{2}$ の解は，右図の半径 1 の半円と直線 $Y=\dfrac{\sqrt{3}}{2}$ の交点から，$x=60^\circ$，120° と分かる。

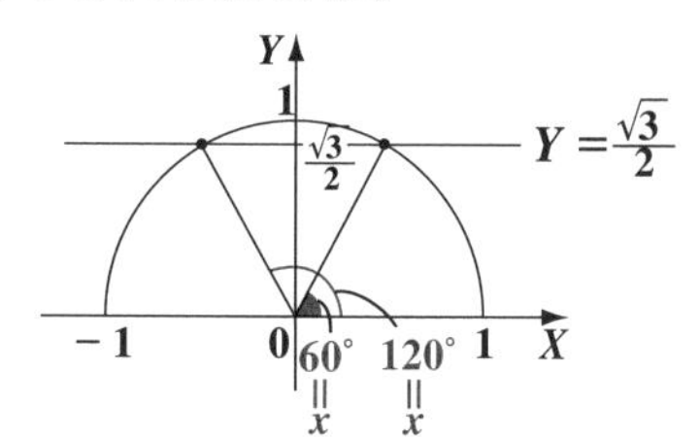

5. 三角比を図形に応用しよう。

(1) 正弦定理

$$\frac{a}{\sin A}=\frac{b}{\sin B}=\frac{c}{\sin C}=2R$$

(R：△ABC の外接円の半径)

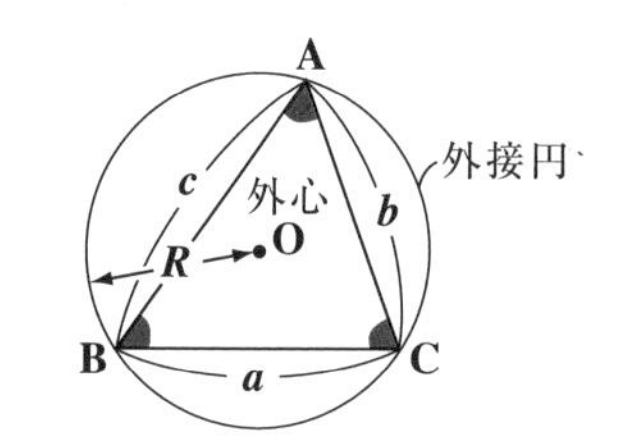

(2) 余弦定理 (Ⅰ)

(ⅰ) $a^2=b^2+c^2-2bc\cos A$

(ⅱ) $b^2=c^2+a^2-2ca\cos B$

(ⅲ) $c^2=a^2+b^2-2ab\cos C$

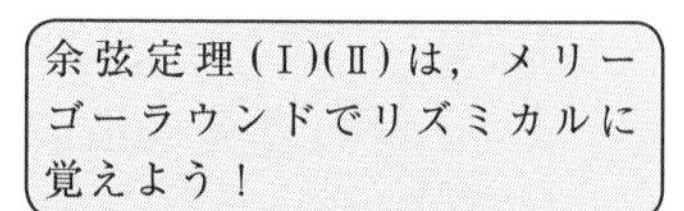

(3) 余弦定理 (Ⅱ)

(ⅰ) $\cos A=\dfrac{b^2+c^2-a^2}{2bc}$

(ⅱ) $\cos B=\dfrac{c^2+a^2-b^2}{2ca}$

(ⅲ) $\cos C=\dfrac{a^2+b^2-c^2}{2ab}$

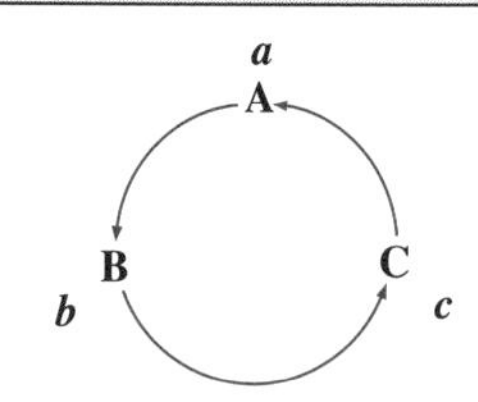

(4) 三角形の面積

△ABC の面積を S とおくと，

$$S=\frac{1}{2}ab\sin C=\frac{1}{2}bc\sin A=\frac{1}{2}ca\sin B$$

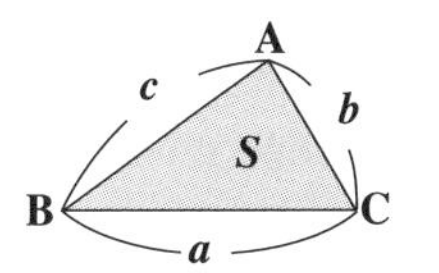

(5) 三角形の内接円の半径

$$S=\frac{1}{2}(a+b+c)\cdot r$$

(r：△ABC の内接円の半径)

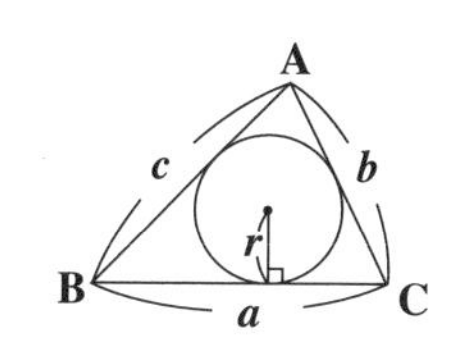

(ex) AB = 3，BC = 4，∠B = 60° の△ABC について

CA の長さと△ABC の面積 S を求めよう。

余弦定理を用いて

$$CA^2=b^2=c^2+a^2-2ca\cos B$$

$$=3^2+4^2-2\cdot3\cdot4\cdot\underbrace{\cos 60^\circ}_{\frac{1}{2}}=9+16-12=13$$

∴ CA = $b=\sqrt{13}$ である。

△ABC の面積 $S=\frac{1}{2}ca\sin B=\frac{1}{2}\cdot3\cdot4\cdot\underbrace{\sin 60^\circ}_{\frac{\sqrt{3}}{2}}=3\sqrt{3}$ である。

6. 空間図形への応用にもチャレンジしよう。

角すいや円すいの体積 V は，

$V=\frac{1}{3}S\cdot h$ となる。

(S：底面積，h：高さ)

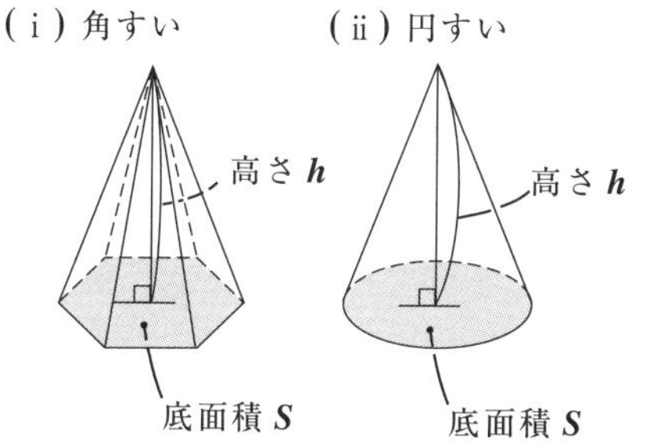

空間図形や立体図形の場合，その側面や断面など，パーツに分けて考えれば，平面図形の問題に帰着するんだね。これについても実践的に練習してみよう。

初めからトライ！問題 59	図形と計量	CHECK 1	CHECK 2	CHECK 3

右の直角三角形について

(1) $\sin\theta$, $\cos\theta$, $\tan\theta$ を求めよ。

(2) $\sin(90°-\theta)$, $\cos(90°-\theta)$, $\tan(90°-\theta)$

を求めよ。

(3) $\sin\theta\cdot\cos(90°-\theta)+\cos\theta\cdot\sin(90°-\theta)$ の値を求めよ。

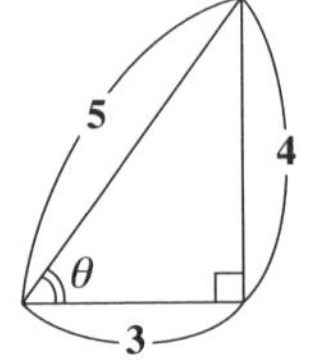

ヒント！ (1) は, 定義通り 3 つの三角比を求めればいい。(2) での角 $90°-\theta$ は, 直角三角形の θ 以外のもう 1 つの鋭角のことなんだね。

解答＆解説

(1) 右の直角三角形より

$\sin\theta=\dfrac{4}{5}$, $\cos\theta=\dfrac{3}{5}$, $\tan\theta=\dfrac{4}{3}$ である。

………(答)

(2) 右図に示すように, θ 以外のもう 1 つの鋭角を α とおくと, 三角形の 3 つの内角の和は $180°$ より,

$\theta+90°+\alpha=180°$ 　 $\therefore\ \alpha=90°-\theta$ となる。

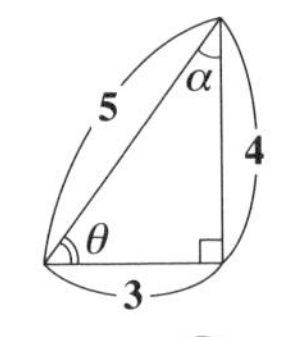

よって, 右の直角三角形より

$\sin(90°-\theta)=\dfrac{3}{5}$, $\cos(90°-\theta)=\dfrac{4}{5}$,

$\tan(90°-\theta)=\dfrac{3}{4}$ である。……………………(答)

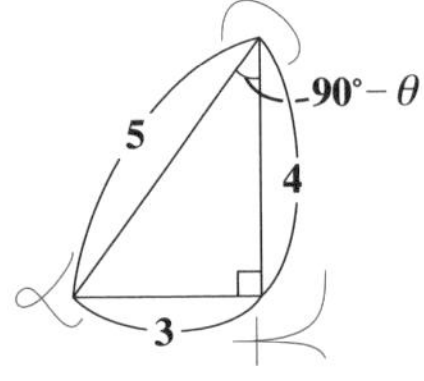

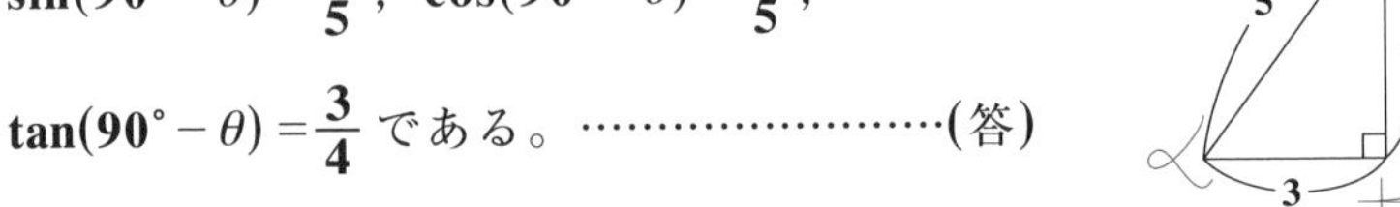

(3) (1), (2) の結果より,

$\sin\theta=\cos(90°-\theta)=\dfrac{4}{5}$, $\cos\theta=\sin(90°-\theta)=\dfrac{3}{5}$ となる。

$$\therefore\ \underbrace{\sin\theta}_{\frac{4}{5}}\cdot\underbrace{\cos(90°-\theta)}_{\frac{4}{5}}+\underbrace{\cos\theta}_{\frac{3}{5}}\cdot\underbrace{\sin(90°-\theta)}_{\frac{3}{5}}=\left(\frac{4}{5}\right)^2+\left(\frac{3}{5}\right)^2=\frac{16+9}{25}=1$$

……(答)

初めからトライ！問題 60	図形と計量	CHECK 1	CHECK 2	CHECK 3

右図のような地面からの高さ $h(m)$（メートル）のビルがある。右図の線分 AB と ED の長さは，AB = 10m，ED = 30m である。

このビルの A 点から，最高点の C 点を見上げる仰角（ぎょうかく）は 45° であり，A 点から地上の E 点を見下げる角度は水平から 60° である。このとき，このビル全体の高さ $h(m)$ を求めよ。

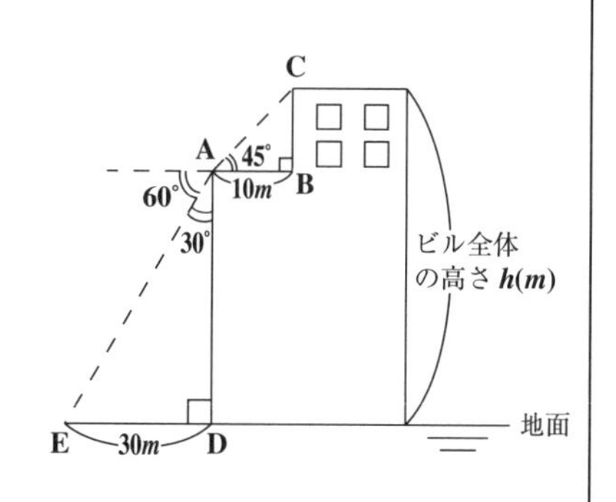

ヒント！ (i)BC の長さと，(ii)AD の長さを求めて，これらの和をとったものが，このビル全体の高さ $h(m)$ になるんだね。

解答＆解説

(i) $BC = h_1(m)$ とおくと，直角三角形 ABC より

$$\underbrace{\tan 45^\circ}_{1} = \frac{h_1}{10} \qquad \frac{h_1}{10} = 1$$

$\therefore\ h_1 = 10\ (m)$ ……①

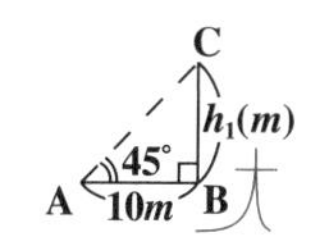

(ii) $AD = h_2(m)$ とおくと，直角三角形 ADE より

$$\underbrace{\tan 30^\circ}_{\frac{1}{\sqrt{3}}} = \frac{30}{h_2} \qquad \frac{1}{\sqrt{3}} = \frac{30}{h_2}$$

$\therefore\ h_2 = 30\sqrt{3}\ (m)$ ……②

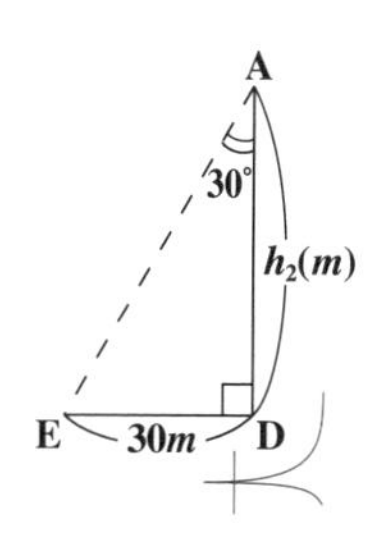

以上 (i)(ii) より，求めるビル全体の高さ $h(m)$ は

$h = h_1 + h_2$ より，①，②をこれに代入して，

$h = 10 + 30\sqrt{3}\ (m)$ である。 ……………………………………(答)

初めからトライ！問題 61　図形と計量　CHECK 1　CHECK 2　CHECK 3

右図のような直角三角形 ABC と ABD がある。AB = 1 とする。

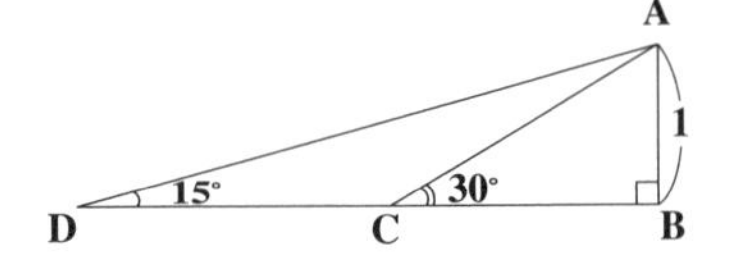

(1) BC と CD, および AD の長さを求めよ。

(2) $\tan 15^\circ$, $\sin 15^\circ$ を求めよ。

ヒント！ (1) △ABC は, ∠C = 30°, ∠B = 90°, ∠A = 60° の直角三角形だから AB = 1, BC = $\sqrt{3}$, CA = 2 はすぐに分かる。さらに△CAD が CA = CD の二等辺三角形であることに気付くと，話しが見えてくるはずだ。(2) AD と BD の長さが分かれば，定義により，$\tan 15^\circ = \frac{AB}{BD}$，$\sin 15^\circ = \frac{AB}{AD}$ で計算できるね。

解答＆解説

(1) △ABC は, ∠C = 30°, ∠B = 90°, ∠A = 60° の直角三角形より，

AB : BC : CA = 1 : $\sqrt{3}$: 2 の直角三角形である。(図(i))

図(i)

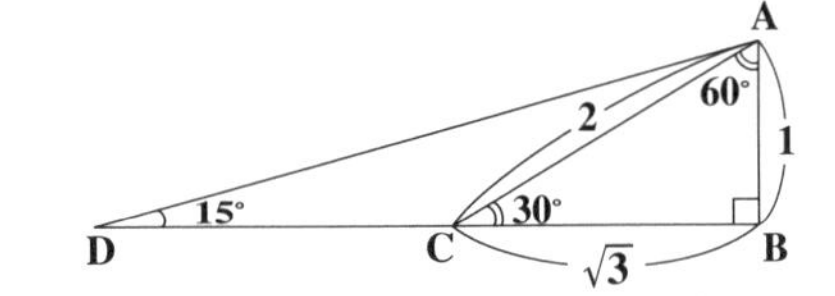

ここで，AB = 1 より

BC = $\sqrt{3}$ ……………………(答)

CA = 2　となる。

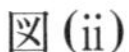

図(ii)

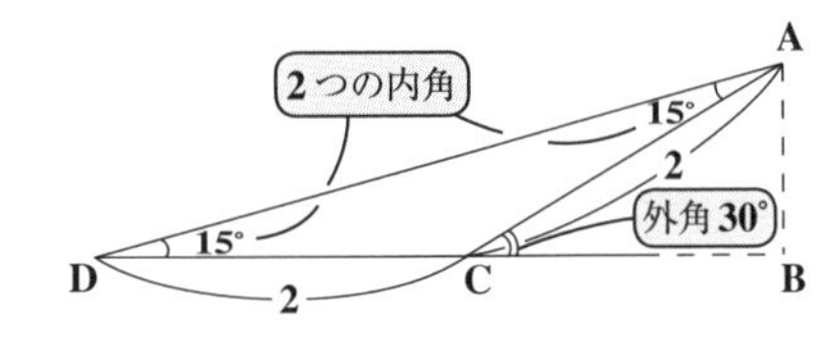

図(ii) に示すように△CAD の 2 つの内角の和 ∠ADC + ∠DAC は，その外角 ∠ACB に等しい。つまり

$\underbrace{\angle ADC}_{15^\circ} + \underbrace{\angle DAC}_{15^\circ} = \underbrace{\angle ACB}_{30^\circ}$ より, ∠DAC = 30° − 15° = 15° となる。よって，

∠ADC = ∠DAC となって，△CAD は CA = CD(= 2) の二等辺三角形になる。

∴ CD = 2 ……………………………………………………………(答)

ここで，直角三角形 ABD に三平方の定理を用いると，

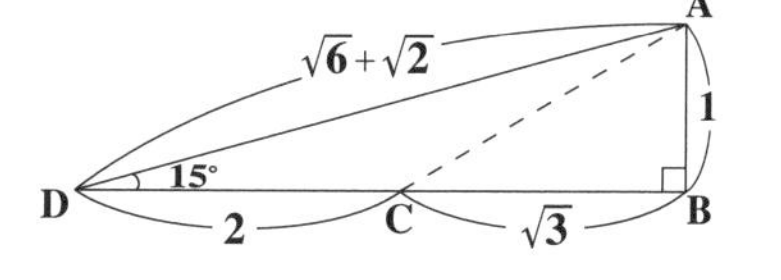

$AD^2 = \underset{1^2}{AB^2} + \underset{(2+\sqrt{3})^2}{BD^2} = 1^2 + (2+\sqrt{3})^2$

$= 1 + 4 + 4\sqrt{3} + 3 = 8 + 4\sqrt{3}$

$\therefore\ AD = \sqrt{8 + \underset{2\sqrt{2^2\cdot 3}=2\sqrt{12}}{4\sqrt{3}}} = \sqrt{\underset{\text{たして}6+2}{8} + 2\underset{\text{かけて}6\times 2}{\sqrt{12}}}$

2重根号のはずし方
$\sqrt{a+b+2\sqrt{ab}} = \sqrt{a} + \sqrt{b}$

$= \sqrt{6} + \sqrt{2}$ ……………………………………………(答)

(2) 右の直角三角形 ABD について

$AB = 1,\ BD = 2+\sqrt{3},\ AD = \sqrt{6}+\sqrt{2}$

より，

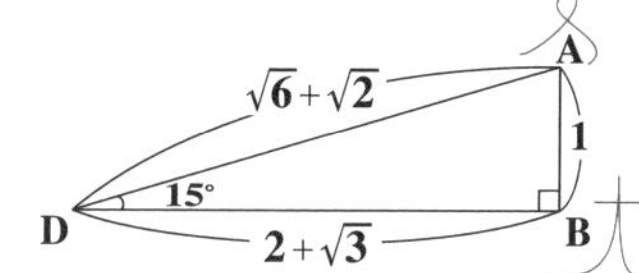

・$\tan 15^\circ = \dfrac{AB}{BD} = \dfrac{1}{2+\sqrt{3}}$

$= \dfrac{1\times(2-\sqrt{3})}{(2+\sqrt{3})(2-\sqrt{3})}$

分子・分母に $2-\sqrt{3}$ をかけた。　有理化

$(2+\sqrt{3})(2-\sqrt{3}) = 2^2 - (\sqrt{3})^2 = 4 - 3 = 1$

$= 2 - \sqrt{3}$ ……………………………………………(答)

・$\sin 15^\circ = \dfrac{AB}{AD} = \dfrac{1}{\sqrt{6}+\sqrt{2}}$

$= \dfrac{1\times(\sqrt{6}-\sqrt{2})}{(\sqrt{6}+\sqrt{2})(\sqrt{6}-\sqrt{2})}$

分子・分母に $\sqrt{6}-\sqrt{2}$ をかけた。　有理化

$(\sqrt{6}+\sqrt{2})(\sqrt{6}-\sqrt{2}) = (\sqrt{6})^2 - (\sqrt{2})^2 = 6 - 2 = 4$

$= \dfrac{\sqrt{6}-\sqrt{2}}{4}$ ……………………………………………(答)

初めからトライ！問題 62	三角比	CHECK 1	CHECK 2	CHECK 3

次の三角比の式の値を求めよ。

(1) $\sin 135° \cdot \cos 60° - \cos 135° \cdot \sin 30°$

(2) $\tan 150° + \dfrac{1}{\tan 60°}$

(3) $\dfrac{1}{\cos 135°} + \dfrac{\tan 135°}{\cos 45°}$

ヒント！ $0°, 30°, 45°, \cdots, 150°, 180°$ の三角比 (sin, cos, tan) の値はスラスラ言えるようになるまで，繰り返し練習しておこう。

解答＆解説

(1) $\cdot \underbrace{\sin 135°}_{\frac{1}{\sqrt{2}}} \cdot \underbrace{\cos 60°}_{\frac{1}{2}} - \underbrace{\cos 135°}_{-\frac{1}{\sqrt{2}}} \cdot \underbrace{\sin 30°}_{\frac{1}{2}}$

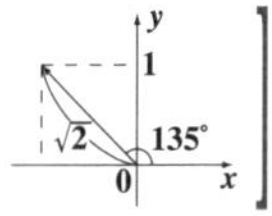

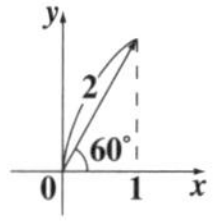

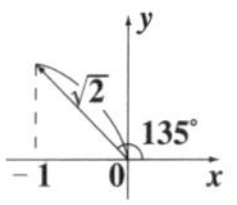

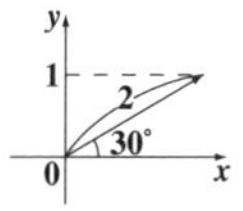

$$= \frac{1}{\sqrt{2}} \cdot \frac{1}{2} - \left(-\frac{1}{\sqrt{2}}\right) \cdot \frac{1}{2} = \frac{1}{2\sqrt{2}} + \frac{1}{2\sqrt{2}} = \frac{2}{2\sqrt{2}} = \frac{1}{\sqrt{2}} = \frac{\sqrt{2}}{2}$$ ……………………(答)

(2) $\tan 150° = -\dfrac{1}{\sqrt{3}}$

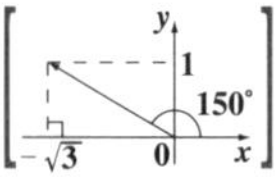

，$\tan 60° = \sqrt{3}$

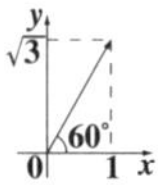

より

$$\cdot \tan 150° + \frac{1}{\tan 60°} = -\frac{1}{\sqrt{3}} + \frac{1}{\sqrt{3}} = 0$$ ……………………(答)

(3) $\cos 135° = -\dfrac{1}{\sqrt{2}}$

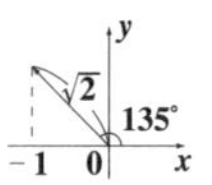

，$\tan 135° = -1$

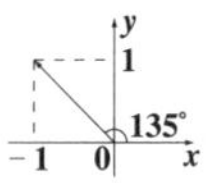

$\cos 45° = \dfrac{1}{\sqrt{2}}$

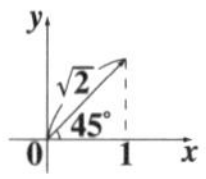

より

$$\cdot \frac{1}{\cos 135°} + \frac{\tan 135°}{\cos 45°} = \frac{1}{-\frac{1}{\sqrt{2}}} + \frac{-1}{\frac{1}{\sqrt{2}}} = -\sqrt{2} - \sqrt{2} = -2\sqrt{2}$$ ……………(答)

初めからトライ！問題 63	三角比	CHECK 1	CHECK 2	CHECK 3

$0° < \theta < 180°$ とするとき，次の各問いに答えよ。

(1) $\cos\theta = \dfrac{1}{3}$ のとき，$\sin\theta$, $\tan\theta$ の値を求めよ。

(2) $\tan\theta = -\sqrt{5}$ のとき，$\cos\theta$, $\sin\theta$ の値を求めよ。

ヒント！ (1), (2) 共に，三角比の 3 つの基本公式を利用して解こう！

解答＆解説

(1) $\cos\theta = \dfrac{1}{3}\ (>0)$ より，θ は第 1 象限の角 $(0° < \theta < 90°)$ である。よって，

$\sin\theta > 0$，$\tan\theta > 0$ である。

・公式 $\cos^2\theta + \sin^2\theta = 1$ より $\left(\dfrac{1}{3}\right)^2 + \sin^2\theta = 1$

$\sin^2\theta = 1 - \dfrac{1}{9} = \dfrac{8}{9}$　　$\therefore\ \sin\theta > 0$ より，$\sin\theta = \sqrt{\dfrac{8}{9}} = \dfrac{2\sqrt{2}}{3}$ ………(答)

・公式 $\tan\theta = \dfrac{\sin\theta}{\cos\theta}$ より，$\tan\theta = \dfrac{\frac{2\sqrt{2}}{3}}{\frac{1}{3}} = 2\sqrt{2}$ ………(答)

分子・分母に 3 をかけて

(2) $\tan\theta = -\sqrt{5}\ (<0)$ より，θ は第 2 象限の角 $(90° < \theta < 180°)$ である。

よって，$\cos\theta < 0$，$\sin\theta > 0$ である。

・公式 $1 + \tan^2\theta = \dfrac{1}{\cos^2\theta}$ より，$1 + (-\sqrt{5})^2 = \dfrac{1}{\cos^2\theta}$

$1 + 5 = 6$

$\therefore\ \cos^2\theta = \dfrac{1}{6}$

ここで，$\cos\theta < 0$ より，$\cos\theta = -\sqrt{\dfrac{1}{6}} = -\dfrac{\sqrt{6}}{6}$ ………………………………(答)

・公式 $\cos^2\theta + \sin^2\theta = 1$ より，$\dfrac{1}{6} + \sin^2\theta = 1$

$\sin^2\theta = 1 - \dfrac{1}{6} = \dfrac{5}{6}$

ここで，$\sin\theta > 0$ より，$\sin\theta = \sqrt{\dfrac{5}{6}} = \dfrac{\sqrt{30}}{6}$ ………………………………(答)

初めからトライ！問題 64 三角比 CHECK 1 CHECK 2 CHECK 3

$\tan\theta + \dfrac{1}{\tan\theta} = 4$ ……① $(0° < \theta < 90°)$ のとき，

(i) $\sin\theta \cdot \cos\theta$ と (ii) $\sin\theta + \cos\theta$ の値を求めよ。

ヒント！ $0° < \theta < 90°$ より，$\tan\theta > 0$，$\sin\theta > 0$，$\cos\theta > 0$ だね。①を $\sin\theta$ と $\cos\theta$ の式に変形すると，$\sin\theta \cdot \cos\theta$ の値が分かる。$\sin\theta + \cos\theta$ の値を求めるには，これを2乗すると，うまくいく。頑張ろう。

解答＆解説

(i)・公式 $\tan\theta = \dfrac{\sin\theta}{\cos\theta}$ ……②より，これを①に代入すると，

$$\frac{\sin\theta}{\cos\theta} + \frac{1}{\frac{\sin\theta}{\cos\theta}} = 4 \text{ より，} \frac{\sin\theta}{\cos\theta} + \frac{\cos\theta}{\sin\theta} = 4$$

$$\frac{\sin^2\theta + \cos^2\theta}{\sin\theta \cdot \cos\theta} = 4 \qquad \frac{1}{\sin\theta \cdot \cos\theta} = 4$$

（$\sin^2\theta + \cos^2\theta = 1$ ← 公式）

$$\therefore \sin\theta \cdot \cos\theta = \frac{1}{4} \text{ ……③} \text{ ………………（答）}$$

(ii) $\sin\theta + \cos\theta = t$ ……④とおくと，$t > 0$ $(\because \sin\theta > 0, \cos\theta > 0)$

（$\sin\theta$：⊕，$\cos\theta$：⊕）

（∵ これは，“なぜなら”という意味だ）

④の両辺を2乗すると

$$t^2 = (\sin\theta + \cos\theta)^2 = \sin^2\theta + 2\sin\theta\cos\theta + \cos^2\theta$$

$$= \sin^2\theta + \cos^2\theta + 2\sin\theta\cos\theta$$

（$\sin^2\theta + \cos^2\theta = 1$ ← 公式，$\sin\theta\cos\theta = \frac{1}{4}$（③より））

$$= 1 + 2 \times \frac{1}{4} = 1 + \frac{1}{2} = \frac{2+1}{2} = \frac{3}{2}$$

$t > 0$ より，$t = \sin\theta + \cos\theta = \sqrt{\dfrac{3}{2}} = \dfrac{\sqrt{6}}{2}$ ………………（答）

（分子・分母に $\sqrt{2}$ をかけて）

初めからトライ！問題 65　三角比　CHECK 1　CHECK 2　CHECK 3

次の式の値を求めよ。

(1) $\sin(180° - \theta) \cdot \cos(90° - \theta) - \sin(90° + \theta) \cdot \cos(180° - \theta)$

(2) $\tan(90° + \theta) - \dfrac{1}{\tan(180° - \theta)}$

ヒント！ 90°や180°の入った三角比は(i)記号と(ii)符号を考えて変形するんだね。

解答＆解説

(1) ・$\sin(180° - \theta) = \sin\theta$ ← (i) sin→sin　(ii) $\theta = 30°$として，$\sin 150° > 0$

・$\cos(90° - \theta) = \sin\theta$ ← (i) cos→sin　(ii) $\theta = 30°$として，$\cos 60° > 0$

・$\sin(90° + \theta) = \cos\theta$ ← (i) sin→cos　(ii) $\theta = 30°$として，$\sin 120° > 0$

・$\cos(180° - \theta) = -\cos\theta$ ← (i) cos→cos　(ii) $\theta = 30°$として，$\cos 150° < 0$

よって，

$\sin(180° - \theta) \cdot \cos(90° - \theta) - \sin(90° + \theta) \cdot \cos(180° - \theta)$

$= \sin\theta \cdot \sin\theta - \cos\theta \cdot (-\cos\theta)$

$= \sin^2\theta + \cos^2\theta = 1$ ……………………（答）

公式：$\cos^2\theta + \sin^2\theta = 1$ を使った！

(2) ・$\tan(90° + \theta) = -\dfrac{1}{\tan\theta}$ ← (i) tan→$\dfrac{1}{\tan\theta}$　(ii) $\theta = 30°$として，$\tan 120° < 0$

・$\tan(180° - \theta) = -\tan\theta$ ← (i) tan→tan　(ii) $\theta = 30°$として，$\tan 150° < 0$

よって，

$\tan(90° + \theta) - \dfrac{1}{\tan(180° - \theta)}$

$= -\dfrac{1}{\tan\theta} - \dfrac{1}{-\tan\theta}$

$= -\dfrac{1}{\tan\theta} + \dfrac{1}{\tan\theta} = 0$ ……………………（答）

初めからトライ！問題 66	三角方程式	CHECK 1	CHECK 2	CHECK 3

次の三角方程式を解け。

(1) $2\cos^2 x - 1 = 0$ ………………①　$(0° \leqq x \leqq 180°)$

(2) $2\sin^2 x + \sqrt{3}\sin x - 3 = 0$ ……②　$(0° \leqq x \leqq 180°)$

ヒント！ 半径 **1** の上半円上の点に対して，**(1)** $\cos x$ は **X** 座標に，また **(2)** $\sin x$ は **Y** 座標になることに気を付けて解いていこう。

解答＆解説

(1) $2\cos^2 x - 1 = 0$ ……①を変形して

$\cos^2 x = \frac{1}{2}$　$\therefore \cos x = \pm\frac{1}{\sqrt{2}}$ より

$\cos x = \frac{1}{\sqrt{2}}$，または $-\frac{1}{\sqrt{2}}$

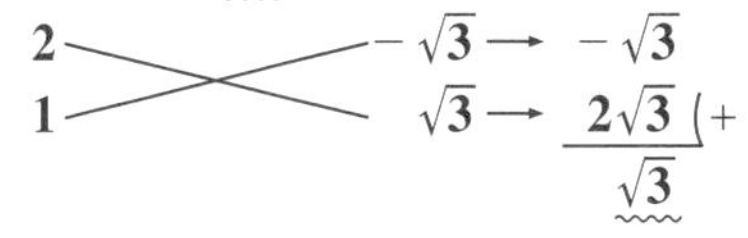

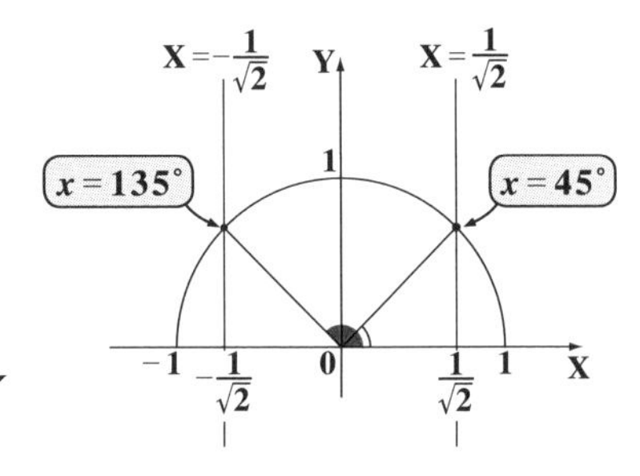

よって，①の解は，$x = 45°$，または $135°$ である。…………………………(答)

(2) $2\sin^2 x + \sqrt{3}\sin x - 3 = 0$ ……②を変形して

$$\begin{array}{lll} 2 & -\sqrt{3} \to & -\sqrt{3} \\ 1 & \sqrt{3} \to & 2\sqrt{3} \;(+ \\ & & \hline \sqrt{3} \end{array}$$

$(2\sin x - \sqrt{3})(\sin x + \sqrt{3}) = 0$

$\therefore \sin x = \frac{\sqrt{3}}{2}$，または $-\sqrt{3}$

ここで，$0 \leqq \sin x \leqq 1$ より，$\sin x = \frac{\sqrt{3}}{2}$

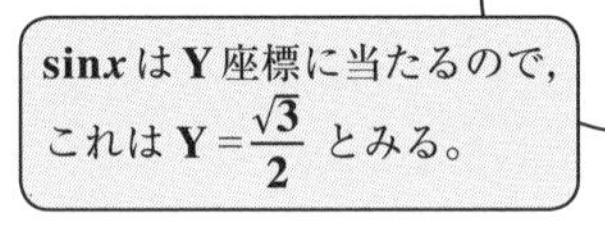

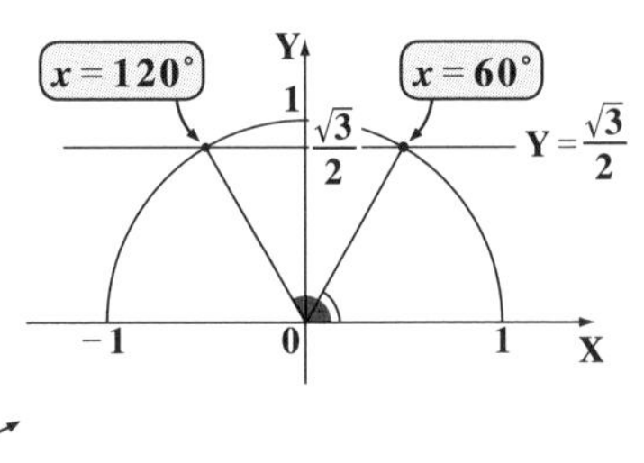

よって，②の解は，$x = 60°$，または $120°$ である。…………………………(答)

初めからトライ！問題 67	三角方程式	CHECK 1	CHECK 2	CHECK 3

次の三角方程式を解け。

(1) $4\sin x\cos x+2\sin x-2\cos x-1=0$ ……① $(0^\circ\leqq x\leqq 180^\circ)$

(2) $\tan^2 x+(\sqrt{3}-1)\tan x-\sqrt{3}=0$ ……………② $(0^\circ\leqq x\leqq 180^\circ)$

ヒント！ **(1)** は，因数分解して解けばいいね。**(2)** で，$\tan x$ は直線 $X=1$ 上の点の Y 座標になることに気を付けて解けばいいんだね。

解答＆解説

(1) $4\sin x\cos x+2\sin x-2\cos x-1=0$ ……①

を変形して，

$2\sin x\cdot(2\cos x+1)-(2\cos x+1)=0$

$(2\sin x-1)(2\cos x+1)=0$

$\therefore\ \sin x=\dfrac{1}{2}$，または $\cos x=-\dfrac{1}{2}$

$Y=\dfrac{1}{2}$ とみる。　$X=-\dfrac{1}{2}$ とみる。

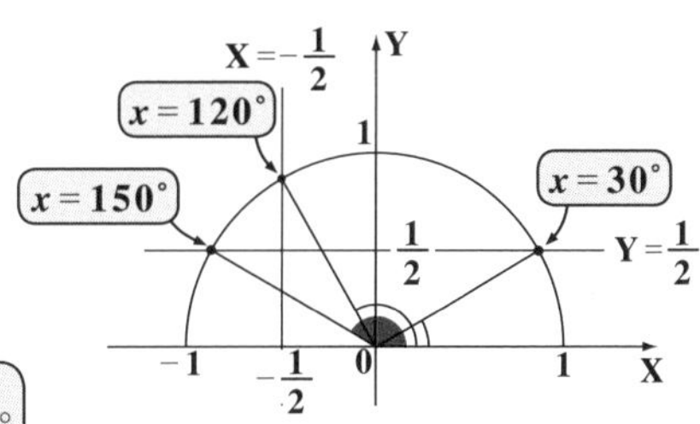

よって，①の解は

$x=30^\circ$，または 120°，または 150° である。……………………(答)

(2) $\tan^2 x+(\sqrt{3}-1)\tan x-\sqrt{3}=0$ ……②

たして $\sqrt{3}+(-1)$　かけて $\sqrt{3}\times(-1)$

を変形して，

$(\tan x+\sqrt{3})(\tan x-1)=0$

$\therefore\ \tan x=-\sqrt{3}$，または 1

これは，直線 $X=1$ 上の点の Y 座標 $-\sqrt{3}$ または 1 とみる。

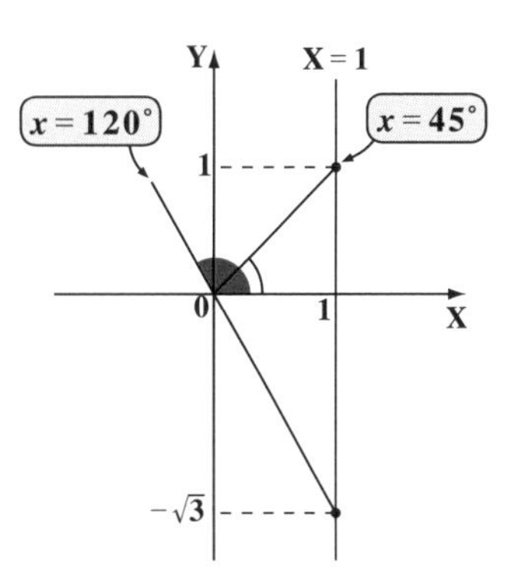

よって，②の解は

$x=45^\circ$，または 120° である。………(答)

初めからトライ！問題 68	三角比と図形	CHECK 1	CHECK 2	CHECK 3

$\angle A=120°$, $\angle B=45°$, $BC=6$ の△ABC がある。

(1) CA の長さを求めよ。

(2) △ABC の外接円の半径 R を求めよ。

ヒント！ (1), (2) 共に，正弦定理 $\frac{a}{\sin A}=\frac{b}{\sin B}=\frac{c}{\sin C}=2R$ を利用する問題だね。落ち着いて解いていこう。

解答＆解説

(1) $\angle A=120°$, $\angle B=45°$, $BC=a=6$ が与えられているので，$CA(=b)$ の長さは正弦定理を使って求められる。

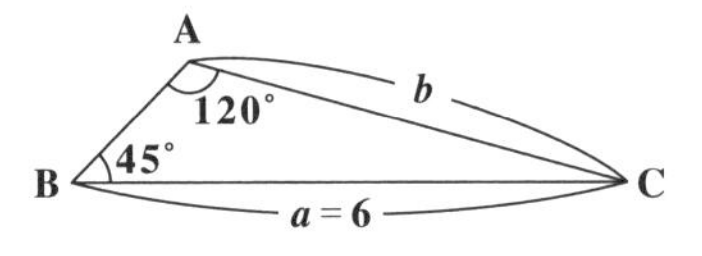

$$\frac{6}{\sin 120°}=\frac{b}{\sin 45°} \quad \leftarrow \boxed{\frac{a}{\sin A}=\frac{b}{\sin B}}$$

$\sin 120° = \frac{\sqrt{3}}{2}$, $\sin 45° = \frac{1}{\sqrt{2}}$

$$\therefore\ b=CA=\frac{6}{\frac{\sqrt{3}}{2}}\times\frac{1}{\sqrt{2}}=\frac{2\times 6}{\sqrt{6}}=\frac{2\times\sqrt{6}\times\sqrt{6}}{\sqrt{6}}=2\sqrt{6} \quad \cdots\cdots\cdots\cdots\text{(答)}$$

（$6=\sqrt{6}\cdot\sqrt{6}$）

(2) △ABC の外接円の半径 R も正弦定理を使って求めると

$$\frac{6}{\sin 120°}=2R \quad \leftarrow \boxed{\frac{a}{\sin A}=2R}$$

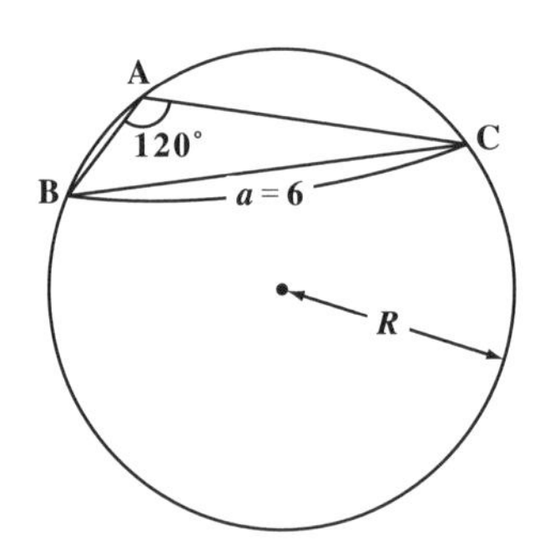

$$R=\frac{6}{2\cdot\frac{\sqrt{3}}{2}}=\frac{2\times\sqrt{3}\times\sqrt{3}}{\sqrt{3}}=2\sqrt{3}$$

（$2\cdot 3=2\cdot\sqrt{3}\cdot\sqrt{3}$）

$\cdots\cdots\cdots$(答)

初めからトライ！問題 69 三角比と図形 CHECK 1  CHECK 2 CHECK 3

$\angle A = 45°$, $AB = 3\sqrt{2}$, $CA = 4$ の△ABC がある。

(1) BC の長さを求めよ。

(2) △ABC の面積 S を求めよ。

ヒント！ (1)では，余弦定理 $a^2 = b^2 + c^2 - 2bc\cos A$ を利用し，(2)では，三角形の面積の公式：$S = \frac{1}{2}b \cdot c \cdot \sin A$ を用いればいいんだね。頑張ろう。

解答＆解説

(1) $\angle A = 45°$, $AB = c = 3\sqrt{2}$,

$CA = b = 4$ より，$BC = a$ とおいて

△ABC に余弦定理を用いると，

$$a^2 = \underbrace{4^2 + (3\sqrt{2})^2}_{16+18} - 2 \cdot 4 \cdot 3\sqrt{2} \cdot \underbrace{\cos 45°}_{\frac{1}{\sqrt{2}}}$$

余弦定理 $a^2 = b^2 + c^2 - 2bc\cos A$ を用いた！

$$= 34 - 24 = 10$$

$\therefore a > 0$ より，$a = BC = \sqrt{10}$ ……………………………(答)

(2) △ABC の面積 S は公式を用いて

$$S = \frac{1}{2}b \cdot c \cdot \sin A = \frac{1}{2} \cdot 4 \cdot 3\sqrt{2} \cdot \underbrace{\sin 45°}_{\frac{1}{\sqrt{2}}}$$

$$= \frac{12}{2} = 6$$ ……………………………(答)

初めからトライ！問題 70 三角比と図形  CHECK 1 CHECK 2 CHECK 3

$AB = 3$, $BC = 4$, $CA = 2$ の $\triangle ABC$ がある。

(1) $\cos A$ と $\sin A$ を求めよ。

(2) $\triangle ABC$ の外接円の半径 R を求めよ。

(3) $\triangle ABC$ の面積 S を求めよ。

(4) $\triangle ABC$ の内接円の半径 r を求めよ。

ヒント！ (1)では，まず余弦定理 $\cos A = \dfrac{b^2 + c^2 - a^2}{2bc}$ を用いて，$\cos A$ を求め，これから $\sin A$ を求めよう。(2)では，正弦定理 $\dfrac{a}{\sin A} = 2R$ を使えばいい。また(3)では，$\triangle ABC$ の面積公式 $S = \dfrac{1}{2} b \cdot c \cdot \sin A$ を利用し，(4)では，内接円の半径 r を，公式 $\dfrac{1}{2}(a + b + c) \cdot r = S$ から求めればいいんだね。一連の計算を流れるようにスムーズに解いていこう！

解答＆解説

(1) $AB = c = 3$, $BC = a = 4$, $CA = b = 2$

より，$\triangle ABC$ に余弦定理を用いて

$\cos A$ を求めると

$$\cos A = \frac{b^2 + c^2 - a^2}{2bc}$$

$$= \frac{2^2 + 3^2 - 4^2}{2 \cdot 2 \cdot 3} = \frac{4 + 9 - 16}{12} = -\frac{3}{12} = -\frac{1}{4} \quad \cdots\cdots(答)$$

$0° < A < 180°$ より，$\sin A > 0$ である。よって

$$\sin A = \sqrt{1 - \cos^2 A} = \sqrt{1 - \left(-\frac{1}{4}\right)^2} = \sqrt{\frac{16 - 1}{16}} = \frac{\sqrt{15}}{4} \quad \cdots\cdots(答)$$

$\sin^2 A + \cos^2 A = 1$ より $\sin^2 A = 1 - \cos^2 A$，$\sin A = \pm\sqrt{1 - \cos^2 A}$ だけれど，$\sin A > 0$ より，$\sin A = \sqrt{1 - \cos^2 A}$ となるんだね。

(2) △ABC の外接円の半径 R は正弦定理を用いると，

$\dfrac{a}{\sin A}=2R$ より，

$$R=\frac{a}{2\sin A}=\frac{4}{2\cdot\frac{\sqrt{15}}{4}}=\frac{8}{\sqrt{15}}=\frac{8\sqrt{15}}{15}$$ ……………………(答)

分子・分母に $\sqrt{15}$ をかけて

(3) △ABC の面積 S は，公式より

$$S=\frac{1}{2}b\cdot c\cdot\sin A$$
$$=\frac{1}{2}\cdot 2\cdot 3\cdot\frac{\sqrt{15}}{4}=\frac{3\sqrt{15}}{4}$$ ……………………(答)

(4) △ABC の内接円の半径 r は，

公式：$\dfrac{1}{2}(a+b+c)\cdot r=S$ を　（$a+b+c=4+2+3$，$S=\dfrac{3\sqrt{15}}{4}$）

用いて，

$$\frac{1}{2}(4+2+3)\cdot r=\frac{3\sqrt{15}}{4}$$
$$\frac{9}{2}\cdot r=\frac{3\sqrt{15}}{4}$$
$$\therefore\ r=\frac{3\sqrt{15}}{4}\times\frac{2}{9}=\frac{\sqrt{15}}{6}$$ ……………………(答)

初めからトライ！問題 71	三角比と図形	CHECK 1	CHECK 2	CHECK 3

AB＝4, BC＝3, CD＝4, ∠BAD＝60° の，円に内接する四角形 **ABCD** がある。

(1) **BD** と **AD** の長さを求めよ。

(2) 四角形 **ABCD** の外接円の半径 R を求めよ。

(3) 四角形 **ABCD** の面積 S を求めよ。

ヒント！ 円に内接する四角形の内対角の和は必ず **180°** になる。よって，**∠BAD＝60°** より **∠BCD＝120°** となる。**(1)** まず，△**BCD** に余弦定理を用いて，**BD** を求め，次に△**ABD** に余弦定理を用いればいいんだね。**(2)** 四角形 **ABCD** の外接円と，△**ABD** の外接円とは同じものであることに気付くことだ。**(3)** は，**2** つの△**ABD** と△**BCD** の面積の和から求めよう。

解答＆解説

(1) 四角形 **ABCD** は円に内接するので，

$\underbrace{\angle BAD}_{60^\circ} + \angle BCD = 180^\circ$ より

円に内接する四角形の内対角の和は **180°** になるんだね。

$\angle BCD = 180^\circ - 60^\circ = 120^\circ$

・**BD** の長さを求めるために△**BCD** に余弦定理を用いると

$BD^2 = \underbrace{BC^2}_{3^2} + \underbrace{CD^2}_{4^2} - 2\cdot\underbrace{BC}_{3}\cdot\underbrace{CD}_{4}\cdot\underbrace{\cos120^\circ}_{-\frac{1}{2}}$

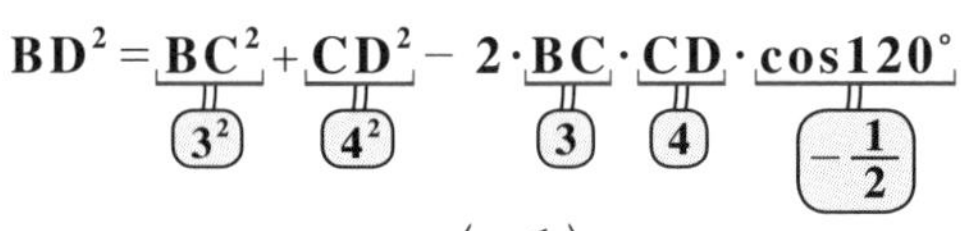

$= 9 + 16 - 24\times\left(-\frac{1}{2}\right) = 25 + 12 = 37$ ここで，**BD＞0** より

$BD = \sqrt{37}$ ……………………………………………………（答）

・次に，**AD** ＝ x とおいて△**ABD** に余弦定理を用いると

$\underbrace{BD^2}_{37} = \underbrace{AB^2}_{4^2} + \underbrace{AD^2}_{x^2} - 2\cdot\underbrace{AB}_{4}\cdot\underbrace{AD}_{x}\cdot\underbrace{\cos60^\circ}_{\frac{1}{2}}$ より

A, B, C, D / 60° / 4 / $x=7$ / $\sqrt{37}$ / 3 / 120° / 4

$37 = 16 + x^2 - 2 \cdot 4 \cdot x \cdot \frac{1}{2}$

$x^2 - 4x - 21 = 0$

（たして $-7+3$）（かけて $(-7)\times 3$）

$(x-7)(x+3)=0$　ここで，$x = \mathrm{AD} > 0$ より，$x \neq -3$

$\therefore x = \mathrm{AD} = 7$ ……………………………………………………(答)

(2) 四角形 **ABCD** の外接円と △**ABD** の外接円とは同じである。

よって，△**ABD** に正弦定理を用いると

$\frac{a}{\sin A} = 2R$ より，$R = \frac{\sqrt{37}}{2 \cdot \sin 60^\circ} = \frac{\sqrt{37}}{2 \times \frac{\sqrt{3}}{2}} = \frac{\sqrt{111}}{3}$ ………………………(答)

（$\sin 60^\circ = \frac{\sqrt{3}}{2}$，$2 \times \frac{\sqrt{3}}{2} = \sqrt{3}$）

(3) 四角形 **ABCD** の面積 S は，△**ABD** と △**BCD** の面積の和に等しいので，

$S = \triangle \mathrm{ABD} + \triangle \mathrm{BCD}$

（$\triangle \mathrm{ABD} = \frac{1}{2} \cdot 4 \cdot 7 \sin 60^\circ$，$\triangle \mathrm{BCD} = \frac{1}{2} \cdot 3 \cdot 4 \sin 120^\circ$）

$= 14 \cdot \sin 60^\circ + 6 \cdot \sin 120^\circ$

（$\sin 60^\circ = \frac{\sqrt{3}}{2}$，$\sin 120^\circ = \frac{\sqrt{3}}{2}$）

$= 7\sqrt{3} + 3\sqrt{3} = 10\sqrt{3}$ ……………………………………………(答)

初めからトライ！問題 72　三角比と空間図形　CHECK 1　CHECK 2　CHECK 3

右図に示すように，$AB=2$，$AD=3$，$BF=1$ の直方体 $ABCD-EFGH$ がある。辺 FG 上に点 P があり，$FP=1$ である。このとき，$\triangle APH$ について，次の問いに答えよ。

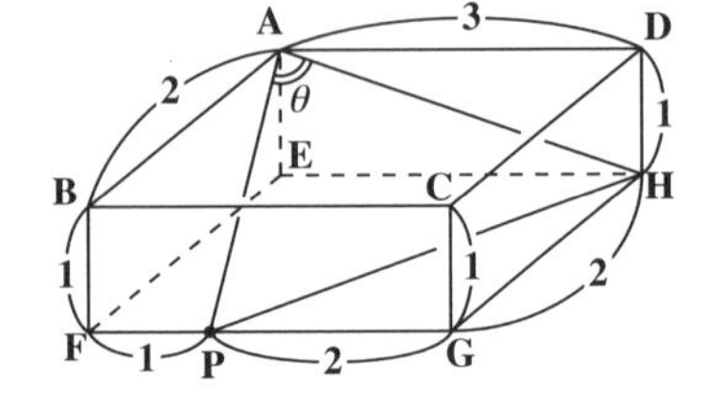

(1) AP，PH，HA の長さを求めよ。

(2) $\angle PAH=\theta$ とおくとき，$\cos\theta$ と $\sin\theta$ の値を求めよ。

(3) $\triangle APH$ の外接円の半径 R と，$\triangle APH$ の面積 S を求めよ。

ヒント！ 空間図形の問題の場合，側面や断面の各パーツに分けて考えていくことが，大事なんだね。しかし，いったん△APH の 3 辺の長さが求まったならば，後は，三角比と平面図形の問題として，今まで通りに公式を使って解いていけばいい。頑張ろう！

解答＆解説

(1)・直角三角形 ABF に三平方の定理を用いると

$$AF^2=AB^2+BF^2$$
$$=2^2+1^2=5$$

$\therefore\ AF=\sqrt{5}$

次に，直角三角形 AFP に三平方の定理を用いると

$$AP^2=AF^2+FP^2=(\sqrt{5})^2+1^2=6$$

$\therefore\ AP=\sqrt{6}$ ……………………(答)

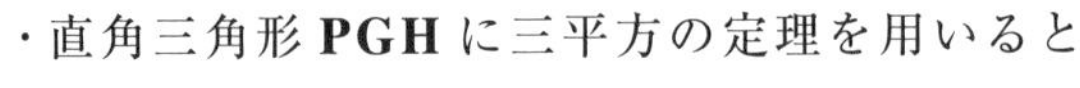

・直角三角形 PGH に三平方の定理を用いると

$$PH^2=PG^2+GH^2=2^2+2^2=8$$

$\therefore\ PH=\sqrt{8}=2\sqrt{2}$ ……………(答)

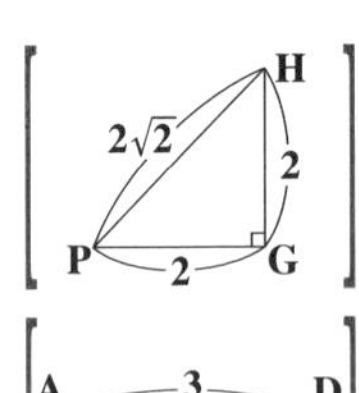

・直角三角形 ADH に三平方の定理を用いると

$$HA^2=AD^2+DH^2=3^2+1^2=10$$

$\therefore\ HA=\sqrt{10}$ ………………(答)

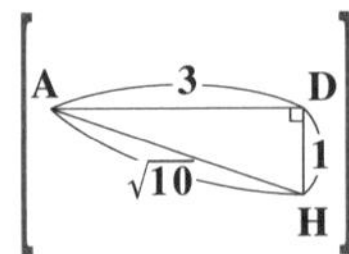

(2) ・ $\angle \mathrm{PAH} = \theta$ とおくと，$\triangle \mathrm{APH}$ に余弦定理を用いて

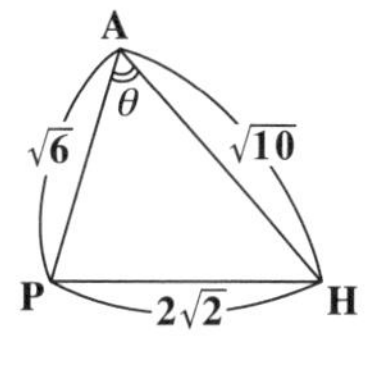

$$\cos\theta = \frac{\mathrm{AP}^2 + \mathrm{AH}^2 - \mathrm{PH}^2}{2 \cdot \mathrm{AP} \cdot \mathrm{AH}} = \frac{(\sqrt{6})^2 + (\sqrt{10})^2 - (2\sqrt{2})^2}{2 \cdot \sqrt{6} \cdot \sqrt{10}}$$

$\sqrt{6} \cdot \sqrt{10} = \sqrt{2} \cdot \sqrt{3} \cdot \sqrt{2} \cdot \sqrt{5} = 2\sqrt{15}$

$$= \frac{6 + 10 - 8}{4\sqrt{15}} = \frac{8}{4\sqrt{15}} = \frac{2}{\sqrt{15}} = \frac{2\sqrt{15}}{15}$$ ……(答)

・ $0° < \theta < 180°$ より，$\sin\theta > 0$

$$\therefore \sin\theta = \sqrt{1 - \cos^2\theta} = \sqrt{1 - \left(\frac{2}{\sqrt{15}}\right)^2} = \sqrt{\frac{15 - 4}{15}} = \sqrt{\frac{11}{15}}$$

$$= \frac{\sqrt{11}}{\sqrt{15}} = \frac{\sqrt{165}}{15}$$ ……(答)

分子・分母に $\sqrt{15}$ をかけて

(3) ・ $\triangle \mathrm{APH}$ の外接円の半径を R とおくと，正弦定理より

$$\frac{\mathrm{PH}}{\sin\theta} = 2R \qquad R = \frac{\mathrm{PH}}{2\sin\theta}$$

$$\therefore R = \frac{2\sqrt{2}}{2 \cdot \frac{\sqrt{11}}{\sqrt{15}}} = \frac{\sqrt{30}}{\sqrt{11}} = \frac{\sqrt{30 \times 11}}{11} = \frac{\sqrt{330}}{11}$$ ……(答)

分子・分母に $\sqrt{11}$ をかけて

・ $\triangle \mathrm{APH}$ の面積を S とおくと

$$S = \frac{1}{2} \cdot \mathrm{AP} \cdot \mathrm{AH} \cdot \sin\theta$$

$$= \frac{1}{2} \cdot \sqrt{6} \cdot \sqrt{10} \cdot \frac{\sqrt{11}}{\sqrt{15}} = \frac{2 \cdot \sqrt{15} \cdot \sqrt{11}}{2 \cdot \sqrt{15}} = \sqrt{11}$$ ……(答)

$\sqrt{6} \cdot \sqrt{10} = \sqrt{2} \cdot \sqrt{3} \cdot \sqrt{2} \cdot \sqrt{5} = 2\sqrt{15}$

このように，空間図形の問題では，側面や断面の１つ１つのパーツを組み合わせて解いていくといいんだね。

初めからトライ！問題 73	三角比と空間図形	CHECK 1	CHECK 2	CHECK 3

右図に示すように，

$OA=OB=AB=BC=CA=4$,

$OC=3$ の四面体 $OABC$ がある。

辺 AB の中点を M とおく。このとき次の問いに答えよ。

(1) $\triangle ABC$ の面積 S を求めよ。

(2) $\angle OMC=\theta$ とおいて，$\cos\theta$ と $\sin\theta$ の値を求めよ。

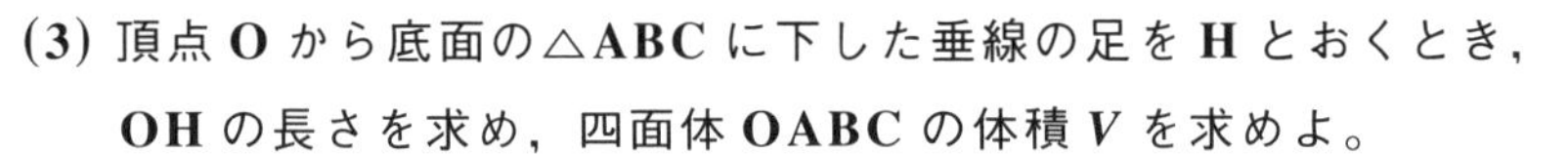

(3) 頂点 O から底面の $\triangle ABC$ に下した垂線の足を H とおくとき，OH の長さを求め，四面体 $OABC$ の体積 V を求めよ。

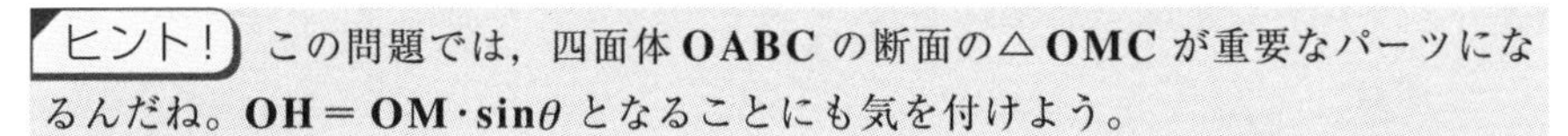

ヒント！ この問題では，四面体 $OABC$ の断面の $\triangle OMC$ が重要なパーツになるんだね。$OH=OM\cdot\sin\theta$ となることにも気を付けよう。

解答＆解説

(1) $\triangle ABC$ は 1 辺の長さ 4 の正三角形より，その面積 S は

$$S=\frac{1}{2}\cdot4\cdot4\cdot\underbrace{\sin60^\circ}_{\frac{\sqrt{3}}{2}}=8\times\frac{\sqrt{3}}{2}=4\sqrt{3}$$ ....(答)

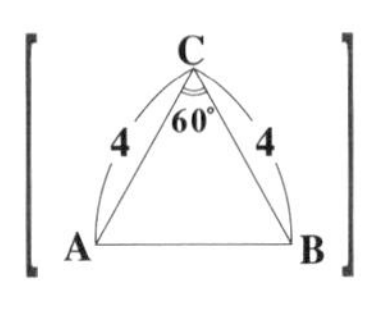

一般に，一辺の長さ a の正三角形の面積 S は，$S=\frac{1}{2}a\cdot a\cdot\sin60^\circ$ より

$S=\frac{\sqrt{3}}{4}a^2$ となる。これは知識として覚えておくといいよ。

(2) 正三角形 OAB の辺 AB の中点が M より右図から $\triangle OAM$ は，辺の比が $2:1:\sqrt{3}$ の直角三角形となる。

$\therefore\ \underbrace{AM}_{2}:OM=1:\sqrt{3}$ より，$OM=2\sqrt{3}$

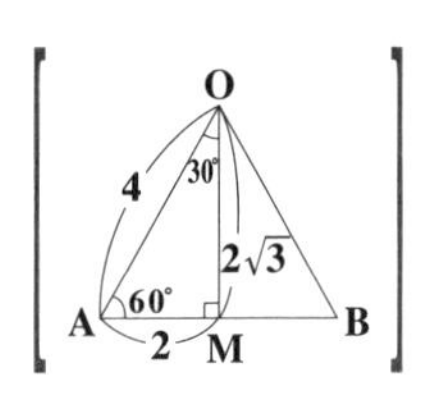

同様に，$CM = 2\sqrt{3}$ となる。

よって，四面体 OABC の断面の△OMC について，$\angle OMC = \theta$ とおくと余弦定理より

$$\cos\theta = \frac{OM^2 + MC^2 - OC^2}{2 \cdot OM \cdot MC}$$

$$= \frac{(2\sqrt{3})^2 + (2\sqrt{3})^2 - 3^2}{2 \cdot 2\sqrt{3} \cdot 2\sqrt{3}}$$

$$= \frac{12 + 12 - 9}{24}$$

$$= \frac{15}{24} = \frac{5}{8} \quad \cdots\cdots(答)$$

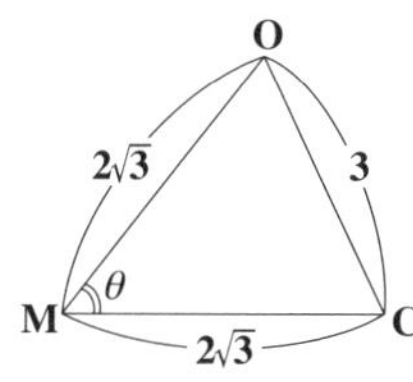

ここで，$0° < \theta < 180°$ より，$\sin\theta > 0$ だから

$$\sin\theta = \sqrt{1 - \cos^2\theta} = \sqrt{1 - \left(\frac{5}{8}\right)^2} = \sqrt{\frac{64 - 25}{64}} = \frac{\sqrt{39}}{8} \quad \cdots\cdots(答)$$

(3) O から底面の△ABC に下した垂線の足 H は，対称性から線分 MC 上に存在する。よって右図の直角三角形 OMH で考えると，

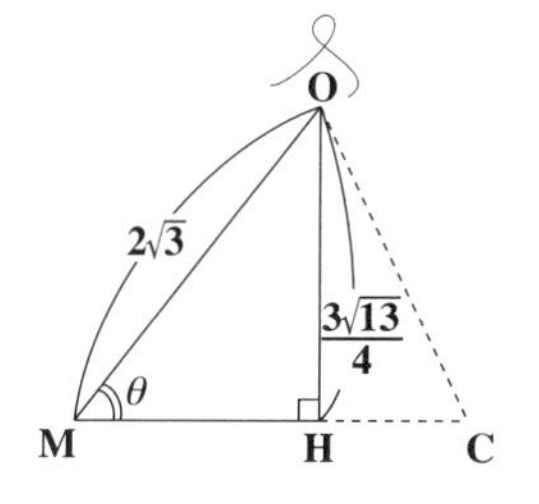

$\frac{OH}{OM} = \sin\theta$ より，

$$OH = \underbrace{OM}_{2\sqrt{3}} \cdot \underbrace{\sin\theta}_{\frac{\sqrt{39}}{8}} = 2\sqrt{3} \times \frac{\overbrace{\sqrt{39}}^{\sqrt{3}\cdot\sqrt{13}}}{8} = \frac{(\sqrt{3})^2 \cdot \sqrt{13}}{4} = \frac{3\sqrt{13}}{4} \quad \cdots\cdots(答)$$

以上より，四面体 OABC の底面積 $S = \triangle ABC = 4\sqrt{3}$，高さ $OH = \frac{3\sqrt{13}}{4}$ より，求める体積 V は

$$V = \frac{1}{3} \cdot S \cdot OH = \frac{1}{3} \cdot 4\sqrt{3} \cdot \frac{3\sqrt{13}}{4} = \sqrt{3 \times 13} = \sqrt{39} \quad \cdots\cdots(答)$$

第4章 ● 図形と計量の公式を復習しよう！

1. 半径 r の半円による三角比の定義

$\cos\theta=\dfrac{x}{r}$,　$\sin\theta=\dfrac{y}{r}$,　$\tan\theta=\dfrac{y}{x}$ $(x\neq 0)$

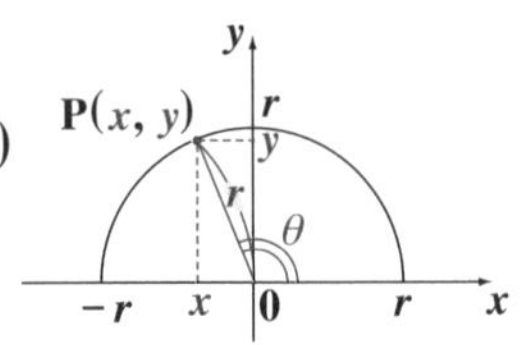

2. 三角比の基本公式

(1) $\cos^2\theta+\sin^2\theta=1$　(2) $\tan\theta=\dfrac{\sin\theta}{\cos\theta}$　(3) $1+\tan^2\theta=\dfrac{1}{\cos^2\theta}$

3. 正弦定理

$$\frac{a}{\sin \mathrm{A}}=\frac{b}{\sin \mathrm{B}}=\frac{c}{\sin \mathrm{C}}=2R$$

(R：△ABC の外接円の半径)

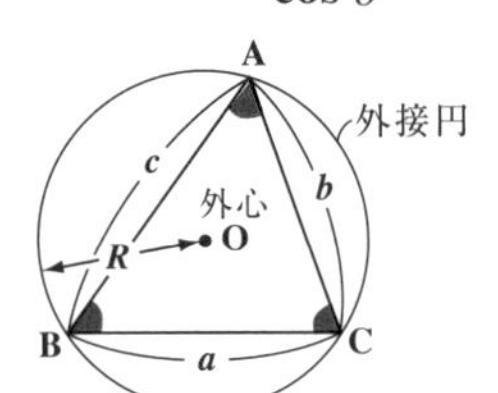

4. 余弦定理

(ⅰ) $a^2=b^2+c^2-2bc\cos \mathrm{A}$

(ⅱ) $b^2=c^2+a^2-2ca\cos \mathrm{B}$

(ⅲ) $c^2=a^2+b^2-2ab\cos \mathrm{C}$

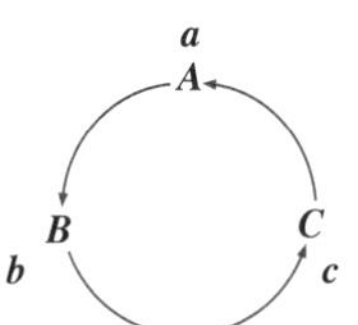

5. 三角形の面積 S

$$S=\frac{1}{2}ab\sin \mathrm{C}=\frac{1}{2}bc\sin \mathrm{A}=\frac{1}{2}ca\sin \mathrm{B}$$

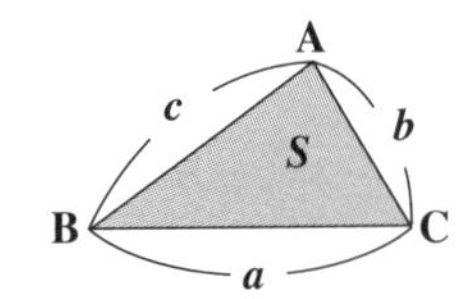

6. 三角形の内接円の半径 r

$S=\dfrac{1}{2}(a+b+c)r$　(S：△ABC の面積)

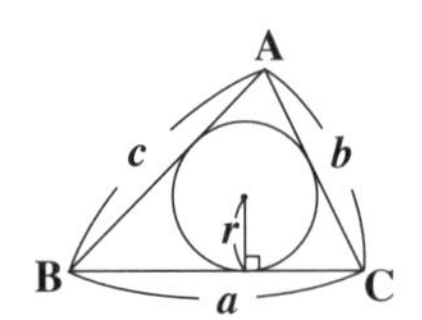

7. 円すいや角すいの体積 V

$V=\dfrac{1}{3}S\cdot h$　(S：底面積, h：高さ)

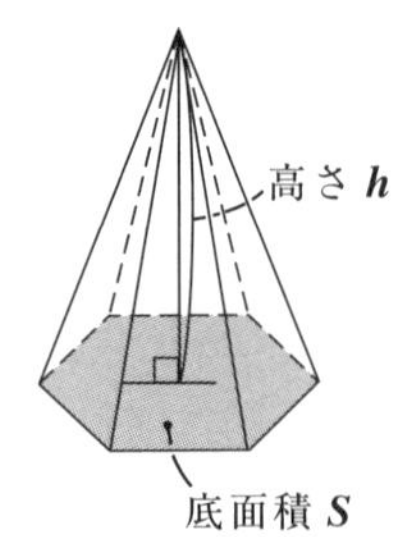

第 5 章
CHAPTER

5 データの分析

▶ データの整理と分析

▶ 2 変数データの相関

"データの分析" を初めから解こう！ 公式＆解法パターン

1. データを整理・分析しよう。

与えられた数値データを，各階級に分類して，各階級に入るデータの個数（度数）を求め，**度数分布表**を作って，それをグラフ（**ヒストグラム**）で表したりするんだね。下に，ある得点データ X の度数分布表とヒストグラムの例を示そう。

表 1　度数分布表

得点 X	階級値	度数	相対度数
$30 \leqq X < 40$	35	1	0.1
$40 \leqq X < 50$	45	1	0.1
$50 \leqq X < 60$	55	1	0.1
$60 \leqq X < 70$	65	3	0.3
$70 \leqq X < 80$	75	2	0.2
$80 \leqq X < 90$	85	1	0.1
$90 \leqq X \leqq 100$	95	1	0.1
総計		10	1

図 1　ヒストグラム

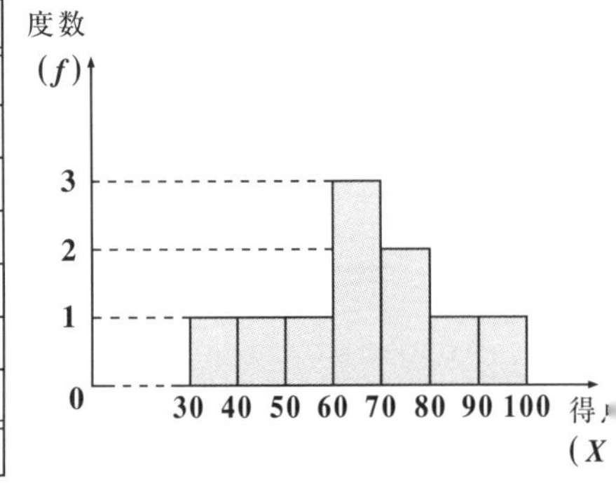

ここで，**階級値**とは，各階級の真ん中の値のことで，また各階級の相対度数とは
$(\text{各階級の相対度数}) = \dfrac{(\text{各階級の度数})}{(\text{度数の総計})}$　で計算されるもののことだ。

2. データ分布の代表値を押さえよう。

データ分布の代表値として，(1) 平均値 $\overline{X}$（または m），(2) メジアン（中央値）m_e，(3) モード（最頻値）m_o の 3 つがあるんだね。

(1) n 個のデータ $x_1, x_2, x_3, \cdots, x_n$ の**平均値** $\overline{X}$ $(= m)$ は，次式で求める。

$$\overline{X} = m = \frac{x_1 + x_2 + x_3 + \cdots + x_n}{n}$$

(2) メジアン (中央値) の求め方は次の通りだ。

(ⅰ) $2n+1$ 個 (奇数) 個のデータを小さい順に並べたもの：

$x_1,\ x_2,\ \cdots,\ x_n,\ x_{n+1},\ x_{n+2},\ x_{n+3},\ \cdots,\ x_{2n+1}$ のメジアンは，x_{n+1} となる。

(ⅱ) $2n$ 個 (偶数) 個のデータを小さい順に並べたもの：

$x_1,\ x_2,\ \cdots,\ x_{n-1},\ x_n,\ x_{n+1},\ x_{n+2},\ \cdots,\ x_{2n}$ のメジアンは，$\dfrac{x_n+x_{n+1}}{2}$ となる。

(3) モード (最頻値) とは，度数が最も大きい階級の階級値のことだ。

(図 1 のヒストグラムの例では，モードは 65 となるんだね。)

3. 箱ひげ図の作成法にも慣れよう。

与えられたデータの**最小値**，**第 1 四分位数** (**25%点**)，**第 2 四分位数** (**中央値**)，**第 3 四分位数** (**75%点**)，および**最大値**を用いて，箱ひげ図を作成することができる。データ数 $n=10$ のある得点データ X の箱ひげ図の例を下に示す。

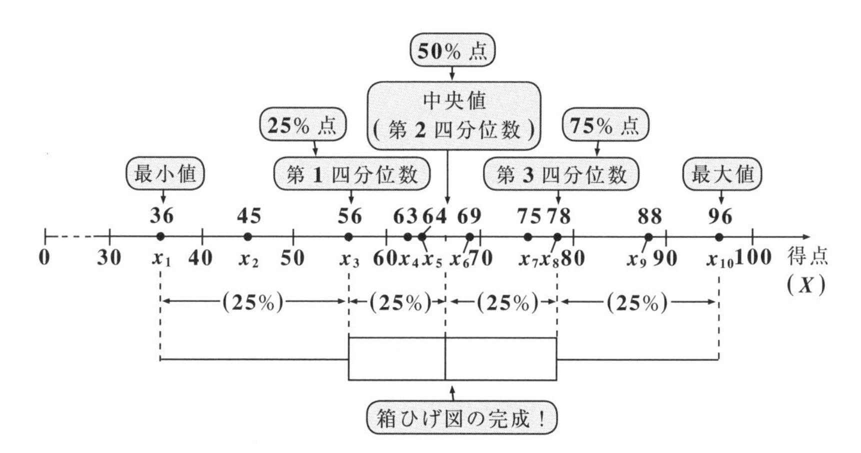

データの個数 $n=8,\ 9,\ 11$ などの場合の箱ひげ図の作成の仕方は，初めからトライ！問題で，具体的に練習しよう。

4. 分布の散らばり度は，分散と標準偏差でチェックしよう。

n 個の数値データ x_1，x_2，…，x_n の散らばり具合を示す指標として分散 S^2 と標準偏差 S は次の式で求められる。

(i) **分散** $S^2 = \dfrac{(x_1 - m)^2 + (x_2 - m)^2 + \cdots + (x_n - m)^2}{n}$

(ii) **標準偏差** $S = \sqrt{S^2}$

(ただし，m は平均値，すなわち $m = \dfrac{x_1 + x_2 + \cdots + x_n}{n}$ である。)

分散 S^2 は，計算式 $S^2 = \dfrac{1}{n}(x_1{}^2 + x_2{}^2 + \cdots + x_n{}^2) - m^2$ で求めてもいいよ。

5. 2 変数データでは，まず散布図を描こう。

(x_1, y_1)，(x_2, y_2)，…，(x_n, y_n) のように，2 変数が対(つい)になった n 組のデータについては，図 2 に示すような**散布図**(さんぷず)を描いて，2 つの変数 X と Y の関係を調べる。そして，

(i) 一方が増加すると他方も増加する傾向があるとき，X と Y の間に**正の相関**(そうかん)があるといい，

(ii) 一方が増加すると他方が減少する傾向があるとき，X と Y の間に**負の相関**があるという。

図 2　2 変数データの散布図

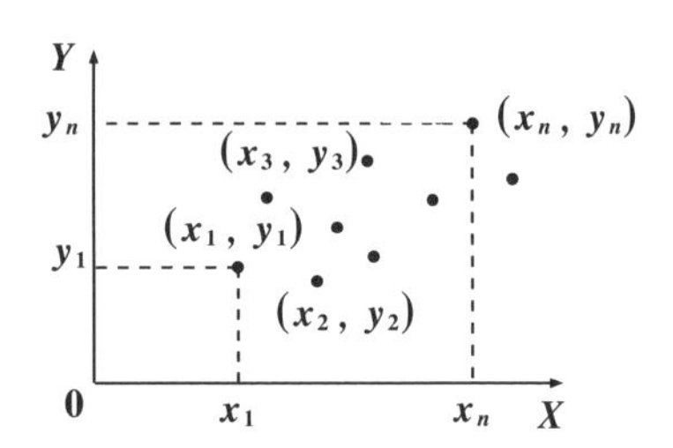

(i) 正の相関があるとき

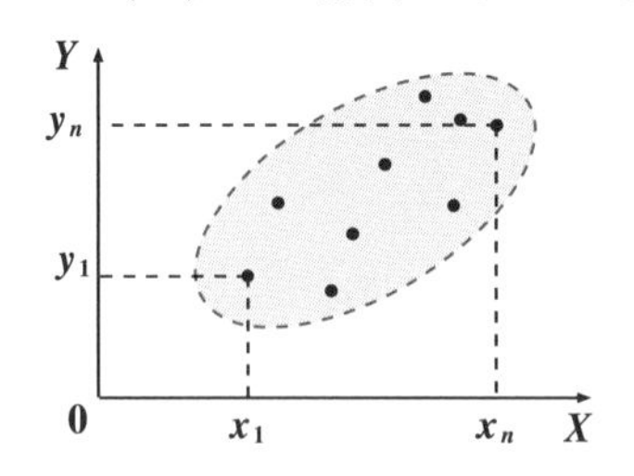

(ii) 負の相関があるとき

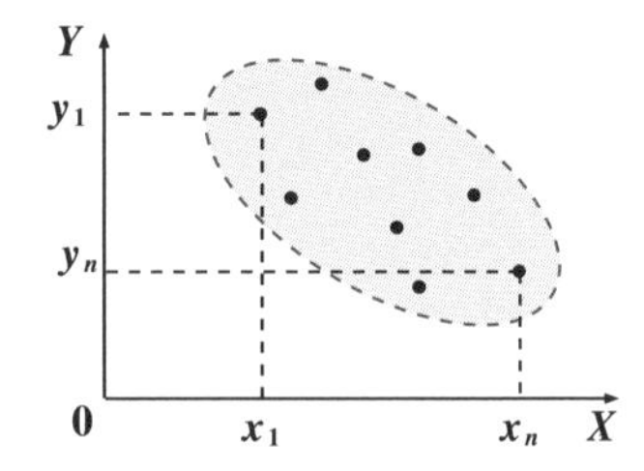

6. 2変数データでは，共分散と相関係数を求めよう。

2変数データ (x_1, y_1)，(x_2, y_2)，…，(x_n, y_n) について，変数 $X = x_1, x_2, \cdots, x_n$ と変数 $Y = y_1, y_2, \cdots, y_n$ の分散と標準偏差は，それぞれ次のように求められる。

・X の**分散** $S_X{}^2 = \frac{1}{n}\{(x_1 - m_X)^2 + (x_2 - m_X)^2 + \cdots + (x_n - m_X)^2\}$
・X の**標準偏差** $S_X = \sqrt{S_X{}^2}$　　（ただし，m_X は X の平均値）

・Y の**分散** $S_Y{}^2 = \frac{1}{n}\{(y_1 - m_Y)^2 + (y_2 - m_Y)^2 + \cdots + (y_n - m_Y)^2\}$
・Y の**標準偏差** $S_Y = \sqrt{S_Y{}^2}$　　（ただし，m_Y は Y の平均値）

(1) これに対して，X と Y の**共分散**（きょうぶんさん）S_{XY} は次式で求められる。

共分散 $S_{XY} = \frac{1}{n}\{(x_1 - m_X)(y_1 - m_Y) + (x_2 - m_X)(y_2 - m_Y) + \cdots + (x_n - m_X)(y_n - m_Y)\}$

(2) さらに，X と Y の**相関係数**（そうかんけいすう）r_{XY} は，共分散 S_{XY} と X と Y それぞれの標準偏差 S_X と S_Y を用いて，次式で求めるんだね。

相関係数 $r_{XY} = \frac{S_{XY}}{S_X \cdot S_Y}$

この相関係数 r_{XY} は，$-1 \leqq r_{XY} \leqq 1$ の範囲の値を取り，(ⅰ)r_{XY} が -1 に近い程，負の相関が強く，(ⅱ)r_{XY} が 1 に近い程，正の相関が強い。この相関係数 r_{XY} の値と散布図の関係を図3に示しておくね。

図3　相関係数 r_{XY} の値と散布図との関係

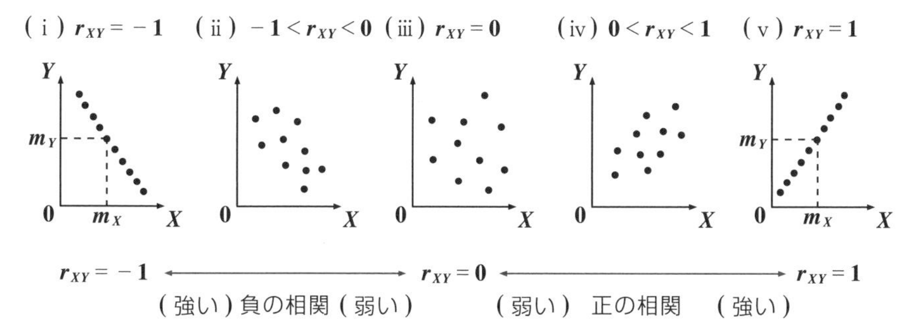

初めからトライ！問題 74	データの分析	CHECK 1	CHECK 2	CHECK 3

8 人の生徒の体重の測定データ（単位：kg）を下に小さい順に示す。

46, 52, 56, 57, 60, 62, 63, 68

(1) このデータを $45 \leqq X < 50$, $50 \leqq X < 55$, …, $65 \leqq X < 70$ のように各階級に分類して，度数分布表とヒストグラムを示せ。

(2) このデータの (i) 平均値 m，(ii) メジアン m_e，(iii) モード m_o を求めよ。

ヒント！ (2)(i) 平均値 $m = \frac{1}{8}(x_1 + x_2 + \cdots + x_8)$ で計算し，(ii) メジアン $m_e = \frac{1}{2}(x_4 + x_5)$ で求め，(iii) モード m_o はヒストグラムから求めればよい。

解答＆解説

(1)
$$\begin{array}{c|c|c|cc|cccc|c|} & x_1 & x_2 & x_3 & x_4 & x_5 & x_6 & x_7 & x_8 \\ & 46, & 52, & 56, & 57, & 60, & 62, & 63, & 68 \\ & 45\sim50 & 50\sim55 & 55\sim60 & & & 60\sim65 & & 65\sim70 \end{array}$$

この体重のデータの度数分布表とヒストグラムは次のようになる。…(答)

(i) 度数分布表

体重 X	度数 f
$45 \leqq X < 50$	1
$50 \leqq X < 55$	1
$55 \leqq X < 60$	2
$60 \leqq X < 65$	3
$65 \leqq X < 70$	1

(ii) ヒストグラム

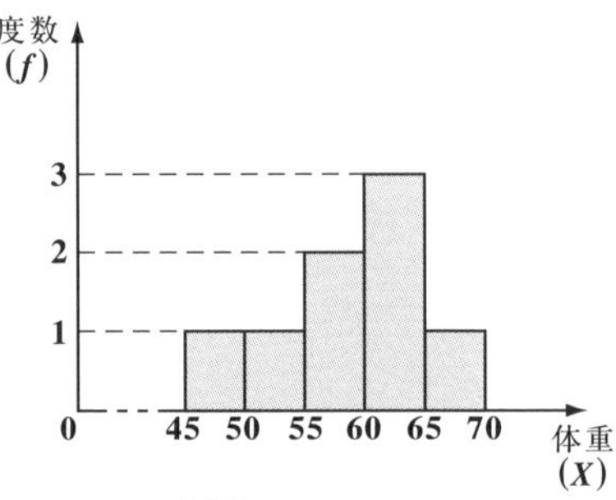

(2) (i) 平均値 $m = \overline{X} = \frac{1}{8}(46 + 52 + \cdots + 68) = \frac{464}{8} = 58$ ……………………(答)

(ii) メジアン $m_e = \frac{1}{2}(x_4 + x_5) = \frac{1}{2}(57 + 60) = 58.5$ ……………………(答)

(iii) モード m_o は，ヒストグラムより，$60 \leqq X < 65$ で度数が最大となるので，この階級値が m_o である。

$\therefore$ モード $m_o = \frac{1}{2}(60 + 65) = 62.5$ ……………………(答)

初めからトライ！問題 75	データの分析	CHECK 1	CHECK 2	CHECK 3

10 人の生徒の数学のテストの得点データを下に小さい順に示す。

47, 55, 59, 65, 68, 69, 76, 79, 87, 95

(1) このデータを $40 \leqq X < 50$, $50 \leqq X < 60$, …, $90 \leqq X \leqq 100$ のように各階級に分類して，度数分布表とヒストグラムを示せ。

(2) このデータの (ⅰ) 平均値 m, (ⅱ) メジアン m_e, (ⅲ) モード m_o を求めよ。

ヒント！ (2)(ⅰ) 平均値は公式通りに，(ⅱ) メジアンは，**68** と **69** の相加平均とし，(ⅲ) モード m_o は，$60 \leqq X < 70$ の階級値になるんだね。

解答＆解説

(1) x_1: 47, | x_2, x_3: 55, 59, | x_4, x_5, x_6: 65, 68, 69, | x_7, x_8: 76, 79, | x_9: 87, | x_{10}: 95

(40〜50)　(50〜60)　(60〜70)　(70〜80)　(80〜90)　(90〜100)

この数学の得点データの度数分布表とヒストグラムは次のようになる。

……(答)

(ⅰ) 度数分布表

得点 X	度数 f
$40 \leqq X < 50$	1
$50 \leqq X < 60$	2
$60 \leqq X < 70$	3
$70 \leqq X < 80$	2
$80 \leqq X < 90$	1
$90 \leqq X \leqq 100$	1

(ⅱ) ヒストグラム

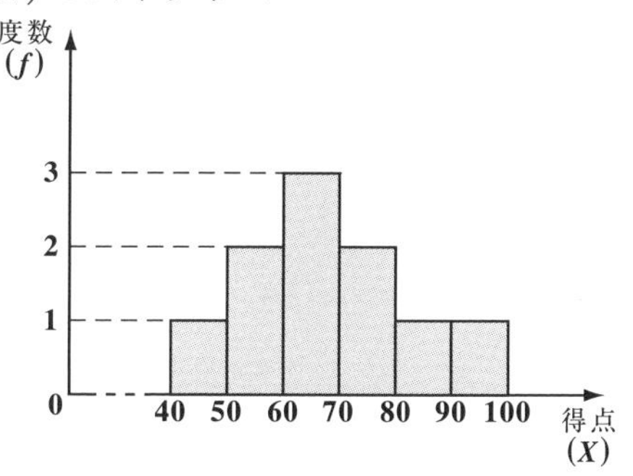

(2) (ⅰ) 平均値 $m = \overline{X} = \dfrac{1}{10}(47+55+59+\cdots+95) = \dfrac{700}{10} = 70$ …………(答)

(ⅱ) メジアン m_e は，このデータを順に x_1, x_2, …, x_{10} とおくと，$\dfrac{1}{2}(x_5+x_6)$ となる。　∴メジアン $m_e = \dfrac{1}{2}(x_5+x_6) = \dfrac{1}{2}(68+69) = 68.5$ ……(答)

(ⅲ) モード m_o は，ヒストグラムより，$60 \leqq X < 70$ で度数が最大となるので，この階級値が m_o である。　∴モード $m_o = 65$ ……………(答)

初めからトライ！問題 76	箱ひげ図	CHECK 1	CHECK 2	CHECK 3

次の各データの最小値，**25**% 点，**50**% 点，**75**% 点，最大値を求めて，箱ひげ図を描け。(ただし，各データは小さい順に並べている。)

(1) $n=8$ 個のデータ

13，18，24，42，48，58，62，77

(2) $n=9$ 個のデータ

2.2，4.5，5.7，7.9，8.3，11.2，13.4，15.2，18.8

(3) $n=10$ 個のデータ

149，153，158，159，163，167，171，174，176，181

(4) $n=11$ 個のデータ

0.8，1.1，1.9，2.3，2.8，3.1，3.5，4.3，5.1，5.8，6.6

ヒント！ 各データの最小値 m，25% 点 x_{25}，50% 点（メジアン）x_{50}，75% 点 x_{75}，最大値 M を求めて，右図のような箱ひげ図を描けばいいんだね。

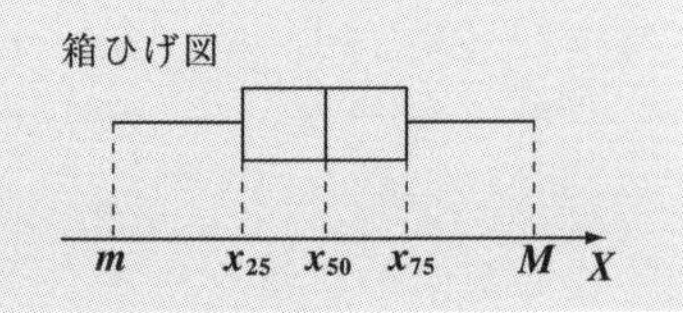

解答＆解説

(1) $n=8$ 個のデータを順に次のようにおく。

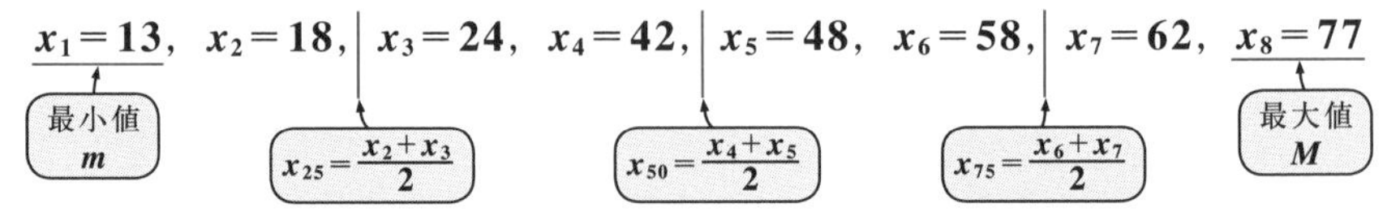

最小値 $m=x_1=13$，25% 点 $x_{25}=\dfrac{x_2+x_3}{2}=\dfrac{18+24}{2}=21$，

50% 点 $x_{50}=\dfrac{x_4+x_5}{2}=\dfrac{42+48}{2}=45$，

75% 点 $x_{75}=\dfrac{x_6+x_7}{2}=\dfrac{58+62}{2}=60$，

最大値 $M=x_8=77$ より，このデータの箱ひげ図は右のようになる。………(答)

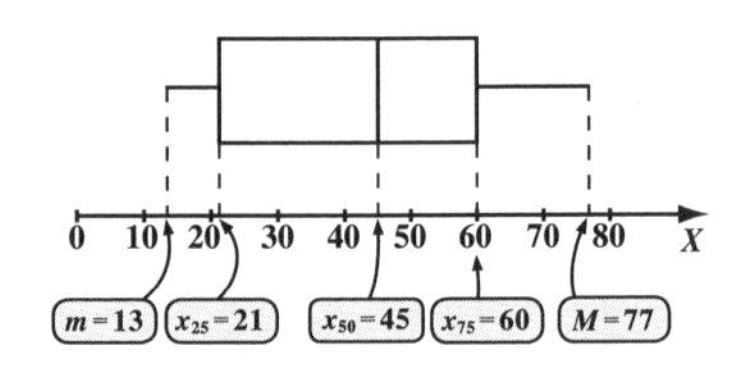

(2) $n=9$ 個のデータを順に次のようにおく。

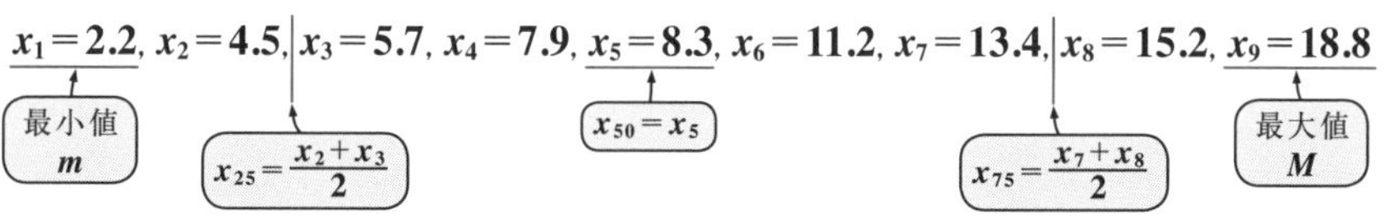

最小値 $m=2.2$，$x_{25}=\dfrac{4.5+5.7}{2}=5.1$，

$x_{50}=8.3$，　$x_{75}=\dfrac{13.4+15.2}{2}=14.3$，

最大値 $M=18.8$ より，このデータの箱ひげ図は右のようになる。………………………(答)

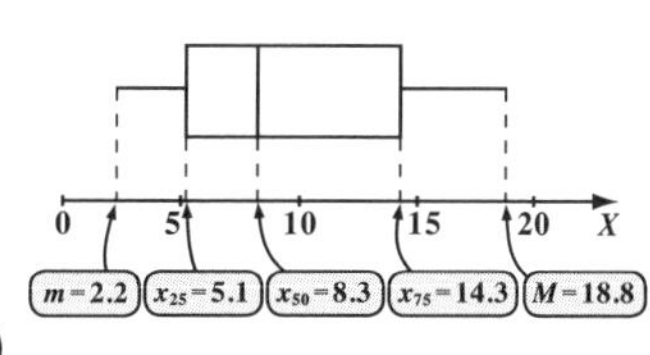

(3) $n=10$ 個のデータを順に次のようにおく。

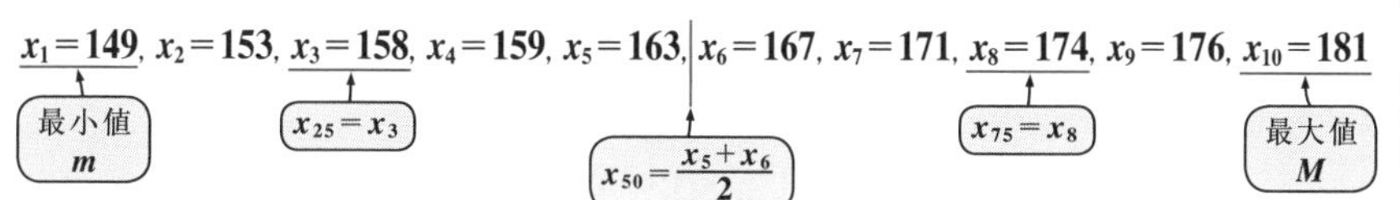

最小値 $m=149$，$x_{25}=158$，

$x_{50}=\dfrac{163+167}{2}=165$，$x_{75}=174$，

最大値 $M=181$ より，このデータの箱ひげ図は右のようになる。………………………(答)

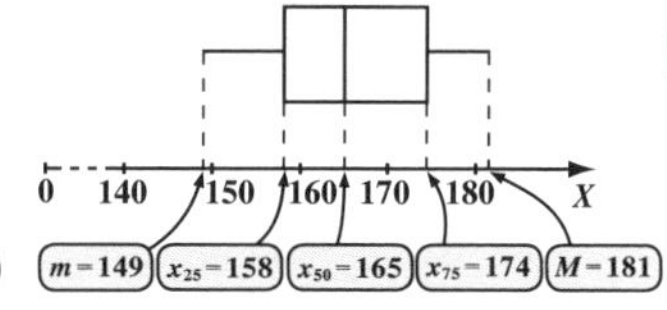

(4) $n=11$ 個のデータを順に次のようにおく。

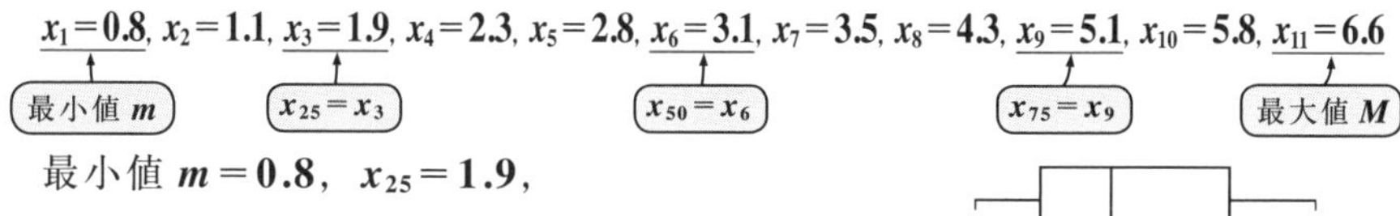

最小値 $m=0.8$，$x_{25}=1.9$，

$x_{50}=3.1$，$x_{75}=5.1$，

最大値 $M=6.6$ より，このデータの箱ひげ図は右のようになる。………………………(答)

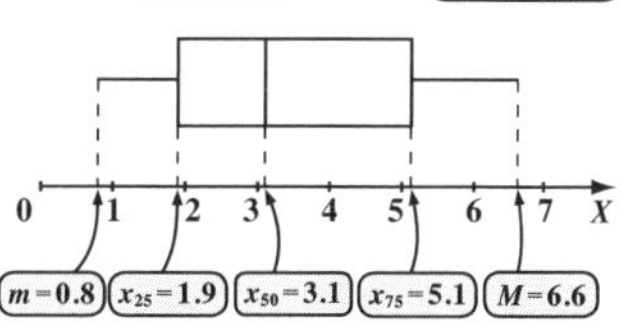

初めからトライ！問題 77	箱ひげ図	CHECK 1	CHECK 2	CHECK 3

小さい順に並べた次の 8 個のデータの箱ひげ図を右に示す。

x_1，51，x_3，57，x_5，67，x_7，x_8

(1) x_1，x_3，x_5，x_7，x_8 の値を求めよ。

(2) このデータの平均値 m を求めよ。

ヒント！ 最小値 $m = x_1 = 30$，$x_{25} = \dfrac{51 + x_3}{2}$，$x_{50} = \dfrac{57 + x_5}{2}$，$x_{75} = \dfrac{67 + x_7}{2}$，最大値 $M = x_8 = 84$ から，x_1，x_3，x_5，x_7，x_8 の値を求めていけばいいんだね。

解答＆解説

(1) x_1，51，| x_3，57，| x_5，67，| x_7，x_8

最小値 m　$x_{25} = \dfrac{51+x_3}{2}$　$x_{50} = \dfrac{57+x_5}{2}$　$x_{75} = \dfrac{67+x_7}{2}$　最大値 M

与えられた 8 個のデータとその箱ひげ図から，

$x_1 = m = 30$ ……………①　　$x_{25} = \dfrac{51 + x_3}{2} = 52$ ………②

$x_{50} = \dfrac{57 + x_5}{2} = 61$ ………③　　$x_{75} = \dfrac{67 + x_7}{2} = 70$ ………④

$x_8 = M = 84$ ……………⑤ となる。

以上①～⑤より，$x_1 = 30$，$x_3 = 53$，$x_5 = 65$，$x_7 = 73$，$x_8 = 84$ ………(答)

②より，$x_3 = 2 \times 52 - 51 = 104 - 51$　③より，$x_5 = 2 \times 61 - 57 = 122 - 57$　④より，$x_7 = 2 \times 70 - 67 = 140 - 67$

(2) 与えられた 8 個のデータ 30, 51, 53, 57, 65, 67, 73, 84 の平均値 m は，

$$m = \frac{1}{8}(30 + 51 + 53 + 57 + 65 + 67 + 73 + 84) = \frac{480}{8} = 60 \text{ ……………(答)}$$

初めからトライ！問題 78	分散と標準偏差	CHECK 1	CHECK 2	CHECK 3

10 点満点の国語の小テストを受けた **6** 人の生徒の得点データを下に示す。

2，3，9，3，5，8

このデータの分散 S^2 と標準偏差 S を求めよ。

ヒント！ $x_1,\ x_2,\ \cdots,\ x_6$ のデータに対して，平均値 $m=\frac{1}{6}(x_1+x_2+\cdots+x_6)$ であり，分散 $S^2=\frac{1}{6}\{(x_1-m)^2+(x_2-m)^2+\cdots+(x_6-m)^2\}$，標準偏差 $S=\sqrt{S^2}$ なんだね。表を使うとキチンと計算できると思う。

解答＆解説

6 個のデータを，$x_1=2$，$x_2=3$，$x_3=9$，$x_4=3$，$x_5=5$，$x_6=8$ とおくと，この平均値 m は，

$$m=\frac{1}{6}(x_1+x_2+\cdots+x_6)=\frac{1}{6}(2+3+9+3+5+8)=\frac{30}{6}=5$$ となる。

よって，このデータの分散 S^2 と標準偏差 S を求めると，

$$S^2=\frac{1}{6}\{(x_1-m)^2+(x_2-m)^2+\cdots+(x_6-m)^2\}$$

$$=\frac{1}{6}\{(2-5)^2+(3-5)^2+(9-5)^2+(3-5)^2+(5-5)^2+(8-5)^2\}$$

$$=\frac{1}{6}(9+4+16+4+9)=\frac{42}{6}=7$$ であり，……………………………(答)

$S=\sqrt{S^2}=\sqrt{7}$ である。……………………………………………(答)

これは，右の表を使って求めてもいい。
これから，
平均値 $m=\frac{30}{6}=5$
分散 $S^2=\frac{42}{6}=7$
と求められるんだね。

データNo	データ x_k	x_k-m	$(x_k-m)^2$
x_1	2	−3	9
x_2	3	−2	4
x_3	9	4	16
x_4	3	−2	4
x_5	5	0	0
x_6	8	3	9
合計	㉚	(0)	㊷

初めからトライ！問題 79	分散と標準偏差	CHECK 1	CHECK 2	CHECK 3

10 点満点の数学の小テストを受けた **8** 人の生徒の得点データを下に示す。

3, 7, 8, 6, 10, 7, 6, 9

このデータの分散 S^2 と標準偏差 S を求めよ。

ヒント！ まず，平均 m を求めて，次に分散 S^2 や標準偏差 S を求めよう。

解答＆解説

8 個のデータを

$x_1=3,\ x_2=7,\ x_3=8,\ x_4=6,\ x_5=10,\ x_6=7,\ x_7=6,\ x_8=9$ とおく。

・右の表を用いて，このデータの平均値 m を求めると，

$$m=\frac{1}{8}(x_1+x_2+\cdots+x_8)$$

$$=\frac{1}{8}(3+7+\cdots+9)$$

$$=\frac{56}{8}=7\ \cdots\cdots\cdots①$$

データ No	データ x_k	偏差 x_k-m	偏差平方 $(x_k-m)^2$
x_1	3	−4	16
x_2	7	0	0
x_3	8	1	1
x_4	6	−1	1
x_5	10	3	9
x_6	7	0	0
x_7	6	−1	1
x_8	9	2	4
合計	56	0	32

平均値 $m=\frac{56}{8}=7$

分散 $S^2=\frac{32}{8}=4$

標準偏差 $S=\sqrt{4}=2$

・よって，分散 S^2 は，

$$S^2=\frac{1}{8}\{(x_1-m)^2+(x_2-m)^2+\cdots+(x_8-m)^2\}$$

$$=\frac{1}{8}\{(-4)^2+0^2+\cdots+2^2\}$$

$$=\frac{32}{8}=4$$

・標準偏差 $S=\sqrt{S^2}=\sqrt{4}=2$

以上より，このデータの分散 $S^2=4$，標準偏差 $S=2$ である。………………(答)

初めからトライ！問題 80　分散の応用　CHECK 1　CHECK 2　CHECK 3

4 つのデータ x, y, 5, 2 がある。このデータの平均値は 3 で，分散は $\frac{3}{2}$ である。このとき，x と y の値を求めよ。ただし，$x<y$ とする。

ヒント！ 平均値 $m=3$ と分散 $S^2=\frac{3}{2}$ から，x と y についての 2 つの方程式が導けるので，これを解いて，x と y の値を求めるんだね。頑張ろう！

解答＆解説

4 つのデータ x, y, 5, 2 について，

(i) この平均値を m とおくと，$m=3$ より

$m=\frac{1}{4}(x+y+5+2)=3$　よって，$x+y+7=12$　←両辺に 4 をかけた

$x+y=5$　$\therefore y=5-x$ ……①　←1 つ目の x と y の方程式

(ii) この分散を S^2 とおくと，$S^2=\frac{3}{2}$ より

$S^2=\frac{1}{4}\{(x-3)^2+(y-3)^2+(5-3)^2+(2-3)^2\}=\frac{3}{2}$　よって，

$(5-3)^2+(2-3)^2 = 2^2+(-1)^2=4+1=5$

$(x-3)^2+(y-3)^2+5=6$　←両辺に 4 をかけた

$\therefore (x-3)^2+(y-3)^2=1$ ……②　←2 つ目の x と y の方程式

$(y-3)^2 = (5-x-3)^2=(2-x)^2=(x-2)^2$（①を代入して）

②に①を代入してまとめると，

$(x-3)^2+(x-2)^2=1$　$x^2-6x+9+x^2-4x+4=1$

$2x^2-10x+12=0$　$x^2-5x+6=0$

たして $-2+(-3)$　かけて $(-2)\times(-3)$

$(x-2)(x-3)=0$　$\therefore x=2$, または 3

①より，$x=2$ のとき，$y=5-2=3$　また，$x=3$ のとき，$y=5-3=2$　←これは，$x>y$ となって不適

ここで，$x<y$ より，$x=2$, $y=3$ ……………………（答）

初めからトライ！問題 81	分散の応用	CHECK 1	CHECK 2	CHECK 3

6つのデータ $x, y, 7, 6, 5, 9$ がある。このデータの平均値は5で，分散は $\frac{23}{3}$ である。x と y の値を求めよ。ただし，$x<y$ とする。

ヒント！ 初めからトライ！問題80と同様の問題だね。頑張ろう！

解答＆解説

6つのデータ $x, y, 7, 6, 5, 9$ について，

(i) この平均値 $m=5$ より

$$m=\frac{1}{6}(x+y+\underbrace{7+6+5+9}_{27})=5$$

よって，$x+y+27=30$ ← 両辺に6をかけた

$x+y=3$　　$\therefore y=3-x$ ……① ← 1つ目の x と y の方程式

(ii) この分散 $S^2=\frac{23}{3}$ より

$$S^2=\frac{1}{6}\{(x-5)^2+(y-5)^2+\underbrace{(7-5)^2+(6-5)^2+(5-5)^2+(9-5)^2}_{2^2+1^2+4^2=4+1+16=21}\}=\frac{23}{3}$$

よって，$(x-5)^2+(y-5)^2+21=46$ ← 両辺に6をかけた

$\therefore (x-5)^2+(y-5)^2=25$ ……② ← 2つ目の x と y の方程式

$(y-5)^2=(3-x-5)^2=(-x-2)^2=(x+2)^2$ （①を代入して）

②に①を代入してまとめると，

$(x-5)^2+(x+2)^2=25$　　$x^2-10x+25+x^2+4x+4=25$

$2x^2-6x+4=0$　　$x^2-3x+2=0$

（たして $-1+(-2)$）（かけて $(-1)\times(-2)$）

$(x-1)(x-2)=0$　　$\therefore x=1, 2$

①より，$x=1$ のとき，$y=3-1=2$　　また，$x=2$ のとき，$y=3-2=1$ ← これは，$x>y$ となって不適

ここで，$x<y$ より，$x=1, y=2$ ……………………(答)

初めからトライ！問題 82　散布図　CHECK 1　CHECK 2　CHECK 3

次のような 5 組の 2 変数データがある。

$(X,\ Y)=(4,\ 2),\ (8,\ 5),\ (6,\ 5),\ (7,\ 4),\ (10,\ 9)$

(1) この 2 変数データの散布図を描き，X と Y の間に正の相関があるか，負の相関があるか調べよ。

(2) X と Y の平均値をそれぞれ m_X，m_Y とおく。m_X と m_Y の値を求めよ。

ヒント！ (1) 5 組の 2 変数データ $(x_1,\ y_1)$，$(x_2,\ y_2)$，…，$(x_5,\ y_5)$ を，XY 座標平面上の点として描けば，それが散布図になるんだね。(2) の X と Y の平均値は，それぞれこれまでと同じ公式で求めればいいよ。

解答＆解説

(1) 5 組の 2 変数データ

$(X,\ Y)=(4,\ 2),\ (8,\ 5),\ (6,\ 5),\ (7,\ 4),\ (10,\ 9)$ について，

その散布図を右に示す。…………(答)

これから，変数 X が増加するにつれて，変数 Y も増加する傾向が読み取れるので，X と Y の間には正の相関があると言える。…………………………(答)

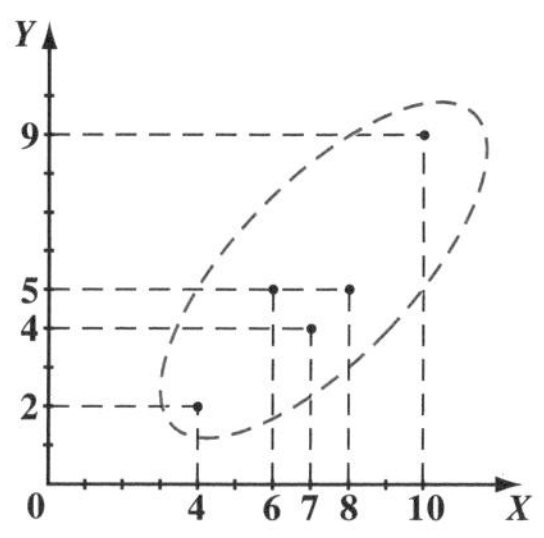

(2) ・変数 $X=\underset{x_1}{4},\ \underset{x_2}{8},\ \underset{x_3}{6},\ \underset{x_4}{7},\ \underset{x_5}{10}$ の平均値 m_X は，

$$m_X=\frac{1}{5}(4+8+6+7+10)=\frac{35}{5}=7 \quad \cdots\cdots(答)$$

・変数 $Y=\underset{y_1}{2},\ \underset{y_2}{5},\ \underset{y_3}{5},\ \underset{y_4}{4},\ \underset{y_5}{9}$ の平均値 m_Y は，

$$m_Y=\frac{1}{5}(2+5+5+4+9)=\frac{25}{5}=5 \quad \cdots\cdots(答)$$

初めからトライ！問題 83	2 変数データ	CHECK 1	CHECK 2	CHECK 3

次のような 5 組の 2 変数データがある。

$(X,\ Y)=(4,\ 2),\ (8,\ 5),\ (6,\ 5),\ (7,\ 4),\ (10,\ 9)$

X と Y の平均値はそれぞれ $m_X=7$，$m_Y=5$ である。このとき，X と Y のそれぞれの標準偏差 S_X と S_Y を求めよ。

ヒント！ 初めからトライ！問題 82 のデータと同じ 2 変数データだね。ここでは，2 つの変数 X と Y を独立した変数と考えて，それぞれの標準偏差 S_X と S_Y を求めよう。

解答＆解説

・変数 $X=4,\ 8,\ 6,\ 7,\ 10$ の平均値 $m_X=7$ より，この分散 ${S_X}^2$ は，右の表より

$${S_X}^2=\frac{1}{5}\{(-3)^2+1^2+\cdots+3^2\}$$
$$=\frac{20}{5}=4 \text{ となる。}$$

∴ X の標準偏差 S_X は，

$$S_X=\sqrt{{S_X}^2}=\sqrt{4}=2 \cdots\cdots\cdots\cdots\cdots(答)$$

データ No	データ x_k	x_k-m_X	$(x_k-m_X)^2$
x_1	4	-3	9
x_2	8	1	1
x_3	6	-1	1
x_4	7	0	0
x_5	10	3	9
合計	(35)	(0)	(20)

平均値 $m_X=\frac{35}{5}=7$

分散 ${S_X}^2=\frac{20}{5}=4$

・変数 $Y=2,\ 5,\ 5,\ 4,\ 9$ の平均値 $m_Y=5$ より，この分散 ${S_Y}^2$ は，右の表より

$${S_Y}^2=\frac{1}{5}\{(-3)^2+0^2+\cdots+4^2\}$$
$$=\frac{26}{5}=5.2 \text{ となる。}$$

∴ Y の標準偏差 S_Y は，

$$S_Y=\sqrt{{S_Y}^2}=\sqrt{\frac{26}{5}}=\frac{\sqrt{130}}{5} \cdots\cdots(答)$$

データ No	データ y_k	y_k-m_Y	$(y_k-m_Y)^2$
y_1	2	-3	9
y_2	5	0	0
y_3	5	0	0
y_4	4	-1	1
y_5	9	4	16
合計	(25)	(0)	(26)

平均値 $m_Y=\frac{25}{5}=5$

分散 ${S_Y}^2=\frac{26}{5}$

初めからトライ！問題 84	共分散と相関係数	CHECK 1	CHECK 2	CHECK 3

次のような 5 組の 2 変数データがある。

$(X, Y)=(4, 2), (8, 5), (6, 5), (7, 4), (10, 9)$

X と Y の共分散 S_{XY} と相関係数 r_{XY} を求めよ。(ただし，X と Y の標準偏差はそれぞれ $S_X=2$，$S_Y=\sqrt{\frac{26}{5}}$ と求まっているものとする。)

ヒント！ 初めからトライ！問題 82 と同じ 2 変数データについて，いよいよ共分散 S_{XY} と相関係数 r_{XY} を求める。表を利用すると，間違いなく求められるよ。

解答＆解説

X と Y の共分散

$$S_{XY}=\frac{1}{5}\{(x_1-m_X)(y_1-m_Y)+(x_2-m_X)(y_2-m_Y)+\cdots+(x_5-m_X)(y_5-m_Y)\}$$

を求めるために次の表を利用する。

表

データ No	データ x_k	偏差 x_k-m_X	偏差平方 $(x_k-m_X)^2$	データ y_k	偏差 y_k-m_Y	偏差平方 $(y_k-m_Y)^2$	$(x_k-m_X)(y_k-m_Y)$
1	4	-3	9	2	-3	9	$9\,(=(-3)\times(-3))$
2	8	1	1	5	0	0	$0\,(=1\times 0)$
3	6	-1	1	5	0	0	$0\,(=(-1)\times 0)$
4	7	0	0	4	-1	1	$0\,(=0\times(-1))$
5	10	3	9	9	4	16	$12\,(=3\times 4)$
合計	35	(0)	20	25	(0)	26	21

標準偏差 $S_X=\sqrt{\frac{20}{5}}=\sqrt{4}=2$　　$S_Y=\sqrt{\frac{26}{5}}=\frac{\sqrt{26}}{\sqrt{5}}$　　共分散 $S_{XY}=\frac{21}{5}$

以上より，

共分散 $S_{XY}=\frac{21}{5}=4.2$ ……………………………(答)

相関係数 $r_{XY}=\frac{S_{XY}}{S_X\cdot S_Y}=\frac{4.2}{2\cdot\sqrt{\frac{26}{5}}}=\frac{\frac{21}{5}}{2\cdot\frac{\sqrt{26}}{\sqrt{5}}}=\frac{21\sqrt{5}}{10\sqrt{26}}$ ← 分子・分母に $\sqrt{26}$ をかけて

$=\frac{21\sqrt{130}}{260}$　$(\fallingdotseq 0.92)$ ……………………………(答)

初めからトライ！問題 85	共分散と相関係数	CHECK 1	CHECK 2	CHECK 3

次のような **6** 組の **2** 変数データがある。

$(X, Y) = (5, 3), (8, 5), (3, 8), (9, 1), (5, 4), (6, 3)$

X と Y の標準偏差 S_X, S_Y, および共分散 S_{XY} と相関係数 r_{XY} を求めよ。

ヒント！ **2** 変数データ (X, Y) の共分散 S_{XY} と相関係数 r_{XY} を求めるには，表を利用しよう。

解答＆解説

6 組の **2** 変数データ

$(X, Y) = (\underset{x_1}{5}, \underset{y_1}{3}), (\underset{x_2}{8}, \underset{y_2}{5}), (\underset{x_3}{3}, \underset{y_3}{8}), (\underset{x_4}{9}, \underset{y_4}{1}), (\underset{x_5}{5}, \underset{y_5}{4}), (\underset{x_6}{6}, \underset{y_6}{3})$ について，

$$\begin{cases} X = x_1, x_2, x_3, x_4, x_5, x_6 = 5, 8, 3, 9, 5, 6 \\ Y = y_1, y_2, y_3, y_4, y_5, y_6 = 3, 5, 8, 1, 4, 3 \end{cases}$$ とおく。

X と Y の平均値をそれぞれ m_X, m_Y とおき，また X と Y の標準偏差を S_X, S_Y とおき，さらに X と Y の共分散を S_{XY} とおいて，これらを次の表から求める。

表

データ No	データ x_k	偏差 $x_k - m_X$	偏差平方 $(x_k - m_X)^2$	データ y_k	偏差 $y_k - m_Y$	偏差平方 $(y_k - m_Y)^2$	$(x_k - m_X)(y_k - m_Y)$
1	5	-1	1	3	-1	1	$1\,(=(-1)\times(-1))$
2	8	2	4	5	1	1	$2\,(=2\times1)$
3	3	-3	9	8	4	16	$-12\,(=(-3)\times4)$
4	9	3	9	1	-3	9	$-9\,(=3\times(-3))$
5	5	-1	1	4	0	0	$0\,(=-1\times0)$
6	6	0	0	3	-1	1	$0\,(=0\times(-1))$
合計	36	(0)	24	24	(0)	28	-18

・$m_X = \dfrac{36}{6} = 6$

・$S_X{}^2 = \dfrac{24}{6} = 4$

・$m_Y = \dfrac{24}{6} = 4$

・$S_Y{}^2 = \dfrac{28}{6} = \dfrac{14}{3}$

・$S_{XY} = \dfrac{-18}{6} = -3$

よって，X の標準偏差 $S_X = \sqrt{S_X{}^2} = \sqrt{4} = 2$ ……………………………(答)

Y の標準偏差 $S_Y = \sqrt{S_Y{}^2} = \sqrt{\dfrac{14}{3}} = \dfrac{\sqrt{42}}{3}$ ……………………………(答)

また，X と Y の共分散 $S_{XY} = -3$ ……………………………(答)

以上より，X と Y の相関係数 r_{XY} は，

$$r_{XY} = \frac{S_{XY}}{S_X \cdot S_Y} = \frac{-3}{2 \cdot \dfrac{\sqrt{14}}{\sqrt{3}}} = -\frac{3\sqrt{3}}{2\sqrt{14}} = -\frac{3\sqrt{3} \times \sqrt{14}}{2 \times 14}$$

分子・分母に $\sqrt{14}$ をかけた

$$= -\frac{3\sqrt{42}}{28} \quad (\fallingdotseq -0.69)$$ ……………………………(答)

この 6 組の 2 変数データの散布図を右に示す。
この図から，X と Y の間には，かなり負の相関があることがわかる。これを，相関係数 $r_{XY} \fallingdotseq -0.69$ が裏付けているんだね。

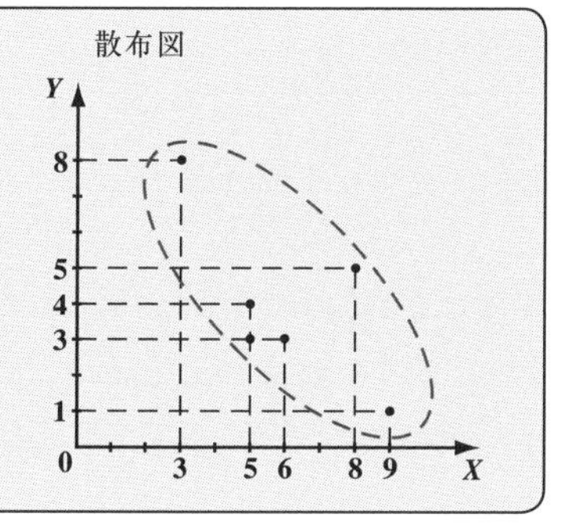

初めからトライ！問題 86	共分散と相関係数	CHECK 1	CHECK 2	CHECK 3

次のような **5** 組の **2** 変数データがある。

$(X, Y)=(8, 5), (4, 3), (6, 4), (2, 2), (10, 6)$

X と Y の標準偏差 S_X, S_Y, および共分散 S_{XY} と相関係数 r_{XY} を求めよ。

ヒント！ 前問と同様に表を使って, S_X, S_Y, S_{XY}, そして r_{XY} を求める。今回は, すべてのデータが, 正の傾きの直線上に並ぶ特殊な場合で, このとき $r_{XY}=1$ となることも調べてみよう。

解答＆解説

5 組の **2** 変数データ

$(X, Y)=(\underset{x_1}{8}, \underset{y_1}{5}), (\underset{x_2}{4}, \underset{y_2}{3}), (\underset{x_3}{6}, \underset{y_3}{4}), (\underset{x_4}{2}, \underset{y_4}{2}), (\underset{x_5}{10}, \underset{y_5}{6})$ について,

$$\begin{cases} X=x_1, x_2, x_3, x_4, x_5=8, 4, 6, 2, 10 \\ Y=y_1, y_2, y_3, y_4, y_5=5, 3, 4, 2, 6 \end{cases}$$ とおく。

X と Y の平均値をそれぞれ m_X, m_Y とおき, また X と Y の標準偏差を S_X, S_Y とおき, さらに X と Y の共分散を S_{XY} とおいて, これらを次の表から求める。

表

データ No	データ x_k	偏差 x_k-m_X	偏差平方 $(x_k-m_X)^2$	データ y_k	偏差 y_k-m_Y	偏差平方 $(y_k-m_Y)^2$	$(x_k-m_X)(y_k-m_Y)$
1	8	2	4	5	1	1	$2(=2\times1)$
2	4	-2	4	3	-1	1	$2(=(-2)\times(-1))$
3	6	0	0	4	0	0	$0(=0\times0)$
4	2	-4	16	2	-2	4	$8(=(-4)\times(-2))$
5	10	4	16	6	2	4	$8(=4\times2)$
合計	30	(0)	40	20	(0)	10	20

・$m_X=\frac{30}{5}=6$

・$S_X{}^2=\frac{40}{5}=8$

・$m_Y=\frac{20}{5}=4$

・$S_Y{}^2=\frac{10}{5}=2$

・$S_{XY}=\frac{20}{5}=4$

よって，X の標準偏差 $S_X=\sqrt{S_X{}^2}=\sqrt{8}=2\sqrt{2}$ ……………………………(答)

　　Y の標準偏差 $S_Y=\sqrt{S_Y{}^2}=\sqrt{2}$ ……………………………(答)

また，X と Y の共分散 $S_{XY}=4$ ……………………………(答)

以上より，X と Y の相関係数 r_{XY} は，

$$r_{XY}=\frac{S_{XY}}{S_X\cdot S_Y}=\frac{4}{2\sqrt{2}\cdot\sqrt{2}}=\frac{4}{4}=1$$ ……………………………(答)

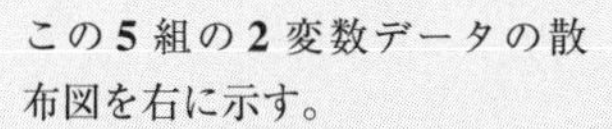

この **5** 組の **2** 変数データの散布図を右に示す。

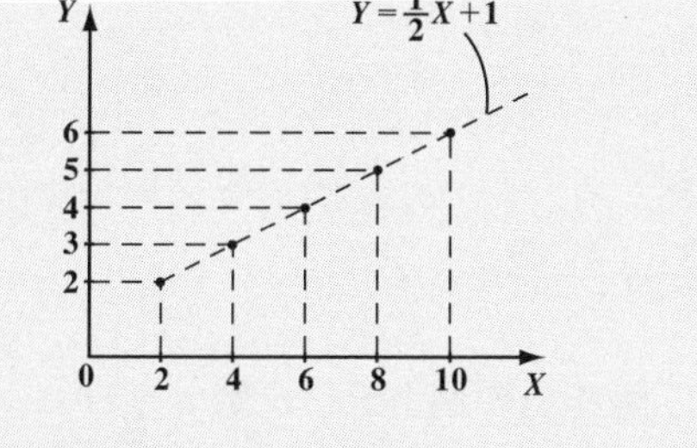

これから，この **5** 組のデータがすべて，直線 $Y=\frac{1}{2}X+1$ 上に存在することが分かる。実は，このように，**2** 変数データがすべて，正の傾きの直線上に存在するとき，相関係数 r_{XY} は，$r_{XY}=1$ となることも覚えておいていいよ。
逆に，**2** 変数データがすべて，負の傾きの直線上に存在するとき，相関係数 r_{XY} は $r_{XY}=-1$ となるんだね。これについては補充問題 **2(P218)** で解説しよう。

第5章● データの分析の公式を復習しよう！

1. n 個のデータ x_1, x_2, x_3, …, x_n の平均値 $\overline{X}$

$$\overline{X} = m = \frac{x_1 + x_2 + x_3 + \cdots + x_n}{n}$$

2. メジアン（中央値）

（i）$2n+1$ 個（奇数）個のデータを小さい順に並べたもの：

x_1, x_2, …, x_n, x_{n+1}, x_{n+2}, x_{n+3}, …, x_{2n+1} のメジアンは，

x_{n+1} となる。

（ii）$2n$ 個（偶数）個のデータを小さい順に並べたもの：

x_1, x_2, …, x_{n-1}, x_n, x_{n+1}, x_{n+2}, …, x_{2n} のメジアンは，

$\dfrac{x_n + x_{n+1}}{2}$ となる。

3. 箱ひげ図作成の例（データ数 $n = 10$）

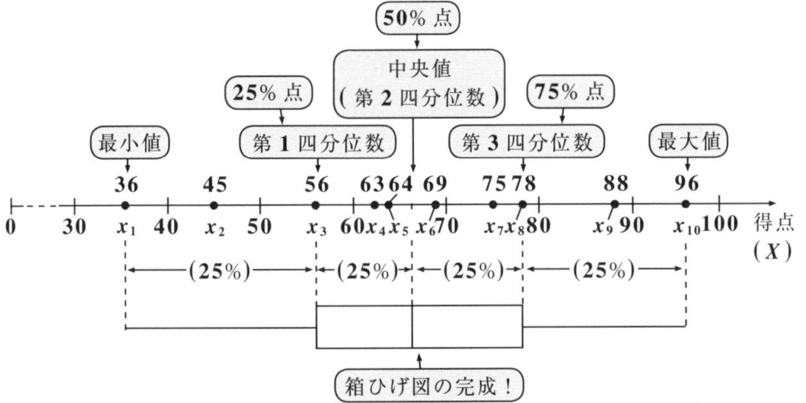

4. 分散 S^2 と標準偏差 S

（i）分散 $S^2 = \dfrac{(x_1 - m)^2 + (x_2 - m)^2 + \cdots + (x_n - m)^2}{n}$

（ii）標準偏差 $S = \sqrt{S^2}$

5. 共分散 S_{XY} と相関係数 r_{XY}

（i）共分散 $S_{XY} = \dfrac{1}{n}\{(x_1 - m_X)(y_1 - m_Y) + (x_2 - m_X)(y_2 - m_Y) + \cdots + (x_n - m_X)(y_n - m_Y)\}$

（ii）相関係数 $r_{XY} = \dfrac{S_{XY}}{S_X \cdot S_Y}$　（m_X：X の平均，　m_Y：Y の平均　S_X：X の標準偏差，S_Y：Y の標準偏差）

第 6 章
CHAPTER

6 場合の数と確率

- 和の法則と積の法則
- さまざまな順列の数
- 組合せの数 $_n\mathrm{C}_r$ とその応用
- 確率の基本
- 独立な試行の確率と反復試行の確率
- 条件付き確率

“場合の数と確率”を初めから解こう！ 公式＆解法パターン

1. 和の法則と積の法則をマスターしよう。

2つの事象 A，B があって，事象 A の起こり方が m 通り，事象 B の起こり方が n 通りあるものとする。

(Ⅰ) 和の法則

2つの事象 A，B は同時には起こらないものとするとき，A または B の起こる場合の数は，$m+n$ 通りである。

(Ⅱ) 積の法則

事象 A，B が共に起こる場合の数は $m\times n$ 通りである。

（“A が起こり，かつ B が起こる”ということ）

2. $n(A\cup B)$ の計算法に慣れよう。

(1) A と B が互いに排反，すなわち $A\cap B=\phi$ のとき，

$$n(A\cup B)=n(A)+n(B)$$

(2) A と B が互いに排反でない，すなわち $A\cap B\neq\phi$ のとき，

$$n(A\cup B)=n(A)+n(B)-n(A\cap B)$$

3. 体系立てた数え上げの仕方は 2 通りある。

(1) 辞書式　　　(2) 樹形図

4. 様々な順列の数をマスターしよう。

(1) $n!=n\times(n-1)\times(n-2)\times\cdots\times3\times2\times1$　（n：自然数）

（これを“n の階乗（かいじょう）”と読む。）

(2) 順列の数 ${}_n\mathrm{P}_r$：n 個の異なるものの中から重複を許さずに r 個を選び出し，それを 1 列に並べる並べ方の総数。

$${}_n\mathrm{P}_r=\frac{n!}{(n-r)!}$$

と計算できる。

(3) 重複順列の数 n^r：n 個の異なるものから重複を許して r 個選び出し，それを 1 列に並べる並べ方の総数。n^r で計算できる。

(4) 同じものを含む順列：n 個のもののうち，p 個，q 個，r 個，…が，それぞれ同じものであるとき，それらを 1 列に並べる並べ方の総数は，$\dfrac{n!}{p!q!r!\cdots}$ 通りである。

(5) 円順列：n 個の異なるものを円形に並べる並べ方の総数は，$(n-1)!$ 通りである。

(ex) a, b, c, d, e の 5 つを円形に並べる並べ方の総数は，
$(5-1)!=4!=4\cdot3\cdot2\cdot1=24$ 通りになる。

5. 組合せの数 ${}_nC_r$ の定義を押さえよう。

組合せの数 ${}_nC_r$：n 個の異なるものの中から重複を許さずに r 個を選び出す選び方の総数。

$${}_nC_r=\frac{n!}{r!(n-r)!}$$ と計算する。←（${}_nC_r=\dfrac{{}_nP_r}{r!}$ の関係がある！）

(ex) (i) a, b, c, d, e の 5 人から，重複を許さずに 3 人のリレー選手を選び出し，第 1，第 2，第 3 走者を決める方法は，

$${}_5P_3=\frac{5!}{(5-3)!}=\frac{5!}{2!}=\frac{5\cdot4\cdot3\cdot\cancel{2\cdot1}}{\cancel{2\cdot1}}=60$$ 通りとなり，

(ii) a, b, c, d, e の 5 人から，重複を許さずに 3 人のリレー選手を選び出す方法は，

$${}_5C_3=\frac{5!}{3!2!}=\frac{5\cdot4\cdot\cancel{3\cdot2\cdot1}}{\cancel{3\cdot2\cdot1}\times2\cdot1}=10$$ 通りとなるんだね。

6. 組合せの数 ${}_nC_r$ の基本公式もマスターしよう。

(1) ${}_nC_0={}_nC_n=1$　　(2) ${}_nC_1=n$

(3) ${}_nC_r={}_nC_{n-r}$　　(4) ${}_nC_r={}_{n-1}C_{r-1}+{}_{n-1}C_r$

(ex) (1) より，${}_5C_0={}_6C_0={}_7C_7=1$　　(2) より，${}_{10}C_1=10$，${}_5C_1=5$

(3) より，${}_{10}C_3={}_{10}C_7$　　(4) より，${}_6C_3={}_5C_2+{}_5C_3$　となる。

7. 確率の基本用語を押さえよう。

試行（しこう）：何度でも同様のことを繰り返すことのできる行為。

事象（じしょう）：試行の結果起こることがら。

根元事象（こんげんじしょう）：事象の中でもこれ以上簡単にならない **1** つ **1** つの基本的な事象のこと。←（集合の要素に当たる。）

8. 確率の定義は，ベン図のイメージで覚えよう。

すべての根元事象が同様に確からしいとき，

事象 A の起こる**確率** $P(A)$ は，

$$P(A)=\frac{n(A)}{n(U)}=\frac{\text{事象 } A \text{ の場合の数}}{\text{全事象 } U \text{ の場合の数}}$$

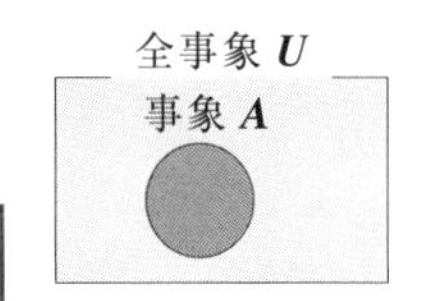

9. 確率の加法定理も，ベン図のイメージで覚えよう。

(i) $A\cap B=\phi$ (A と B が互いに排反) のとき，←（柿の種がない）

$$P(A\cup B) = P(A) + P(B)$$

［ ＝ ペタン ＋ ペタン ］

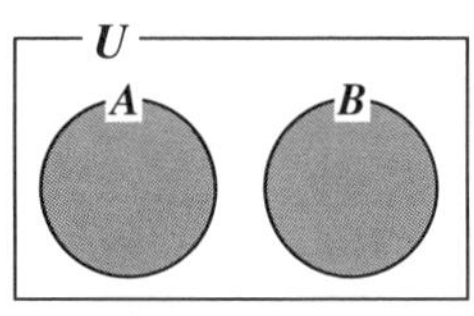

(ii) $A\cap B\neq\phi$ (A と B が互いに排反でない) のとき，

$$P(A\cup B) = P(A) + P(B) - P(A\cap B)$$

［ ＝ ペタン ＋ ペタン − ピロッ！ ］

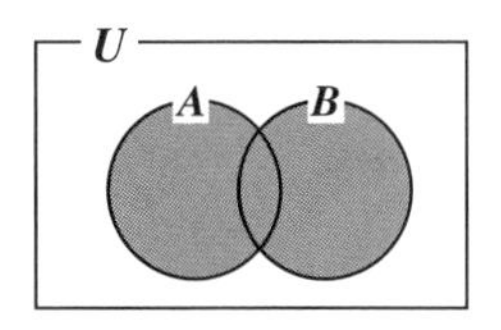

10. $P(A)$ と余事象の確率 $P(\overline{A})$ の関係も大切だ。

(1) $P(A)+P(\overline{A})=1$　　(2) $P(A)=1-P(\overline{A})$

(ex) **3** 回サイコロを投げて少なくとも **1** 回 **1** の目の出ることを事象 A とおいて，この確率 $P(A)$ を求めよう。

余事象 $\overline{A}$ は，「**3** 回中 **1** 回も **1** の目が出ない」ことなので，$P(\overline{A})=\left(\frac{5}{6}\right)^3$ （5：2, 3, 4, 5, 6 の目）

∴求める $P(\overline{A})$ は，

$$P(A)=1-P(\overline{A})=1-\left(\frac{5}{6}\right)^3=\frac{216-125}{216}=\frac{91}{216}$$ だね。

11. 独立な試行の確率はかけ算で求める。

互いに独立な試行 T_1, T_2 について，試行 T_1 で事象 A が起こり，かつ試行 T_2 で事象 B が起こる確率は，$P(A)\times P(B)$ である。

12. 反復試行の確率では，${}_n\mathrm{C}_r$ に気を付けよう。

ある試行を 1 回行って，事象 A の起こる確率を p とおくと，事象 A の起こらない確率 q は，$q=1-p$ となる。

この独立な試行を n 回行って，その内 r 回だけ事象 A の起こる確率は，

${}_n\mathrm{C}_r p^r q^{n-r}$ $(r=0,\ 1,\ 2,\ \cdots,\ n)$ である。

この確率を“**反復試行の確率**”という。

(ex) 正しいコインを 5 回投げて，その内 3 回だけ表の出る確率を求めよう。表の出る確率 $p=\dfrac{1}{2}$，裏の出る確率 $q=1-p=1-\dfrac{1}{2}=\dfrac{1}{2}$，

$n=5$，$r=3$ より，

この確率 P は，$P={}_5\mathrm{C}_3p^3q^2=\dfrac{5!}{3!\cdot 2!}\left(\dfrac{1}{2}\right)^3\left(\dfrac{1}{2}\right)^2=\dfrac{5\cdot 4}{2}\cdot\dfrac{1}{2^5}$

$$=\frac{5}{2^4}=\frac{5}{16}$$

13. 条件付き確率 $P_A(B)$ も，ベン図のイメージで覚えよう。

2 つの事象 A，B に対して，事象 A が起こったという条件の下で，事象 B が起こる**条件付き確率** $P_A(B)$ は，次のように定義される。

$$P_A(B)=\frac{P(A\cap B)}{P(A)}$$

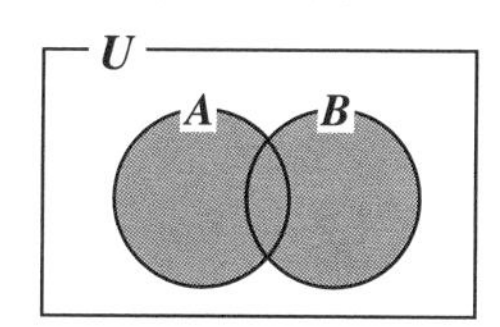

14. 確率の乗法定理は，条件付き確率の公式から導ける。

条件付き確率 $P_A(B)=\dfrac{P(A\cap B)}{P(A)}$ の両辺に $P(A)$ をかけることにより，

次の**確率の乗法定理**が導けるんだね。

$$\underline{P(A\cap B)}=\underline{P(A)}\cdot\underline{P_A(B)}$$

A と B が共に起こる確率　A が起こる確率　A が起こったという条件の下で，B が起こる確率

初めからトライ！問題 87　場合の数　CHECK 1　CHECK 2　CHECK 3

A，B 2つのサイコロを投げて，出た目をそれぞれ a，b とする。

(1) $a+b=8$ となる場合の数を求めよ。

(2) $|a-b|=3$ となる場合の数を求めよ。

ヒント！ (1) $a+b=8$ となるとき，$(a,\ b)=(2,\ 6),\ (3,\ 5),\ \cdots$ のように，また(2) $|a-b|=3$ となるとき，$(a,\ b)=(1,\ 4),\ (2,\ 5),\ \cdots$ のように，体系立てて求めよう。また，$(a,\ b)$ の目の表にして求めるのも有効だよ。

解答＆解説

(1) A，B 2つのサイコロの目 $(a,\ b)$ が

$a+b=8$ となる場合の数は，

$(a,\ b)=(2,\ 6),\ (3,\ 5),\ (4,\ 4)$

$(5,\ 3),\ (6,\ 2)$

の5通りである。……………………(答)

a を2，3，…と順に大きくして体系的に求めている。

$a+b$ の表

b \ a	1	2	3	4	5	6
1	2	3	4	5	6	7
2	3	4	5	6	7	8
3	4	5	6	7	8	9
4	5	6	7	8	9	10
5	6	7	8	9	10	11
6	7	8	9	10	11	12

(2) A，B 2つのサイコロの目 $(a,\ b)$ が

$|a-b|=3$ となる場合の数は，

$(a,\ b)=(1,\ 4),\ (2,\ 5),\ (3,\ 6)$

$(4,\ 1),\ (5,\ 2),\ (6,\ 3)$

の6通りである。……………………(答)

a を1，2，…と順に大きくして体系的に求めている。

$|a-b|$ の表

b \ a	1	2	3	4	5	6
1	0	1	2	3	4	5
2	1	0	1	2	3	4
3	2	1	0	1	2	3
4	3	2	1	0	1	2
5	4	3	2	1	0	1
6	5	4	3	2	1	0

初めからトライ！問題 88　場合の数　CHECK 1　CHECK 2　CHECK 3

A, B, C 3つのサイコロを同時に投げて，出た目の数をそれぞれ a, b, c とする。

(1) $a+b+c$ が奇数となる場合の数を求めよ。

(2) $a \times b \times c$ が偶数となる場合の数を求めよ。

ヒント！ a, b, c はいずれもサイコロの目の数なので，これが奇数となるのは，1, 3, 5 の目の 3 通り，偶数となるのも，2, 4, 6 の 3 通りなんだね。(1) は，$a+b+c$ が奇数となる場合を，(奇数)+(奇数)+(奇数), …などのように求める。(2) は，$a \cdot b \cdot c$ が奇数となる場合の数を，全場合の数から引けばいい。つまり，余事象の場合の数を利用するんだね。

解答＆解説

(1) $a+b+c$ が奇数となるのは，

(ⅰ)(奇数)+(奇数)+(奇数)の場合，$3 \times 3 \times 3 = 3^3 = 27$(通り)

(ⅱ)(奇数)+(偶数)+(偶数)の場合，$3 \times 3 \times 3 = 3^3 = 27$(通り)

(ⅲ)(偶数)+(奇数)+(偶数)の場合，$3 \times 3 \times 3 = 3^3 = 27$(通り)

(ⅳ)(偶数)+(偶数)+(奇数)の場合，$3 \times 3 \times 3 = 3^3 = 27$(通り)であり，

(ⅰ)～(ⅳ)は互いに同時に起こることはない。よって，和の法則より，

$a+b+c$ が奇数となる場合の数は，

$27+27+27+27 = 27 \times 4 = 108$ 通りである。 ……………………(答)

(2) 3つの目 (a, b, c) の出方の全場合の数は，

$n(U) = 6 \times 6 \times 6 = 216$ 通りである。

事象 A：「$a \times b \times c$ が偶数となる。」とおくと，これは，

事象 A：「a, b, c のうち少なくとも 1 つは偶数である。」と同じである。

よって，この余事象 $\overline{A}$：「a, b, c がすべて奇数である。」となる。

これから，求める事象 A の場合の数 $n(A)$ は，余事象の場合の数 $n(\overline{A})$ を用いて

$n(A) = n(U) - n(\overline{A}) = 216 - 27 = 189$ 通りである。 ……………(答)

($n(U)$: $6^3 = 216$)　($n(\overline{A})$: a, b, c が 3 つとも奇数より，$3 \times 3 \times 3 = 3^3 = 27$)

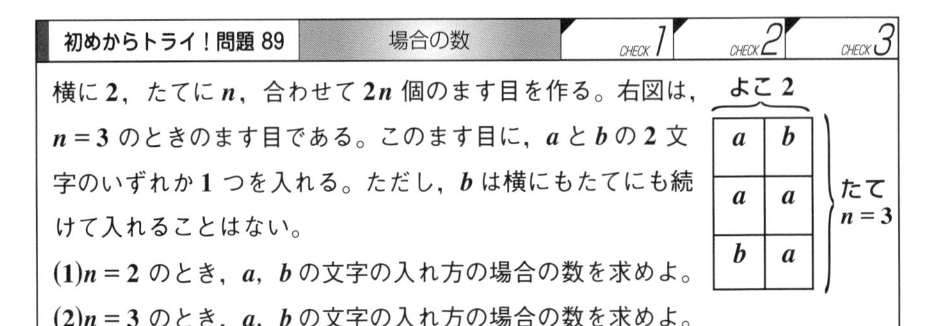

初めからトライ！問題 89　場合の数　CHECK 1　CHECK 2　CHECK 3

横に **2**，たてに n，合わせて $2n$ 個のます目を作る。右図は，$n=3$ のときのます目である。このます目に，a と b の **2** 文字のいずれか **1** つを入れる。ただし，b は横にもたてにも続けて入れることはない。

(1) $n=2$ のとき，a，b の文字の入れ方の場合の数を求めよ。

(2) $n=3$ のとき，a，b の文字の入れ方の場合の数を求めよ。

ヒント！ (1), (2) いずれも，a，b の文字の入れ方を樹形図によって求めれば，間違いなく計算できるんだね。

解答＆解説

(1) $n=2$ のとき，次の樹形図により，a，b の文字の入れ方の総数を求めると，b は横にもたてにも続けて入ることはないので，

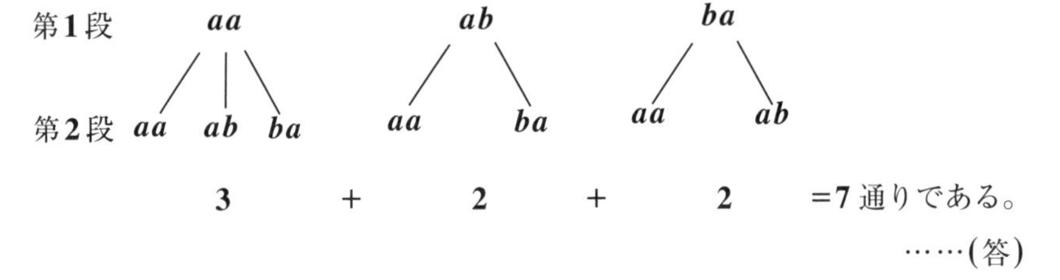

3 ＋ 2 ＋ 2 ＝7 通りである。……(答)

(2) $n=3$ のとき，次の樹形図により，a，b の文字の入れ方の総数を求めると，b は横にもたてにも続けて入ることはないので，

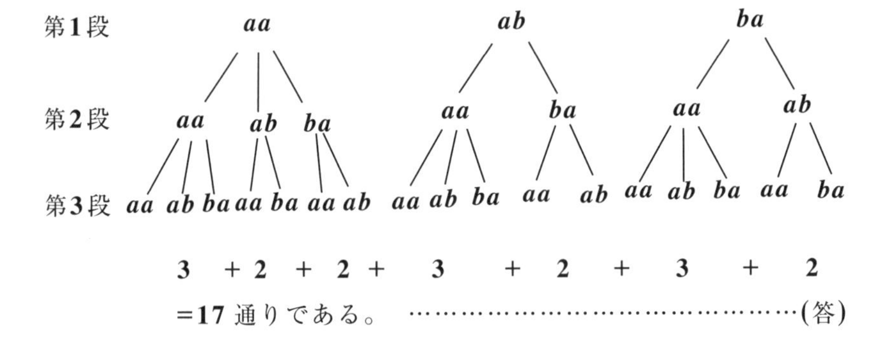

3 ＋ 2 ＋ 2 ＋ 3 ＋ 2 ＋ 3 ＋ 2

＝17 通りである。……………………………………(答)

初めからトライ！問題 90　場合の数　CHECK 1　CHECK 2　CHECK 3

1 から 100 までの番号の書かれた 100 枚のカードの入った箱から無作為に 1 枚のカードを取り出し，そのカードに書かれた番号を X とする。ここで，2 つの事象

$\begin{cases} A：X \text{ は } 5 \text{ の倍数である。} \\ B：X \text{ は } 71 \text{ 以上である。} \end{cases}$

とおく。このとき，次の事象の場合の数を求めよ。

(i) $n(A\cup B)$　　(ii) $n(A\cap\overline{B})$　　(iii) $n(\overline{A}\cap\overline{B})$

ヒント！ 本質的に，集合の要素の個数の問題と同じだから，ベン図のイメージで考えるといい。

解答＆解説

$A=\{X\,|\,X=5k，k=1，2，\cdots，20\}$ より，$n(A)=20$

$B=\{X\,|\,X$は，$71\leqq X\leqq 100$ をみたす整数$\}$ より，$n(B)=30$

> 3 から 8 までの整数の数は，3，4，5，6，7，8 の 6 個だね。これは，$8-3+1=6$ として計算できる。よって，71 から 100 までの整数の個数は，$100-71+1=30$ となる。
> （3：初めの数，8：最後の数，8：最後の数，3：初めの数）
> （71：初めの数，100：最後の数，100：最後の数，71：初めの数）

$A\cap B=\{75，80，85，90，95，100\}$ より，$n(A\cap B)=6$

以上より，

(i) $n(A\cup B)=n(A)+n(B)-n(A\cap B)$

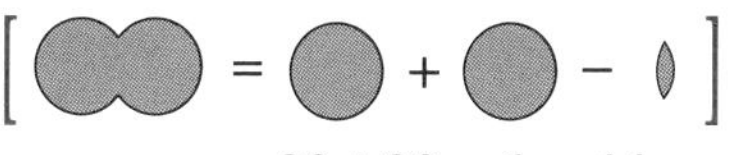

$=20+30-6=44$ ……………………………………(答)

(ii) $n(A\cap\overline{B})=n(A)-n(A\cap B)=20-6=14$ …………………………(答)

(iii) $n(\overline{A}\cap\overline{B})=n(\overline{A\cup B})=n(U)-n(A\cup B)$

（ド・モルガン）

（$n(\overline{X})=n(U)-n(X)$ となるからね。）

$=100-44=56$ ……………………………………(答)

（100：全事象の場合の数 $n(U)$，44：$n(A\cup B)$（(i) の結果より））

初めからトライ！問題 91　場合の数　CHECK 1　CHECK 2　CHECK 3

10円玉，**50**円玉，**100**円玉の **3** 種類のコインを，どれも少なくとも **1** 枚は使うことにして，**500**円にする場合の数を求めよ。

ヒント！ **10** 円玉を x 枚，**50** 円玉を y 枚，**100** 円玉を z 枚使って，**500** 円にするものと考えて，$10x+50y+100z=500$ の式から考えよう。

解答＆解説

10 円玉を x 枚，**50** 円玉を y 枚，**100** 円玉を z 枚使って **500** 円にするものとすると，$10x+50y+100z=500$ となる。この両辺を **10** で割って，

$x+5y+10z=50$ ……①（x, y, z は自然数）となる。

（z：1，2，3，4 の 4 通り）

ここで，$x+5y>0$ より，z は **1**，**2**，**3**，**4** の **4** 通りのみである。

（$z\geqq5$ のとき，$x+5y\leqq0$ となるからね。）

(ⅰ) $z=1$ のとき，①より，$x+5y+10=50$

$x+5y=40$　よって，y は，**1, 2, 3, 4, 5, 6, 7** の **7** 通りしかとり得ない。

（y：1，2，3，4，5，6，7 の 7 通り）

（$y\geqq8$ のとき，$x\leqq0$ となるからね。）

（y 値が決まれば，それに対して x の値は自動的に決まる。）

∴ **7** 通り

(ⅱ) $z=2$ のとき，①より，$x+5y+20=50$

$x+5y=30$　よって，y は，**1**，**2**，**3**，**4**，**5** の **5** 通りのみである。

（y：1，2，3，4，5 の 5 通り ← $y\geqq6$ のとき，$x\leqq0$ となって不適）

(ⅲ) $z=3$ のとき，①より，$x+5y+30=50$

$x+5y=20$　よって，y は，**1**，**2**，**3** の **3** 通りのみである。

（y：1，2，3 の 3 通り ← $y\geqq4$ のとき，$x\leqq0$ となって不適）

(ⅳ) $z=4$ のとき，①より，$x+5y+40=50$

$x+5y=10$　よって，y は，**1** の **1** 通りのみである。

（y：1 の 1 通り ← $y\geqq2$ のとき，$x\leqq0$ となって不適）

以上 (ⅰ)～(ⅳ) より，求める場合の数は，$7+5+3+1=16$ 通りである。

……(答)

初めからトライ！問題 92	場合の数	CHECK 1	CHECK 2	CHECK 3

0，**1**，**2**，**3**，**4**，**5** の **6** つの数の中から異なる **4** つの数を取り出して **4** 桁の整数を作るとき，**4** 桁の偶数は何通りできるか。

ヒント！ 偶数となるためには，一の位の数は，**0**，**2**，**4** のいずれかでなければならない。ここで，**4** 桁の数は，千の位に **0** は入らないので，一の位の数が，(ｉ)**0** のときと，(ii)**2**，**4** のときに場合分けして考える必要があるんだね。

解答＆解説

0，**1**，**2**，**3**，**4**，**5** の **6** つの数から異なる **4** つの数を取り出して，**4** 桁の偶数を作るとき，一の位の数は **0**，または **2**，または **4** のいずれかである。ここで，千の位に **0** は入らないので，一の位の数が (ｉ)**0** のときと，(ii)**2** または **4** のときに場合分けして考える。

(ｉ) 一の位の数が **0** のとき，

千，百，十の位の数は，**1**，**2**，**3**，**4**，**5** の **5** つの数から **3** つを選んで並べ替えたものになる。よって，

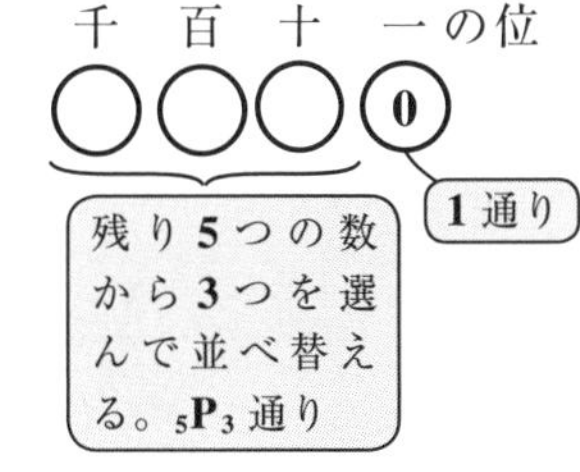

$$ {}_5P_3 \times 1 = \frac{5!}{(5-3)!} = \frac{5 \cdot 4 \cdot 3 \cdot \cancel{2 \cdot 1}}{\cancel{2 \cdot 1}} $$

$$ = 60 \text{ 通り} $$

(ii) 一の位の数が **2** または **4** のとき，

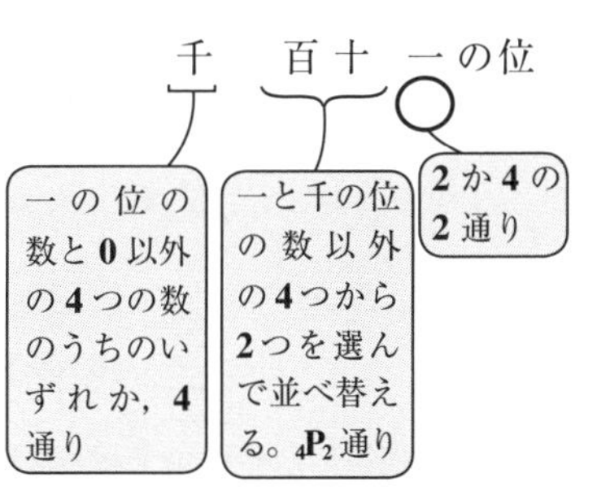

・一の位の数は，**2** または **4** の **2** 通り

・千の位の数は，一の位の数と **0** 以外の **4** つの数のいずれかより，**4** 通り

・百と十の位の数は，残り **4** つの数から **2** つを選んで並べ替えたものになる。よって，${}_4P_2$ 通り

以上より，$2 \times 4 \times {}_4P_2 = 8 \times \frac{4!}{2!} = 8 \times 4 \times 3 = 96$ 通り

以上 (ｉ)(ii) は同時に起こることはないので，和の法則より **4** 桁の偶数は全部で，$60 + 96 = 156$ 通りできる。 ……………………………(答)

初めからトライ！問題 93	順列	CHECK 1	CHECK 2	CHECK 3

大人 **4** 人，子供 **3** 人の計 **7** 人が **1** 列に並ぶとき，次の各場合の並び方の総数を求めよ。

(1) 子供 **3** 人が隣り合う場合

(2) 両端が大人の場合

(3) 両端のうち少なくとも **1** 端に子供がくる場合

ヒント！ **(1)** では，**3** 人の子供を **1** 人分と考えることだね。**(2)** が **(3)** の余事象であることに気付けば，**(3)** はすぐに解けるはずだ。頑張ろう！

解答＆解説

(1)・隣り合う子供 **3** 人を **1** 人とみて，実質 **5** 人の並べ替えになるので，**5**! 通り

・また，隣り合う子供 **3** 人の並び替えで，**3**! 通り

子供 **3** 人の並べ替え **3**! 通り

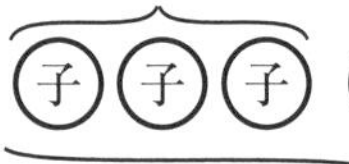

実質 **5** 人の並べ替え **5**! 通り

以上より，

$$5!\times 3! = \underbrace{5\cdot 4\cdot 3\cdot 2\cdot 1}_{120}\times\underbrace{3\cdot 2\cdot 1}_{6} = 720 \text{ 通り}$$ ……………………（答）

(2)・両端にくる大人は，**4** 人中 **2** 人の大人を選んで並べるので，$_4P_2$ 通り

・残り大人と子供 **5** 人の並べ替えで，**5**! 通り

4 人中 2 人の大人を両端に並べる。$_4P_2$ 通り

大 ◯ ◯ ◯ ◯ ◯ 大

残り **5** 人の並べ替え **5**! 通り

以上より，$_4P_2\times \underbrace{5!}_{120} = \dfrac{4!}{(4-2)!}\times 120 = \dfrac{4\cdot 3\cdot \cancel{2\cdot 1}}{\cancel{2\cdot 1}}\times 120 = 1440$ 通り…（答）

(3) 事象 A：「両端のうち少なくとも **1** 端に子供がくる。」

とおくと，この余事象 $\overline{A}$ は

余事象 $\overline{A}$：「両端に大人がくる。」となるので，$n(\overline{A})$ は，**(2)** より

$n(\overline{A}) = 1440$ となる。ここで，大人と子供，**7** 人全員の並べ替えを全事象 U とおくと，$n(U) = 7! = 7\cdot 6\cdot 5\cdot 4\cdot 3\cdot 2\cdot 1 = 5040$ となる。

∴求める場合の数 $n(A)$ は，次のようになる。

$n(A) = n(U) - n(\overline{A}) = 5040 - 1440 = 3600$ 通り ……………………（答）

初めからトライ！問題 94	同じものを含む順列	CHECK 1	CHECK 2	CHECK 3

次のアルファベットの文字の並べ替えの総数を求めよ。

(1)BABA　　**(2)YAMADA**

(3)SASAKI　　**(4)MORIMOTO**

ヒント！ 同じものを含む順列の公式：$\frac{n!}{p!q!\cdots}$ を利用して解けばいいんだね。

解答＆解説

(1) $\underset{\sim}{B}\,\underset{=}{A}\,\underset{\sim}{B}\,\underset{=}{A}$ は，4つの文字の内，2つのBと2つのAが同じものなので，この並べ方の総数は，同じものを含む順列の公式より，

$$\frac{4!}{2!\times2!}=\frac{4\cdot3\cdot\cancel{2\cdot1}}{2\cdot1\times\cancel{2\cdot1}}=\frac{12}{2}=6$$ 通りである。 ……………………………(答)

(2) Y $\underset{\sim}{A}$ M $\underset{\sim}{A}$ D $\underset{\sim}{A}$ は，6つの文字の内，3つのAが同じものなので，この並べ方の総数は，

$$\frac{6!}{3!}=\frac{6\cdot5\cdot4\cdot\cancel{3\cdot2\cdot1}}{\cancel{3\cdot2\cdot1}}=120$$ 通りである。 ……………………………(答)

(3) $\underset{\sim}{S}\,\underset{=}{A}\,\underset{\sim}{S}\,\underset{=}{A}$ K I は，6つの文字の内，2つのSと2つのAが同じものなので，この並べ方の総数は，

$$\frac{6!}{2!\times2!}=\frac{6\cdot5\cdot\cancel{4}\cdot3\cdot2\cdot1}{\cancel{2\cdot1\times2\cdot1}}=180$$ 通りである。 ……………………………(答)

(4) $\underset{=}{M}\,\underset{\sim}{O}$ R I $\underset{=}{M}\,\underset{\sim}{O}$ T $\underset{\sim}{O}$ は，8つの文字の内，2つのMと3つのOが同じものなので，この並べ方の総数は，

$$\frac{8!}{2!\times3!}=\frac{8\cdot7\cdot6\cdot5\cdot4\cdot\cancel{3\cdot2\cdot1}}{2\cdot1\times\cancel{3\cdot2\cdot1}}=3360$$ 通りである。 ……………(答)

読者のみなさんも，自分の名前をアルファベットで表したとき，何通りの並べ替えができるのか，自分で計算してみると面白いかもね (^O^)！

初めからトライ！問題 95	円順列	CHECK 1	CHECK 2	CHECK 3

男子 4 人，女子 4 人の計 8 人が円形に並ぶとき，以下の問いに答えよ。

(1) この円順列の総数は何通りあるか。

(2) 男女が交互に並ぶ並び方は何通りあるか。

(3) 男子が 4 人とも隣り合う並び方は何通りあるか。

ヒント！ いずれも円順列の問題で，(1) は公式通り，$(8-1)!$ 通りだね。(2)，(3) は応用問題だけれど，図を描いて考えるといいね。

解答＆解説

(1) 男女計 8 人の円順列の数は，公式通り

$(8-1)!=7!=7\cdot6\cdot5\cdot4\cdot3\cdot2\cdot1$

$=5040$ 通り ……………………(答)

誰か 1 人を固定

残り 7 人の並べ替え 7! 通り

(2) 右図のように，男女が交互に円形に並ぶ場合，男子 1 人を固定すると，男女の並ぶ位置が決まるので，この並び方の総数は，

・残り 3 人の男子の並び方 3! と

・4 人の女子の並び方 4! との積になる。

$\therefore\ 3!\times4!=6\times24=144$ 通り ………(答)

男子 1 人を固定

残り 3 人の男子の並べ替え 3!
女子 4 人の並べ替え 4!

(3) 右図のように，男子 4 人が隣り合って並ぶとき女子も隣り合って並ぶ。ここで，男子 4 人を 1 固まりとして，固定して考えると，この並び方の総数は，

・固定した男子 4 人の並び方 4! と

・女子 4 人の並び方 4! との積になる。

$\therefore\ 4!\times4!=24\times24=576$ 通り ……(答)

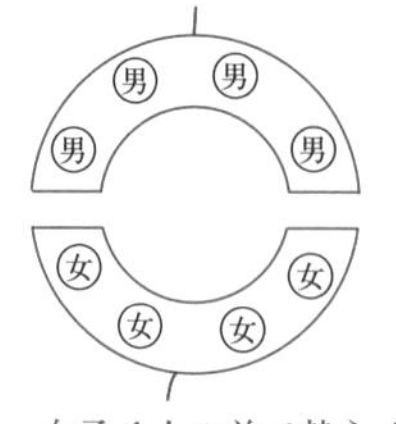

初めからトライ！問題 96	組合せの数	CHECK 1	CHECK 2	CHECK 3

男子 6 人，女子 4 人の計 10 人から 4 人の委員を選ぶ。次の各場合の数を求めよ。

(1) 全ての場合の数

(2) 男女 2 人ずつが選ばれる場合の数

(3) 少なくとも 1 人は女子が選ばれる場合の数

ヒント！ (2) では，男子 6 人から 2 人，女子 4 人から 2 人の委員を選ぶので，$_6C_2$ と $_4C_2$ の積になる。(3) では，「少なくとも 1 人」という言葉がきているので，余事象から攻めよう！

解答＆解説

(1) 男女計 10 人から 4 人の委員を選ぶので，全事象 U の場合の数を $n(U)$ とおくと，

$$n(U) = {}_{10}C_4 = \frac{10!}{4!6!} = \frac{10 \cdot \overset{3}{9} \cdot 8 \cdot 7}{4 \cdot 3 \cdot 2 \cdot 1} = 210 \text{ 通り} \quad \cdots\cdots\cdots(\text{答})$$

(2) 男女 2 人ずつの委員が選ばれる場合の数は

(ⅰ) 男子 6 人から 2 人が選ばれるので，$_6C_2$ と，

(ⅱ) 女子 4 人から 2 人選ばれるので，$_4C_2$ との積になる。

$$\therefore {}_6C_2 \times {}_4C_2 = \frac{6!}{2!4!} \times \frac{4!}{2!2!} = \frac{6 \cdot 5 \cdot 4 \cdot 3}{2 \cdot 1 \times 2 \cdot 1} = 90 \text{ 通り} \quad \cdots\cdots\cdots(\text{答})$$

(3) 事象 A：「少なくとも 1 人の女子が選ばれる。」とおくと，

余事象 $\overline{A}$：「女子が 1 人も選ばれない。」，すなわち

余事象 $\overline{A}$：「選ばれる委員は 4 人とも男子である。」となる。

よって，この余事象 $\overline{A}$ の場合の数 $n(\overline{A})$ は，男子 6 人から 4 人の委員を選ぶので，

$$n(\overline{A}) = {}_6C_4 = \frac{6!}{4!2!} = \frac{6 \cdot 5}{2 \cdot 1} = 15 \text{ 通りである。}$$

よって，求める場合の数 $n(A)$ は，

$$n(A) = \underbrace{n(U)}_{210((1)\text{より})} - \underbrace{n(\overline{A})}_{15} = 210 - 15 = 195 \text{ 通り} \quad \cdots\cdots\cdots(\text{答})$$

初めからトライ！問題 97　最短経路　CHECK 1　CHECK 2　CHECK 3

右図に示すような碁盤目状の道路がある。

(1) A 地点から B 地点に向かう最短経路の総数を求めよ。

(2) A 地点から，P 地点，Q 地点を経由して，B 地点に向かう最短経路の総数を求めよ。

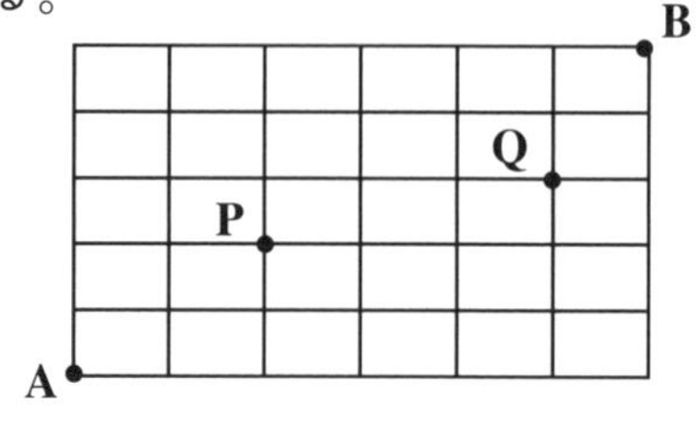

ヒント！ 最短経路の問題は，組合せの数 ${}_nC_r$ を使うんだね。(2) では，(i) A→P，(ii) P→Q，(iii) Q→B の 3 つに分けて考えるといい。頑張ろう！

解答＆解説

(1) A→B の最短経路の総数は，横 6 区間，たて 5 区間の計 11 区間の内，横に行く 6 区間を選ぶ場合の数に等しい。よって，

$$\therefore\ {}_{11}C_6 = \frac{11!}{6!\cdot 5!} = \frac{11\cdot 10\cdot 9\cdot 8\cdot 7}{5\cdot 4\cdot 3\cdot 2\cdot 1} = 462 \text{ 通り}$$ ……………………(答)

(2) A→P→Q→B の最短経路の総数は，(i) A→P，かつ (ii) P→Q，かつ (iii) Q→B の 3 つの経路の数の積になる。← 積の法則

(i) A→P の経路数

$${}_4C_2 = \frac{4!}{2!\cdot 2!} = \frac{4\cdot 3}{2\cdot 1} = 6 \text{ 通り}$$

たて・横計 4 区間の内，横に行く 2 区間を選ぶ場合の数

(ii) P→Q の経路数

$${}_4C_3 = \frac{4!}{3!\cdot 1!} = \frac{4}{1} = 4 \text{ 通り}$$

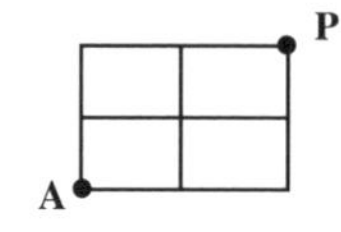

たて・横計 4 区間の内，横に行く 3 区間を選ぶ場合の数

(iii) Q→B の経路数

$${}_3C_1 = \frac{3!}{1!\cdot 2!} = \frac{3}{1} = 3 \text{ 通り}$$

たて・横計 3 区間の内，横に行く 1 区間を選ぶ場合の数

以上 (i)(ii)(iii) より，求める最短経路の総数は，

$6\times 4\times 3 = 72$ 通り ……………………………………………………(答)

初めからトライ！問題 98 組分け CHECK 1 CHECK 2 CHECK 3

(1) 異なる 9 冊の本を，次のように 3 冊ずつ 3 つの組に分ける方法は何通りあるか。

(i) 異なる 3 つの箱 A，B，C に 3 冊ずつ分ける方法

(ii) ただ 3 冊ずつ，3 つに分ける方法

(2) 異なる 10 冊の本を 4 冊，3 冊，3 冊の 3 組に分ける方法は何通りあるか。

ヒント！ (1)，(2) は共に組分け問題だけれど，このとき，“組に区別がある”のか，“組に区別がない”のか，が重要なポイントになるんだね。

解答＆解説

(1)(i) 右図のように，A，B，C3 つの区別のある箱に，3 冊ずつ本を組分けするので，その組分けの方法の総数は，

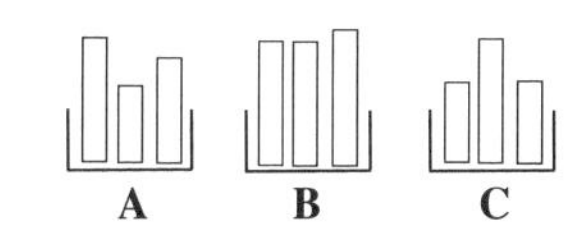

$$ {}_9C_3 \times {}_6C_3 \times {}_3C_3 = \frac{9!}{3! \cdot 6!} \times \frac{6!}{3! \cdot 3!} \times 1 = \frac{9 \cdot 8 \cdot 7 \cdot 6 \cdot 5 \cdot 4}{3 \cdot 2 \cdot 1 \times 3 \cdot 2 \cdot 1} = 1680 \text{ 通り} $$

……(答)

最後の 3 冊を C に入れる。（${}_3C_3 = 1$）

残り 6 冊から 3 冊を選んで B に入れる。

9 冊から 3 冊を選んで A に入れる。

(ii) 9 冊をただ 3 冊ずつの組に分ける場合，この 3 組に区別はないので，(i) の結果を 3! で割ったものが，このときの組分けの方法の総数である。

$$ \therefore \frac{{}_9C_3 \times {}_6C_3 \times {}_3C_3}{3!} = \frac{1680}{6} = 280 \text{ 通り} $$ ……(答)

(2) 異なる 10 冊の本を 4 冊，3 冊，3 冊の 3 つの組に分ける場合，2 つの 3 冊の組に区別がないことに注意して，このときの組分けの仕方の総数は，

$$ \frac{{}_{10}C_4 \times {}_6C_3 \times {}_3C_3}{2!} = \frac{1}{2} \times \frac{10!}{4! \cdot 6!} \times \frac{6!}{3! \cdot 3!} = \frac{1}{2} \cdot \frac{10 \cdot 9 \cdot 8 \cdot 7 \cdot 6 \cdot 5}{3 \cdot 2 \cdot 1 \times 3 \cdot 2 \cdot 1} $$

$$ = 2100 \text{ 通り} $$ ……(答)

初めからトライ！問題 99　確率計算　CHECK 1　CHECK 2　CHECK 3

それぞれ **1** から **10** までの数字の書かれた **10** 枚のカードがある。この **10** 枚のカードから **2** 枚を無作為に取り出したとき，この **2** 枚のカードに書かれている数の和が **5** の倍数となる確率を求めよ。

ヒント！ 取り出した **2** 枚のカードに書かれている数字の和は $3(=1+2)$ 以上，$19(=9+10)$ 以下なので，この和が **5** の倍数となるのは，**5** または **10** または **15** の **3** 通りが考えられるんだね。

解答＆解説

10枚の異なるカードから**2**枚を無作為に取り出すので，この全事象の場合の数$n(U)$は，$n(U)={}_{10}C_2=\dfrac{10!}{2!\cdot 8!}=\dfrac{10\cdot 9}{2}=45$通り ……①

である。ここで事象Aを次のようにおく。

事象A：「取り出された**2**枚のカードに書かれている数字の和が**5**の倍数である。」

この**2**枚のカードの数字の和が**5**の倍数となるのは，**5**，または**10**，または**15**のみなので，それぞれの場合の数を求めると，

(i) **2**枚のカードの数字の和が**5**のとき，

$(1,\ 4),\ (2,\ 3)$の**2**通り

(ii) **2**枚のカードの数字の和が**10**のとき，

$(1,\ 9),\ (2,\ 8),\ (3,\ 7),\ (4,\ 6)$の**4**通り

(iii) **2**枚のカードの数字の和が**15**のとき，

$(5,\ 10),\ (6,\ 9),\ (7,\ 8)$の**3**通り

以上(i)(ii)(iii)より，事象Aの場合の数$n(A)$は，

$n(A)=2+4+3=9$ 通り ……② である。

よって事象Aの起こる確率$P(A)$は，すべての根元事象は同様に確からしいので，①，②より

$P(A)=\dfrac{n(A)}{n(U)}=\dfrac{9}{45}=\dfrac{1}{5}$ である。……………………………………(答)

初めからトライ！問題 100	確率の加法定理	CHECK 1	CHECK 2	CHECK 3

同形の赤球 **7** 個と白球 **5** 個の入った袋から，無作為に同時に **3** 個の球を取り出すとき，この取り出した **3** 個の球が同色である確率を求めよ。

ヒント！ 取り出した **3** 個の球が同色であるということは，(i)**3** 個とも赤球であるか，(ii)**3** 個とも白球であるか，の **2** つの事象に分けられるんだね。

解答＆解説

赤球 **7** 個，白球 **5** 個の計 **12** 個から **3** 個を取り出す場合の数が，全事象 U の場合の数 $n(U)$ となるので，

$$n(U) = {}_{12}C_3 = \frac{12!}{3! \cdot 9!} = \frac{\overset{2}{\cancel{12}} \cdot 11 \cdot 10}{\cancel{3 \cdot 2 \cdot 1}} = 220 \text{ 通り} \quad \cdots\cdots①$$

取り出された **3** 個の球が同色であるということは，次の **2** つの事象 A, B に分けることができる。

事象 A：**3** 個とも赤球である。
事象 B：**3** 個とも白球である。

そして，$A \cap B = \phi$ (空事象)，すなわち A と B は互いに排反である。

「**3** 個とも赤球であり，かつ **3** 個とも白球である」なんてあり得ないからね。

ここで，事象 A, B の場合の数をそれぞれ $n(A)$，$n(B)$ とおくと，

$$n(A) = {}_7C_3 = \frac{7!}{3! \cdot 4!} = \frac{7 \cdot \cancel{6} \cdot 5}{\cancel{3 \cdot 2 \cdot 1}} = 35 \text{ 通り} \cdots②$$

（**7** 個の赤球から，**3** 個の赤球を選び出す場合の数）

$$n(B) = {}_5C_3 = \frac{5!}{3! \cdot 2!} = \frac{5 \cdot 4}{2 \cdot 1} = 10 \text{ 通り} \quad \cdots\cdots③$$

（**5** 個の白球から，**3** 個の白球を選び出す場合の数）

以上①，②，③より，求める確率 $P(A \cup B)$ は，$A \cap B = \phi$ より

$$P(A \cup B) = P(A) + P(B)$$

（$A \cap B = \phi$ (A と B は排反) より，これから $P(A \cap B)$ を引く必要はない。）

$$= \frac{n(A)}{n(U)} + \frac{n(B)}{n(U)}$$

$$= \frac{35}{220} + \frac{10}{220} = \frac{45}{220} = \frac{9}{44}$$ である。 ……………………………(答)

初めからトライ！問題 101	確率の加法定理	CHECK 1	CHECK 2	CHECK 3

それぞれ **1** から **100** までの数字の書かれた **100** 枚のカードがある。これから **1** 枚のカードを無作為に取り出し，このカードに書かれている数字を x とおく。このとき，次の確率を求めよ。

(1) x が，**3** の倍数か，または **5** の倍数である確率

(2) x が，**3** の倍数でも，**5** の倍数でもない確率

ヒント！ x が **3** の倍数である事象を A，**5** の倍数である事象を B とおくと，**(1)** は，確率 $P(A\cup B)$ を，また **(2)** は，確率 $P(\overline{A}\cap\overline{B})$ を求める問題なんだね。

解答＆解説

この **100** 枚のカードから **1** 枚を取り出す全事象 U の場合の数 $n(U)$ は，$n(U) = {}_{100}C_1 = 100$ 通りである。ここで，取り出された **1** 枚のカードに書かれている数字 x について，**2** つの事象 A，B を次のようにおく。

事象 A：「x は **3** の倍数」，事象 B：「x は **5** の倍数」

ここで，A，B，$A\cap B$ の場合の数と確率を求めると，

$n(A) = 33$，$n(B) = 20$，$n(A\cap B) = 6$ より，

$\frac{100}{3} = 33.33\cdots$

$\frac{100}{5} = 20$

$\frac{100}{15} = 6.66\cdots$

$P(A) = \frac{n(A)}{n(U)} = \frac{33}{100}$，$P(B) = \frac{n(B)}{n(U)} = \frac{20}{100}$，

$P(A\cap B) = \frac{n(A\cap B)}{n(U)} = \frac{6}{100}$ である。

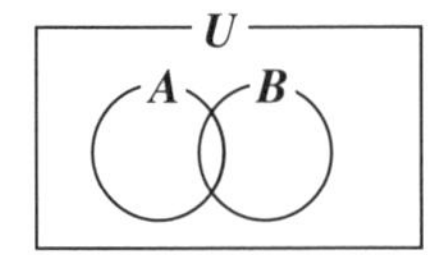

(1) x が **3**，または **5** の倍数である確率 $P(A\cup B)$ は，

$$P(A\cup B) = P(A) + P(B) - P(A\cup B) \quad [= \ + \ - \ ]$$

$$= \frac{33}{100} + \frac{20}{100} - \frac{6}{100} = \frac{33+20-6}{100} = \frac{47}{100}$$ ………………(答)

(2) x が **3** の倍数でも **5** の倍数でもない確率 $P(\overline{A}\cap\overline{B})$ は，

$$P(\overline{A}\cap\overline{B}) = P(\overline{A\cup B}) = 1 - P(A\cup B)$$

ド・モルガン

余事象の確率 $P(\overline{X}) = 1 - P(X)$

$$= 1 - \frac{47}{100} = \frac{100-47}{100} = \frac{53}{100}$$ ……………………………(答)

初めからトライ！問題 102 余事象の確率 CHECK 1 CHECK 2 CHECK 3

A, B C 3 つのサイコロを同時に投げて，出た目をそれぞれ a, b, c とする。次の各確率を求めよ。

(1) $a\times b\times c$ が偶数となる確率　　(2) $a+b+c\leqq 16$ となる確率

ヒント！ (1), (2) 共に，直接この確率を求めるのは大変なので，余事象の確率の公式 $P(X)=1-P(\overline{X})$ を用いて解いてみよう。意外とスッキリ解けるよ！

解答＆解説

(1) 事象 X:「$a\times b\times c$ が偶数である。」とおくと，これは，

「a, b, c の少なくとも 1 つは偶数」と同じである。よって，

“少なくとも 1 つ”の言葉が出てきたら，“余事象の確率”を使うことを考えよう！

余事象 $\overline{X}$：「$a\times b\times c$ が奇数である。」，すなわち

余事象 $\overline{X}$：「a, b, c はいずれも奇数である。」となる。これから，$\overline{X}$ の確率

a が 1, 3, 5 の目　b が 1, 3, 5 の目　c が 1, 3, 5 の目

$P(\overline{X})$ は，$P(\overline{X})=\frac{3}{6}\times\frac{3}{6}\times\frac{3}{6}=\left(\frac{1}{2}\right)^3=\frac{1}{8}$

余事象の確率の公式 $P(X)=1-P(\overline{X})$

∴求める確率 $P(X)$ は，$P(X)=1-P(\overline{X})=1-\frac{1}{8}=\frac{7}{8}$ ……………(答)

(2) 事象 Y:「$a+b+c\leqq 16$」とおくと，

余事象 $\overline{Y}$：「$a+b+c\geqq 17$」となる。

a, b, c はいずれも $1\sim 6$ の数なので，$3\leqq a+b+c\leqq 18$ だね。よって，$a+b+c\geqq 17$ となるのは，$a+b+c=17$ と 18 だけなので，$P(\overline{Y})$ の方が圧倒的に楽に計算できる！

よって，$\overline{Y}$ の場合を調べると，

(ⅰ) $a+b+c=17$ のとき，

$(a, b, c)=(5, 6, 6), (6, 5, 6), (6, 6, 5)$ の 3 通り

(ⅱ) $a+b+c=18$ のとき，

$(a, b, c)=(6, 6, 6)$ の 1 通り

以上 (ⅰ)(ⅱ) より，$n(\overline{Y})=3+1=4$ 通り

a, b, c はいずれも 1, 2, …, 6 の目が出る

また，全事象の場合の数 $n(U)=6^3=216$ 通り

よって，求める確率 $P(Y)$ は，

$$P(Y)=1-P(\overline{Y})=1-\frac{n(\overline{Y})}{n(U)}=1-\frac{4}{216}=1-\frac{1}{54}=\frac{53}{54}$$ ………………(答)

初めからトライ！問題 103	独立試行の確率	CHECK 1	CHECK 2	CHECK 3

A, B, C3 人がある試験に合格する確率は順に$\frac{2}{3}$，$\frac{3}{4}$，$\frac{4}{5}$である。このとき，次の確率を求めよ。

(1)3 人全員が合格する確率　　(2)3 人中 2 人が合格する確率

(3)3 人中少なくとも 1 人が合格する確率

ヒント！ A, B, C それぞれが合格，または不合格になることは互いに他に影響しないものと考えられるので，独立試行の確率として計算すればいいんだね。

解答＆解説

- A が合格する確率は$\frac{2}{3}$，不合格となる確率は $1-\frac{2}{3}=\frac{1}{3}$
- B が合格する確率は$\frac{3}{4}$，不合格となる確率は $1-\frac{3}{4}=\frac{1}{4}$
- C が合格する確率は$\frac{4}{5}$，不合格となる確率は $1-\frac{4}{5}=\frac{1}{5}$ となる。

(1)A, B, C3 人全員が合格する確率を P_3 とおくと，

$P_3=\frac{2}{3}\times\frac{3}{4}\times\frac{4}{5}=\frac{2}{5}$ ……………………………………(答)

[○　○　○]

(2)3 人中 2 人が合格する確率を P_2 とおくと，

$P_2=\frac{2}{3}\times\frac{3}{4}\times\frac{1}{5}+\frac{2}{3}\times\frac{1}{4}\times\frac{4}{5}+\frac{1}{3}\times\frac{3}{4}\times\frac{4}{5}$

[○　○　×][○　×　○][×　○　○]

$=\frac{6+8+12}{60}=\frac{26}{60}=\frac{13}{30}$ ……………………………………(答)

A，B，C の順に合格は“○”，不合格は“×”で表す。

(3)3 人中少なくとも 1 人が合格する確率を P とおくと，これは全確率 1 から，3 人がすべて不合格となる余事象の確率を引いたものである。

$\therefore P=1-\frac{1}{3}\times\frac{1}{4}\times\frac{1}{5}=1-\frac{1}{60}=\frac{59}{60}$ ……………………………………(答)

[×　×　×]

初めからトライ！問題 104　反復試行の確率

CHECK 1　CHECK 2　CHECK 3

A があるゲームを 1 回行って勝つ確率は $\frac{1}{3}$，負ける確率は $\frac{2}{3}$ である。このとき，次の各確率を求めよ。

(1) A がこのゲームを 5 回行って，少なくとも 1 回勝つ確率

(2) A がこのゲームを 5 回行って，その内 3 回だけ勝つ確率

(3) A がこのゲームを 6 回行って，その内 2 回だけ勝つ確率

ヒント！ (1) は余事象の確率の問題で，(2)，(3) は反復試行の確率 ${}_nC_r p^r q^{n-r}$ の問題だ。公式にうまく当てはめて計算しよう。

解答＆解説

A は，ゲームを 1 回行って勝つ確率 $p=\frac{1}{3}$，負ける確率 $q=1-p=\frac{2}{3}$ である。

(1) A がこのゲームを 5 回行って，少なくとも 1 回勝つ確率を P とおくと，P は全確率 1 から，5 回中 1 度も勝ちのない余事象の確率を引いたものである。

$$\therefore P=1-\left(\frac{2}{3}\right)^5=1-\frac{32}{243}=\frac{211}{243} \quad \cdots\cdots(答)$$

（$\left(\frac{2}{3}\right)^5$：余事象の確率（5 回とも負ける確率））

(2) A がこのゲームを 5 回行って，その内 3 回だけ勝つ確率は，

$${}_5C_3\cdot p^3\cdot q^{5-3}=\frac{5!}{3!\cdot 2!}\cdot\left(\frac{1}{3}\right)^3\cdot\left(\frac{2}{3}\right)^2$$

$$=\frac{5\cdot 4}{2\cdot 1}\cdot\frac{1}{3^3}\cdot\frac{2^2}{3^2}=\frac{40}{3^5}=\frac{40}{243} \quad \cdots\cdots(答)$$

反復試行の確率
ある試行を 1 回行って，事象 A の起こる確率を p，起こらない確率を q とおく。この試行を n 回行って，その内 r 回だけ A の起こる確率は ${}_nC_r p^r q^{n-r}$ である。

(3) A がこのゲームを 6 回行って，その内 2 回だけ勝つ確率は

$${}_6C_2\cdot p^2\cdot q^{6-2}=\frac{6!}{2!\cdot 4!}\cdot\left(\frac{1}{3}\right)^2\cdot\left(\frac{2}{3}\right)^4=\frac{6\cdot 5}{2\cdot 1}\cdot\frac{1}{3^2}\cdot\frac{2^4}{3^4}$$

$$=\frac{5\times 16}{3^5}=\frac{80}{243} \quad \cdots\cdots(答)$$

初めからトライ！問題 105	反復試行の確率	CHECK 1	CHECK 2	CHECK 3

2 本の当たりと **8** 本のハズレからなる計 **10** 本のクジがある。これを引いて，当たりかハズレかを確認した後，戻す操作を **4** 回繰り返す。このとき，**4** 回中 r 回だけ当たりを引く確率 $P_r(r=0,\ 1,\ 2,\ 3,\ 4)$ を求めよ。

ヒント！ 反復試行の確率の公式 ${}_n\mathrm{C}_r p^r q^{n-r}$ 通りに解けばいいんだね。

解答＆解説

このクジを **1** 回引いて，当たりとなる確率 $p=\dfrac{{}_2\mathrm{C}_1}{{}_{10}\mathrm{C}_1}=\dfrac{2}{10}=\dfrac{1}{5}$,

ハズレとなる確率 $q=1-p=1-\dfrac{1}{5}=\dfrac{4}{5}$となる。ここで，このクジを **4** 回引いて，**4** 回中 r 回のみ当たりとなる確率 $P_r(r=0,\ 1,\ 2,\ 3,\ 4)$ を求めると，反復試行の確率より，

$P_r={}_4\mathrm{C}_r p^r q^{4-r}={}_4\mathrm{C}_r\left(\dfrac{1}{5}\right)^r\left(\dfrac{4}{5}\right)^{4-r}$ $(r=0,\ 1,\ 2,\ 3,\ 4)$ となる。よって，

(ⅰ) $r=0$ のとき，　$P_0=\underbrace{{}_4\mathrm{C}_0}_{1}\underbrace{\left(\dfrac{1}{5}\right)^0}_{1}\cdot\left(\dfrac{4}{5}\right)^4=\dfrac{4^4}{5^4}=\dfrac{256}{625}$ ………………(答)

(ⅱ) $r=1$ のとき，　$P_1=\underbrace{{}_4\mathrm{C}_1}_{4}\left(\dfrac{1}{5}\right)^1\cdot\left(\dfrac{4}{5}\right)^3=4\cdot\dfrac{4^3}{5^4}=\dfrac{256}{625}$ ……………(答)

(ⅲ) $r=2$ のとき，　$P_2=\underbrace{{}_4\mathrm{C}_2}_{\frac{4!}{2!\cdot 2!}=\frac{4\cdot 3}{2\cdot 1}=6}\left(\dfrac{1}{5}\right)^2\cdot\left(\dfrac{4}{5}\right)^2=6\cdot\dfrac{4^2}{5^4}=\dfrac{96}{625}$ …………(答)

(ⅳ) $r=3$ のとき，　$P_3=\underbrace{{}_4\mathrm{C}_3}_{{}_4\mathrm{C}_1=4}\left(\dfrac{1}{5}\right)^3\cdot\left(\dfrac{4}{5}\right)^1=4\cdot\dfrac{4}{5^4}=\dfrac{16}{625}$ …………(答)

(ⅴ) $r=4$ のとき，　$P_4=\underbrace{{}_4\mathrm{C}_4}_{{}_4\mathrm{C}_0=1}\left(\dfrac{1}{5}\right)^4\cdot\underbrace{\left(\dfrac{4}{5}\right)^0}_{1}=\dfrac{1}{5^4}=\dfrac{1}{625}$ ………………(答)

初めからトライ！問題 106	反復試行の確率	CHECK 1	CHECK 2	CHECK 3

サイコロを投げて，**5** 以上の目が出れば＋**1** だけ，**4** 以下の目が出れば－**1** だけ動点 **P** が x 軸上を動くものとする。初め動点 **P** は原点にあるものとする。この試行を **6** 回行った後，動点 **P** が（ⅰ）原点にある確率と，（ⅱ）点 **(2, 0)** にある確率を求めよ。

ヒント！　サイコロの目によって動点 **P** がフラフラ動くので，"ランダムウォーク（酔歩（すいほ））" の問題と呼ばれる。もちろん，反復試行の確率で計算できるんだね。

解答＆解説

サイコロを１回投げて，（5，6の目）

・5 以上の目の出る確率 $p=\frac{2}{6}=\frac{1}{3}$

・4 以下の目の出る確率 $q=1-p=\frac{2}{3}$ となる。

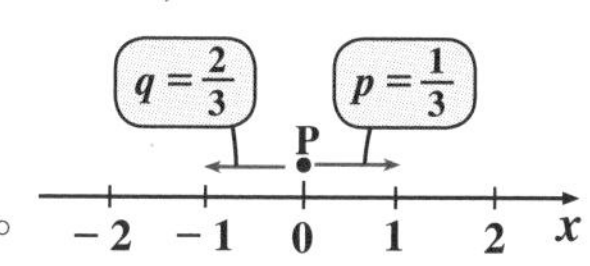

そして，動点 **P** は x 軸上を

・**5** 以上の目が出ると **+1**，・**4** 以下の目が出ると **−1** だけ移動する。

よって，この試行を **6** 回行って，r 回だけ **5** 以上の目がでると，動点 **P** は，x 軸上を正の向きに $+r$，負の向きに $-(6-r)$，併せて $r-(6-r)=2r-6$ だけ移動し，このときの確率を P_r とおくと，$P_r={}_6C_rp^rq^{6-r}$ となる。（反復試行の確率）

（ⅰ）**6** 回の試行の後，動点 **P** が原点にある確率は，

$2r-6=0$，つまり $r=3$ より，（3 回 (+1) 行って 3 回 (−1) で戻って，0 にある。）

$$P_3={}_6C_3\left(\frac{1}{3}\right)^3\cdot\left(\frac{2}{3}\right)^3=20\cdot\frac{2^3}{3^6}=\frac{160}{729}$$ ……………………（答）

（${}_6C_3=\frac{6!}{3!\cdot3!}=\frac{6\cdot5\cdot4}{3\cdot2\cdot1}=20$）

（ⅱ）**6** 回の試行の後，動点 **P** が点 **(2, 0)** にある確率は，

$2r-6=2$，つまり $r=4$ より，（4 回 (+1) 行って 2 回 (−1) で戻って，(2, 0) にある。）

$$P_4={}_6C_4\left(\frac{1}{3}\right)^4\cdot\left(\frac{2}{3}\right)^2=15\cdot\frac{2^2}{3^6}=\frac{5\times4}{3^5}=\frac{20}{243}$$ ……………………（答）

（${}_6C_4=\frac{6!}{4!\cdot2!}=\frac{6\cdot5}{2\cdot1}=15$）

初めからトライ！問題 107	条件付き確率	CHECK 1	CHECK 2	CHECK 3

事象 A, B について，確率 $P(A)=\frac{1}{4}$, $P(B)=\frac{1}{5}$, $P_A(B)=\frac{1}{3}$ が与えられている。ただし，$P_A(B)$ は，A が起こったという条件の下で B が起こる条件付き確率を表す。このとき，以下の確率を求めよ。

(1) $P(A\cap B)$　　(2) $P_B(A)$　　(3) $P_{\overline{A}}(B)$

ヒント！ 条件付き確率の公式 $P_A(B)=\frac{P(A\cap B)}{P(A)}$ や $P_B(A)=\frac{P(A\cap B)}{P(B)}$ や $P_{\overline{A}}(B)=\frac{P(\overline{A}\cap B)}{P(\overline{A})}$ を利用して解いていこう。ベン図のイメージも役に立つよ。

解答＆解説

$P(A)=\frac{1}{4}$, $P(B)=\frac{1}{5}$, $P_A(B)=\frac{1}{3}$

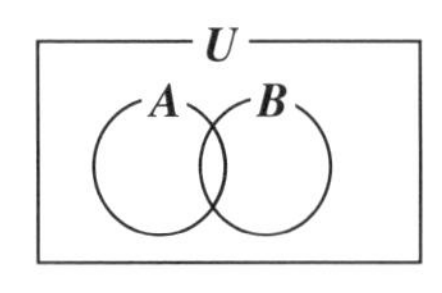

(1) $P_A(B)=\frac{P(A\cap B)}{P(A)}$ より，

$$P(A\cap B)=P(A)\cdot P_A(B)=\frac{1}{4}\cdot\frac{1}{3}=\frac{1}{12}$$ ……(答)

(2) $P_B(A)=\frac{P(A\cap B)}{P(B)}$ より，$P_B(A)=\frac{\frac{1}{12}}{\frac{1}{5}}=\frac{5}{12}$ ……(答)

(3) $P_{\overline{A}}(B)=\frac{P(\overline{A}\cap B)}{P(\overline{A})}$ より，

$$P_{\overline{A}}(B)=\frac{P(B)-P(A\cap B)}{1-P(A)}=\frac{\frac{1}{5}-\frac{1}{12}}{1-\frac{1}{4}}=\frac{\frac{7}{60}}{\frac{3}{4}}=\frac{4\times7}{3\times60}=\frac{7}{45}$$ ……(答)

$\frac{12-5}{60}=\frac{7}{60}$

初めからトライ！問題 108　確率の乗法定理　CHECK 1　CHECK 2　CHECK 3

3 本の当たりと **7** 本のハズレからなる計 **10** 本のクジを，***A***, ***B***, ***C*** がこの順に **1** 回ずつ引く。ただし，引いたクジは元に戻さないものとする。このとき，***A***, ***B***, ***C*** それぞれが，当たりを引く確率 P_A, P_B, P_C を求めよ。

ヒント！ 今回は，引いたクジを元に戻さないので，前に引いた人が，当たりを引いたか，ハズレを引いたかによって，後の人の当たりを引く確率が変化する。つまり，確率の乗法定理の問題になるんだね。

解答＆解説

10 本中 **3** 本の当たりが入っているクジを，引いたクジを元に戻すことなく，***A***, ***B***, ***C*** がこの順にクジを引くものとする。

(ⅰ) 最初に引く ***A*** が，当たりを引く確率 P_A は，

$$P_A=\frac{3}{10}$$ ……………………………………(答)

[○]

A, ***B***, ***C*** の順に当たりは "○"，ハズレは " × " で示す。

(ⅱ) **2** 番目に引く ***B*** が，当たりを引く確率 P_B は，

A が当たりを引いているので，***B*** は残り **9** 本中 **2** 本の当たりのいずれかを引く

A がハズレを引いているので，***B*** は残り **9** 本中 **3** 本の当たりのいずれかを引く

$$P_B=\frac{3}{10}\times\boxed{\frac{2}{9}}+\frac{7}{10}\times\boxed{\frac{3}{9}}=\frac{6+21}{90}=\frac{27}{90}=\frac{3}{10}$$ ……………………(答)

[○　○] [×　○]

(ⅲ) **3** 番目に引く ***C*** が，当たりを引く確率 P_C は，

A, ***B*** が当たりなので，***C*** は残り **8** 本中 **1** 本の当たりを引く

A は当たり，***B*** はハズレなので，***C*** は残り **8** 本中 **2** 本の当たりのいずれかを引く

A はハズレ，***B*** は当たりなので，***C*** は残り **8** 本中 **2** 本の当たりのいずれかを引く

A, ***B*** がハズレなので，***C*** は残り **8** 本中 **3** 本の当たりのいずれかを引く

$$P_C=\frac{3}{10}\times\frac{2}{9}\times\boxed{\frac{1}{8}}+\frac{3}{10}\times\frac{7}{9}\times\boxed{\frac{2}{8}}+\frac{7}{10}\times\frac{3}{9}\times\boxed{\frac{2}{8}}+\frac{7}{10}\times\frac{6}{9}\times\boxed{\frac{3}{8}}$$

[○　○　○][○　×　○][×　○　○][×　×　○]

$$=\frac{6+42+42+126}{720}=\frac{216}{720}=\frac{3}{10}$$ ……………………(答)

第６章 ● 場合の数と確率の公式を復習しよう！

1. **順列の数** ${}_n\mathrm{P}_r = \dfrac{n!}{(n-r)!}$ $(= r! \cdot {}_n\mathrm{C}_r)$

2. **同じものを含む順列の数** $\dfrac{n!}{p!q!r!\cdots}$

3. **円順列の数** $(n-1)!$

4. **組合せの数** ${}_n\mathrm{C}_r = \dfrac{n!}{r!(n-r)!}$

5. **組合せの数の公式**

(i) ${}_n\mathrm{C}_0 = {}_n\mathrm{C}_n = 1$　(ii) ${}_n\mathrm{C}_1 = n$　(iii) ${}_n\mathrm{C}_r = {}_n\mathrm{C}_{n-r}$　など

6. **確率の加法定理**

(i) $A \cap B = \phi$ (A と B が互いに排反) のとき，

$P(A \cup B) = P(A) + P(B)$

(ii) $A \cap B \neq \phi$ (A と B が互いに排反でない) のとき，

$P(A \cup B) = P(A) + P(B) - P(A \cap B)$

7. **余事象の確率**

(1) $P(A) + P(\overline{A}) = 1$　(2) $P(A) = 1 - P(\overline{A})$

8. **独立な試行の確率**

互いに独立な試行 T_1, T_2 について，試行 T_1 で事象 A が起こり，かつ試行 T_2 で事象 B が起こる確率は，$P(A) \times P(B)$

9. **反復試行の確率**

ある試行を **1** 回行って事象 A の起こる確率を p とおくと，この独立な試行を n 回行って，その内 r 回だけ事象 A の起こる確率は，

${}_n\mathrm{C}_r p^r q^{n-r}$ $(r = 0, 1, 2, \cdots, n)$　(ただし，$q = 1 - p$)

10. **条件付き確率**

事象 A が起こったという条件の下で，事象 B が起こる条件付き確率 $P_A(B)$ は，$P_A(B) = \dfrac{P(A \cap B)}{P(A)}$

11. **確率の乗法定理**

$P(A \cap B) = P(A) \cdot P_A(B)$

第 7 章
CHAPTER

7 整数の性質

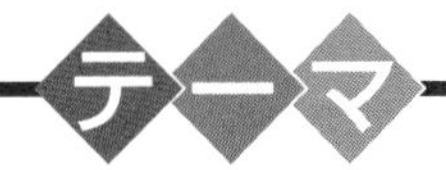

▶約数と倍数
($A \cdot B = n$ 型の整数問題)

▶ユークリッドの互除法と不定方程式
($ax + by = n$)

▶n 進法と合同式
($a \equiv b \pmod{n}$)

"整数の性質" を初めから解こう！ 公式&解法パターン

1. 整数の約数(やくすう)と倍数(ばいすう)を定義しよう。

整数 b が整数 a で割り切れるとき，つまり

$b = m \cdot a$ ……(＊) (ただし，$a \neq 0$ とする。)

となる整数 m が存在するとき，

・「a は，b の**約数**である。」と言えるし，また

・「b は，a の**倍数**である。」と言えるんだね。

2. 2, 3, 4, 5, 6, 8, 9 の倍数のチェック法を覚えよう。

(i) **2** の倍数：一の位の数が **0, 2, 4, 6, 8** のいずれかである。

(ii) **3** の倍数：各位の数の和が **3** の倍数である。

(iii) **4** の倍数：下 **2** 桁が **4** の倍数である。

(iv) **5** の倍数：一の位の数が **0, 5** のいずれかである。

(v) **6** の倍数：**2** の倍数であり，かつ **3** の倍数である。

(vi) **8** の倍数：下 **3** 桁が **8** の倍数である。

(vii) **9** の倍数：各位の数の和が **9** の倍数である。

(*ex*) **1116** は，下 **2** 桁が **16** で **4** の倍数。また，$1+1+1+6=9$ なので，

9 の倍数。よって，**1116** は $4 \times 9 = 36$ の倍数であることが分かる。

3. 2 以上の自然数は，素数(そすう)と合成数(ごうせいすう)に分類できる。

1 を除く正の整数 (自然数) は，次のように素数と合成数に分類できる。

(i) **素数**：**1** と自分自身以外に約数をもたないもの。

(ii) **合成数**：**1** と自分自身以外にも約数をもつもの。

(**1** だけは，素数でも合成数でもないことに注意しよう。)

具体的に素数を小さい順に並べると，

2, 3, 5, 7, 11, 13, 17, 19, 23, 29, 31, 37, 41, 43, 47, …となる。

(**2** を除くと，素数はすべて奇数であることに注意しよう。)

4. 素因数分解(そいんすうぶんかい)から正の約数の個数が分かる。

合成数は，素数の積の形に**素因数分解**できる。そして，合成数を素因数分解することにより，その合成数の正の約数の個数が分かる。

(*ex*) **72** を素因数分解すると，$\mathbf{72 = 2^3 \times 3^2}$ となる。これから，$\mathbf{72 = 2^3 \times 3^2}$（指数部 0, 1, 2, 3 ③，0, 1, 2 ②）より，**2** と **3** の指数部をそれぞれ **0, 1, 2, 3** の **4 通り**と，**0, 1, 2** の **3 通り**に変化させたものが **72** の正の約数となるので，この正の約数の個数は $\mathbf{4 \times 3 = 12}$ 個になることも分かる。

5. $A \cdot B = n$ 型の整数の方程式を解こう。

$A \cdot B = n$ ……① (A, B：整数の式，n：整数)

の解は，n の約数を A, B に割り当てる，右の表を用いて求めることができる。

A	1	n	…	−1	$-n$
B	n	1	…	$-n$	−1

(*ex*) 整数 x, y が，$(x+1)(y-1)=2$ をみたすとき，$x+1$ も $y-1$ も整数より，右の表から

$x+1$	1	2	−1	−2
$y-1$	2	1	−2	−1

$(x+1,\ y-1)=(1,\ 2),\ (2,\ 1),$
$(-1,\ -2),\ (-2,\ -1)$ となる。

これから，$(x,\ y)=(0,\ 3),\ (1,\ 2),\ (-2,\ -1),\ (-3,\ 0)$ の **4** 組の解が得られる。

6. 最大公約数(さいだいこうやくすう) g と最小公倍数(さいしょうこうばいすう) L を定義しよう。

2 つの正の整数 a, b について，

(i) a と b の共通の約数(**公約数**)の中で最大のものを**最大公約数** g という。
($g=1$ のとき，a と b は**互(たが)いに素(そ)**であるという。)

(ii) a と b の共通の倍数(**公倍数**)の中で最小のものを**最小公倍数** L という。

(*ex*) **8** と **7** の最大公約数 $g=1$ より，**8** と **7** は互いに素と言える。

(*ex*) **12** と **30** の最大公約数 $g = 2\times 3 = 6$ であり，最小公倍数 $L = 2\times 3\times 2\times 5 = 60$ である。

```
g ─ 2 ) 12  30
    3 )  6  15
L ─       2   5
```

7. 最大公約数 g と最小公倍数 L の公式も押さえよう。

2 つの正の整数 a, b の最大公約数を g, 最小公倍数を L とおくと，次の公式が成り立つ。

(i) $\begin{cases} a = g \cdot a' \\ b = g \cdot b' \end{cases}$ ……(＊1)

(a', b'：互いに素な正の整数)

(ii) $L = g \cdot a' \cdot b'$ ……(＊2)

(iii) $a \cdot b = g \cdot L$ ……(＊3)

8. 除法の公式とユークリッドの互除法をマスターしよう。

(1) 除法の性質

整数 a を正の整数 b で割ったときの**商**を q，**余り**を r とおくと，次式が成り立つ。

$$a = b \times q + r \quad \cdots\cdots(*) \quad (0 \leqq r < b)$$

割られる数　割る数　商　余り

これから，整数問題を解くのに必要な次の基本事項も導けるんだね。

・連続する 2 整数の積 $n(n+1)$ は，2 の倍数である。

・連続する 3 整数の積 $n(n+1)(n+2)$ は，6 の倍数である。

・整数 n の平方数 n^2 を 3 で割ると，余りは 0 または 1 のみである。

(ただし，n：整数)

(2) ユークリッドの互除法

a と b の最大公約数が g であるとき，a を b で割って，

$a = b \times q + r$ とおくと，b と r の最大公約数も g である。

商　余り

(ex) 217 と 93 の最大公約数 g は，ユークリッドの互除法より，右の式から $g = 31$ であることが分かる。

$217 = 93 \times 2 + 31$

$93 = 31 \times 3$

9. 様々な記数法(きすうほう)にも慣れよう。

(ex) $\underline{423_{(5)}} = 4 \times 5^2 + 2 \times 5^1 + 3 \times 1 = 100 + 10 + 3 = \underline{113_{(10)}}$

5進法の数　　10進法の数

(ex) $\underline{1101_{(2)}} = 1 \times 2^3 + 1 \times 2^2 + 0 \times 2^1 + 1 \times 1 = 8 + 4 + 1 = \underline{13_{(10)}}$

2進法の数　　10進法の数

10. 既約分数(きやくぶんすう)が有限小数(ゆうげんしょうすう)となる条件も押さえよう。

既約分数の分母の素因数が **2** と **5** のみであるとき，

この既約分数は有限小数となる。

(ex) $\dfrac{7}{250}$ の分母の素因数が **2** と **5** のみなので，これは有限小数になる。

$250 = 2 \times 5^3$

11. 合同式(ごうどうしき)をマスターしよう。

(1) 合同式の定義

2 つの整数 a と b を，ある正の整数 n で割ったときの余りが等しいとき，

$a \equiv b \pmod{n}$ ……$(*)$ と書き，

「a と b は，n を法として合同である。」という。

(2) 合同式の公式

$a \equiv b \pmod{n}$，かつ $c \equiv d \pmod{n}$ のとき，

(i) $a + c \equiv b + d \pmod{n}$　(ii) $a - c \equiv b - d \pmod{n}$

(iii) $a \times c \equiv b \times d \pmod{n}$　(iv) $a^m \equiv b^m \pmod{n}$

（ただし，m：正の整数）

(ex) $227 \equiv 2 \pmod{5}$，　$388 \equiv 3 \pmod{5}$

227を5で割ると余りは2　　388を5で割ると余りは3

(1) $227 \times 388 \equiv 2 \times 3 \equiv 1 \pmod{5}$ より，

227×388 を **5** で割った余りは **1** である。

(2) $388^3 \equiv 3^3 \equiv 27 \equiv 2 \pmod{5}$ より，

388^3 を **5** で割った余りは **2** となるんだね。

初めからトライ！問題 109	素因数分解	CHECK 1	CHECK 2	CHECK 3

次の正の整数を素因数分解せよ。また，その正の約数の個数と，その正の約数の総和を求めよ。

(1) 12　　　　**(2) 36**

ヒント！ **(1)** $12 = 2^2 \times 3^1$ より，正の約数の個数は $(2+1)\times(1+1)=6$ 個，また，正の約数の総和は $(1+2+2^2)\cdot(1+3)$ で求められる。**(2)** も同様だね。

解答＆解説

(1) 12 を素因数分解すると

素因数分解とは，合成数を素数の積の形で表すことだ。

2, 3, 5, 7, 11, 13, …など，1 と自分自身以外に約数をもたない自然数。(1は除く)

$$\begin{array}{r|l} 2 & 12 \\ 2 & 6 \\ & 3 \end{array}$$

$12 = 2^2 \times 3$………(答)

よって，12 について

(0, 1, 2 に変化)　(0, 1 に変化)

$12 = 2^{②} \times 3^{①}$ より，

2 の指数部は 0, 1, 2 の 3 通りに変化し，3 の指数部は 0, 1 の 2 通りに変化するので，12 の正の約数は，全部で $3 \times 2 = 6$ 個ある。……………(答)

さらに，12 の正の約数の総和は

$2^0\cdot3^0+2^0\cdot3^1+2^1\cdot3^0+2^1\cdot3^1+2^2\cdot3^0+2^2\cdot3^1$

($1\cdot1+1\cdot3=1+3$)　($2\cdot1+2\cdot3=2(1+3)$)　($2^2\cdot1+2^2\cdot3=2^2\cdot(1+3)$)

$=(1+3)+2\cdot(1+3)+2^2\cdot(1+3)$

$=(1+2+2^2)\cdot(1+3)=7\times4=28$ である。……………………………(答)

(2) 同様に，36 を素因数分解すると

$$\begin{array}{r|l} 2 & 36 \\ 2 & 18 \\ 3 & 9 \\ & 3 \end{array}$$

$36 = 2^2 \times 3^2$ ………………………………(答)

よって，2 の指数部は 0, 1, 2 の 3 通り，3 の指数部も 0, 1, 2 の 3 通りに変化するので，36 の正の約数の個数は $3 \times 3 = 9$ 個である。……………………………………(答)

また，36 の正の約数の総和は，

$(1+2+2^2)\cdot(1+3+3^2)$

($1+2+4=7$)　($1+3+9=13$)

$=7\times13=91$ である。………(答)

$2^0\cdot3^0+2^0\cdot3^1+2^0\cdot3^2$
$+2^1\cdot3^0+2^1\cdot3^1+2^1\cdot3^2$
$+2^2\cdot3^0+2^2\cdot3^1+2^2\cdot3^2$
$=(1+3+3^2)+2(1+3+3^2)$
$+2^2\cdot(1+3+3^2)$
$=(1+2+2^2)(1+3+3^2)$

初めからトライ！問題 110	素因数分解	CHECK 1	CHECK 2	CHECK 3

次の正の整数を素因数分解せよ。また，その正の約数の個数と，その正の約数の総和を求めよ。

(1) 228　　(2) 360　　(3) 612

ヒント！ 正の整数は，素因数分解することにより，その正の約数の個数と，その正の約数の総和を簡単に求められるんだね。少し大きな数だけど頑張ろう！

解答＆解説

(1) 228 を素因数分解すると

$228 = 2^2 \times 3 \times 19$ ………(答)

よって，この正の約数の個数は

$3 \times 2 \times 2 = 12$ 個である。…………………………………(答)

さらに，この正の約数の総和は，

$(1+2+2^2) \times (1+3) \times (1+19) = 7 \times 4 \times 20 = 560$ である。……………(答)

(0, 1, 2)(0, 1)(0, 1 に変化)
$2^{②} \times 3^{①} \times 19^{①}$

$$\begin{array}{r|r} 2 & 228 \\ 2 & 114 \\ 3 & 57 \\ & 19 \end{array}$$

(2) 360 を素因数分解すると

$360 = 2^3 \times 3^2 \times 5$ ………(答)

よって，この正の約数の個数は

$4 \times 3 \times 2 = 24$ 個である。…………………………………(答)

さらに，この正の約数の総和は，

$(1+2+2^2+2^3) \times (1+3+3^2) \times (1+5) = 15 \times 13 \times 6 = 1170$ である。……(答)

(0, 1, 2, 3)(0, 1, 2)(0, 1 に変化)
$2^{③} \times 3^{②} \times 5^{①}$

$$\begin{array}{r|r} 2 & 360 \\ 2 & 180 \\ 2 & 90 \\ 3 & 45 \\ 3 & 15 \\ & 5 \end{array}$$

(3) 612 を素因数分解すると

$612 = 2^2 \times 3^2 \times 17$ ………(答)

よって，この正の約数の個数は

$3 \times 3 \times 2 = 18$ 個である。…………………………………(答)

さらに，この正の約数の総和は，

$(1+2+2^2) \times (1+3+3^2) \times (1+17) = 7 \times 13 \times 18 = 1638$ である。……(答)

(0, 1, 2)(0, 1, 2)(0, 1 に変化)
$2^{②} \times 3^{②} \times 17^{①}$

$$\begin{array}{r|r} 2 & 612 \\ 2 & 306 \\ 3 & 153 \\ 3 & 51 \\ & 17 \end{array}$$

初めからトライ！問題 111　$A \cdot B = n$ 型の整数問題　CHECK 1　CHECK 2　CHECK 3

整数 a, b が次の方程式をみたす。方程式を解いて，解 (a, b) の組をすべて求めよ。

(1) $a \cdot b = 6$　　(2) $ab + a + 4 = 0$

ヒント！ 一般には，未知数が a, b 2 つのとき，方程式も 2 つなければ a, b の解は求まらない。でも a, b が整数という条件から，1 つの方程式でも，$A \cdot B = n$(整数) の形にもち込んで，解 (a, b) の組を求めることができるんだね。

解答＆解説

(1) 整数 a, b が方程式

$a \cdot b = 6$ ……①

$1\times6,\ 2\times3,\ 3\times2,\ 6\times1,\ -1\times(-6), \cdots$

表

a	1	2	3	6	-1	-2	-3	-6
b	6	3	2	1	-6	-3	-2	-1

をみたすとき，右の表より，解 (a, b) の組をすべて求めると

$(a, b) = (1, 6), (2, 3), (3, 2), (6, 1),$

$(-1, -6), (-2, -3), (-3, -2), (-6, -1)$ である。……(答)

(2) 整数 a, b が方程式

$ab + a + 4 = 0$ ……②をみたすとき，これを変形して

$a(b+1) = -4$ ……②′

$A \cdot B = n$ (A, B：整数の式，n：整数) の形にもち込んで，表を用いて解こう。

ここで，a と $b+1$ は共に整数より，②′をみたす $(a, b+1)$ の値の組を右の表より求めると，

表

a	4	2	1	-4	-2	-1
$b+1$	-1	-2	-4	1	2	4

$(a, b+1) = (4, -1), (2, -2), (1, -4), (-4, 1), (-2, 2), (-1, 4)$

の 6 通りである。これから②をみたす整数の解 (a, b) の組は，

$(a, b) = (4, -2), (2, -3), (1, -5), (-4, 0), (-2, 1), (-1, 3)$ ………(答)

$b + 1 = -1$ より
$b = -2$ だね。以下同様だ！

初めからトライ！問題 112	$A \cdot B = n$ 型の整数問題	CHECK 1	CHECK 2	CHECK 3

2 つの自然数 x, y が

$xy - 2x + y = 8$ ……①をみたす。このとき，①の解 (x, y) の組をすべて求めよ。

ヒント！ ①を $A \cdot B = n$ (A, B：整数の式，n：整数）の形に，より具体的には，$(x+○)(y+△) = n$ の形にもち込めばいいんだね。後は表を利用しよう。

解答＆解説

$xy - 2x + y = 8$ ……① (x, y：正の整数）を変形して

$x(y-2) + 1 \cdot (y-2) = 8 - 2$　左辺から 2 を引いた分右辺からも 2 を引く。

共通因数 $(y-2)$ をくくり出す。

$(x+1)(y-2) = 6$ ……②　← $A \cdot B = n$ 型の完成だ！パチパチ…

⊕の整数　⊕の整数　⊕

ここで，x, y は自然数（正の整数）より，$x+1>0$，右辺 $=6>0$ より，$y-2$ も正，すなわち $y-2>0$ となる。

よって，②より，$x+1$ と $y-2$ は共に正の整数なので，負の因数を考える必要はないから，右の表のようになる。

表

$x+1$	1	2	3	6
$y-2$	6	3	2	1

$\therefore (x+1, y-2) = (1, 6), (2, 3), (3, 2), (6, 1)$

(i) $(x+1, y-2) = (1, 6)$ のとき，$(x, y) = (0, 8)$ となって，不適。

$x+1=1$ より，$x=0$
$y-2=6$ より，$y=8$

これは自然数ではない！

(ii) $(x+1, y-2) = (2, 3)$ のとき，$(x, y) = (1, 5)$

(iii) $(x+1, y-2) = (3, 2)$ のとき，$(x, y) = (2, 4)$

(iv) $(x+1, y-2) = (6, 1)$ のとき，$(x, y) = (5, 3)$

以上より，①をみたす自然数の組 (x, y) は，次の 3 組である。

$(x, y) = (1, 5), (2, 4), (5, 3)$ ……………………………………(答)

初めからトライ！問題 113	$A \cdot B = n$ 型の整数問題	CHECK 1	CHECK 2	CHECK 3

2 つの整数 x, y が

$x^2 - y^2 = 3$ ……①をみたす。このとき，①の解 (x, y) の組をすべて求めよ。

ヒント！ ①を $A \cdot B = n$ の形にもち込んで，表を使って解けばいいんだね。この解法パターンにも，これでかなり慣れてきたと思う！

解答＆解説

$x^2 - y^2 = 3$ ……① (x, y：整数) を変形して

$(x+y)(x-y) = 3$ ……② ← $A \cdot B = n$ 型の完成だ！

公式
$a^2 - b^2 = (a+b)(a-b)$
を使った。

$x+y, x-y$ は共に整数なので，②より，これらの値の組は右の表のようになる。

表

$x+y$	1	3	−1	−3
$x-y$	3	1	−3	−1

$\therefore (x+y, x-y) = (1, 3), (3, 1), (-1, -3), (-3, -1)$

(i) $\begin{cases} x+y=1 & \cdots\cdots③ \\ x-y=3 & \cdots\cdots④ \end{cases}$ のとき，③＋④より，$2x = 4 \quad \therefore x = 2$

これを③に代入して，　$2+y=1 \quad \therefore y = -1$

(ii) $\begin{cases} x+y=3 & \cdots\cdots⑤ \\ x-y=1 & \cdots\cdots⑥ \end{cases}$ のとき，⑤＋⑥より，$2x = 4 \quad \therefore x = 2$

これを⑤に代入して，　$2+y=3 \quad \therefore y = 1$

(iii) $\begin{cases} x+y=-1 & \cdots\cdots⑦ \\ x-y=-3 & \cdots\cdots⑧ \end{cases}$ のとき，⑦＋⑧より，$2x = -4 \quad \therefore x = -2$

これを⑦に代入して，　$-2+y=-1 \quad \therefore y = 1$

(iv) $\begin{cases} x+y=-3 & \cdots\cdots⑨ \\ x-y=-1 & \cdots\cdots⑩ \end{cases}$ のとき，⑨＋⑩より，$2x = -4 \quad \therefore x = -2$

これを⑨に代入して，　$-2+y=-3 \quad \therefore y = -1$

以上 (i) ～ (iv) より，求める①の解 (x, y) は次の 4 組である。

$(x, y) = (2, -1), (2, 1), (-2, 1), (-2, -1)$ ……………………………(答)

初めからトライ！問題 114	最大公約数・最小公倍数	CHECK 1	CHECK 2	CHECK 3

次の **2** つの数の最大公約数 g と最小公倍数 L を求めよ。

(1) 288, 324　　　　**(2) 495, 675**

ヒント！ **2** つの数字を並べて表し，順次その共通因数で割っていけばいいんだね。

解答＆解説

(1) $\begin{cases} a = 288 \\ b = 324 \end{cases}$ とおいて

右のように，順次共通因数で割ると

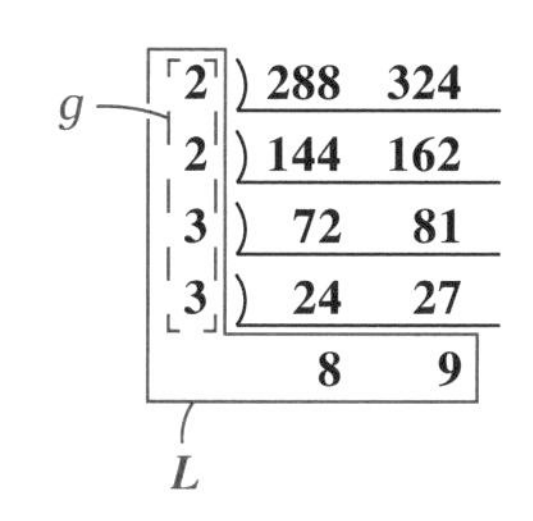

$\begin{cases} a = \underbrace{2^2 \times 3^2}_{g} \times 8 \\ b = \underbrace{2^2 \times 3^2}_{g} \times 9 \end{cases}$ となる。

よって，a と b の最大公約数 $g = 2^2 \times 3^2 = 4 \times 9 = 36$ であり，

最小公倍数 $L = 2^2 \times 3^2 \times 8 \times 9 = 36 \times 72 = 2592$ である。………………(答)

(2) $\begin{cases} a = 495 \\ b = 675 \end{cases}$ とおいて

右のように，順次共通因数で割ると

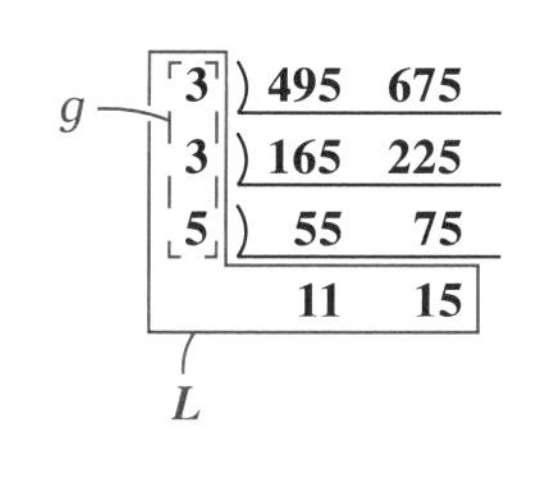

$\begin{cases} a = \underbrace{3^2 \times 5}_{g} \times 11 \\ b = \underbrace{3^2 \times 5}_{g} \times 15 \end{cases}$ となる。

よって，a と b の最大公約数 $g = 3^2 \times 5 = 9 \times 5 = 45$ であり，

最小公倍数 $L = 3^2 \times 5 \times 11 \times 15 = 45 \times 165 = 7425$ である。…………(答)

(1) の 324 と 288 の最大公約数 g は右のように **"ユークリッドの互除法"** を用いて求めても，もちろんいいよ。(2) も同様だね。

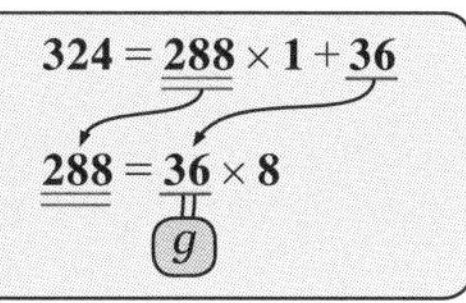

初めからトライ！問題 115　最大公約数・最小公倍数　CHECK 1　CHECK 2　CHECK 3

2 つの正の整数 a, b の最大公約数 $g=215$，最小公倍数 $L=3870$ であるものとする。このとき a, b の値を求めよ。
ただし，$g<a<b$ であるとする。

ヒント！ $a=g\cdot a', b=g\cdot b'$（a' と b' は互いに素）とおくと，公式 $L=g\cdot a'\cdot b'$ より，$a'\cdot b'$ の値が求まるんだね。

解答＆解説

2 つの正の整数 a, b の最大公約数 $g=215$ より，a と b は互いに素な 2 つの整数 a' と b' を用いて

$$\begin{cases} a=215\cdot a' \\ b=215\cdot b' \end{cases}$$ ……①と表せる。

（公式 $\begin{cases} a=g\cdot a' \\ b=g\cdot b' \end{cases}$ より）

ここで，$g=215$ と $L=3870$ を，公式：$L=g\cdot a'\cdot b'$ に代入して，

$3870=215\cdot a'\cdot b'$　　$\therefore a'b'=\dfrac{3870}{215}=18$

a' と b' は互いに素な正の整数で，$g<a<b$ より $1<a'<b'$となる。

（$g<g\cdot a'<g\cdot b'$ より各辺を g で割って）

よって，$a'b'=18$ より
$(a', b')=(2, 9)$ のみが，
すべての条件をみたす。

（$(a', b')=(1, 18), (2, 9), (3, 6),$
$a'=1$ で不適　a'と b' が互いに素でないので不適
$(6, 3), (9, 2), (18, 1)$
$a'>b'$となって不適）

$\therefore a'=2,\ b'=9$
これらを①に代入して
求める a, b の値は

$$\begin{cases} a=215\times2=430 \\ b=215\times9=1935 \end{cases}$$ である。……………………………………（答）

初めからトライ！問題 116　ユークリッドの互除法　CHECK 1　CHECK 2　CHECK 3

ユークリッドの互除法を用いて，次の **2** つの整数の最大公約数 g を求めよ。

(1) 147 と **357**　　　**(2) 129** と **295**

ヒント！ **(1)**大きい方の数**357**を，小さい方の数**147**で割って，商と余りを求め，次にこの**147**を余りで割って…，という操作を割り切れるまで行って，最大公約数 g を求める手法がユークリッドの互除法なんだね。**(2)**も同様だね。

解答＆解説

(1) $a=357,\ b=147$ とおいて，ユークリッドの互除法を用いると

$357 = 147\times 2 + 63$ ← 357 を 147 で割って，余り 63

$147 = 63\times 2 + 21$ ← 147 を 63 で割って，余り 21

$63 = 21\times 3$ ……① ← 63 を 21 で割って，割り切れた！よって，21 が最大公約数 g だ！

（21 → g）

よって，①より，$a=357$ と $b=147$ の最大公約数 $g=21$ である。……(答)

(2) $a=295,\ b=129$ とおいて，ユークリッドの互除法を用いると

$295 = 129\times 2 + 37$ ← 295 を 129 で割って，余り 37

$129 = 37\times 3 + 18$ ← 129 を 37 で割って，余り 18

$37 = 18\times 2 + 1$ ← 37 を 18 で割って，余り 1

$18 = 1\times 18$ ……② ← 18 を 1 で割って，割り切れた！よって，1 が最大公約数 g だ！

（1 → g）

よって，②より，$a=295$ と $b=129$ の最大公約数 $g=1$ である。……(答)

最大公約数 $g=1$ ということは，「$a=295$ と $b=129$ が互いに素である」ということを示しているんだね。大丈夫？

初めからトライ！問題 117	2 元 1 次不定方程式	CHECK 1	CHECK 2	CHECK 3

x, y が共に整数のとき，次の 2 元 1 次不定方程式を解け。

(1) $3x-4y=0$　　(2) $3x-4y=1$　　(3) $3x-4y=3$

ヒント！ (1) $3x=4y$ として，3 と 4 は互いに素の条件から解く。(2), (3) は，(1) を基に同様に考えて解くんだね。

解答＆解説

(1) $3x-4y=0$ ……① (x, y：整数) を変形して

$3x=4y$ ……①′　ここで 3 と 4 は互いに素より，x は 4 の倍数になる。

$\therefore x=4n$ ……①″ (n は整数)

①″ を①′ に代入して

$3\cdot \cancel{4}n=\cancel{4}y$

$\therefore y=3n$ ……①‴ (n は整数)

$3x=4y$ (3 と 4 は互いに素) より，x は 4 の倍数，y は 3 の倍数になる。

以上①″, ①‴ より，①をみたす整数解 (x, y) の組は

$\underline{(x, y)=(4n, 3n)}$ (n：整数) である。……………………………(答)

具体的には，$(x, y)=\cdots, (-4, -3), (0, 0), (4, 3), (8, 6), \cdots$ のこと
($n=-1$)　($n=0$)　($n=1$)　($n=2$ のとき)

(2) $3x-4y=1$ ……② (x, y：整数) について，②をみたす整数解 (x, y) として，$(x, y)=(3, 2)$ がある。

②の右辺 $=1$ で，0 ではないので，まず②をみたす (x, y) の解の 1 例を見つける。

これを②に代入して

$3\cdot 3-4\cdot 2=1$ ……②′

② − ②′ より，

$3(x-3)-4(y-2)=0$　これを変形して

右辺を 0 にした！

$3(x-3)=4(y-2)$ ……②″

後は，(1) と同様に解いていこう。

$x-3$ と $y-2$ は共に整数で，また，3 と 4 は互いに素より，

$x-3$ は，4 の倍数でなければならない。よって，整数 n を用いて

$x-3=4n$ ……③ (n：整数)

③を②″に代入して

$3\cdot \cancel{4}n=\cancel{4}(y-2)$ $\therefore y-2=3n$ ……③′

3と4は互いに素より
$x-3$ は4の倍数,
$y-2$ は3の倍数になる。

以上③, ③′より, ②をみたす整数解 (x, y) の組は

$(x, y)=(4n+3, 3n+2)$ (n：整数) である。……………………………(答)

具体的には, $(x, y)=\cdots, (-1, -1), (3, 2), (7, 5), (11, 8), \cdots$のこと
$n=-1$ $n=0$ $n=1$ $n=2$のとき

(3) $3x-4y=3$ ……④ (x, y：整数) について, ④をみたす整数解 (x, y) として, $(x, y)=(9, 6)$ がある。

④の右辺=3で, 0ではないので, まず④をみたす (x, y) の解の1例を見つける。
これについては(2)で
$3\cdot 3-4\cdot 2=1$ ……②′を利用して, ②′の両辺に3をかけると,
$3\cdot 9-4\cdot 6=3$ ……④′となる。
つまり, ④の解の1例は
$(x, y)=(9, 6)$ となるんだね。

これを④に代入して

$3\cdot 9-4\cdot 6=3$ ……④′

④－④′より,

$3(x-9)-4(y-6)=0$

右辺を0にした。

これを変形して

$3(x-9)=4(y-6)$ ……④″

後は同様に解いていこう！

$x-9$ と $y-6$ は共に整数で, 3と4は互いに素より,

$x-9$ は4の倍数でなければならない。よって, 整数 n を用いて

$x-9=4n$ ……⑤ (n：整数)

⑤を④″に代入して

$3\cdot \cancel{4}n=\cancel{4}(y-6)$

$\therefore y-6=3n$ ……⑤′

3と4は互いに素より
$x-9$ は4の倍数,
$y-6$ は3の倍数になる。

以上⑤, ⑤′より, ④をみたす整数解 (x, y) の組は

$(x, y)=(4n+9, 3n+6)$ (n：整数) である。……………………………(答)

具体的には, $(x, y)=\cdots, (5, 3), (9, 6), (13, 9), (17, 12), \cdots$のこと
$n=-1$ $n=0$ $n=1$ $n=2$のとき

初めからトライ！問題 118	2 元 1 次不定方程式	CHECK 1	CHECK 2	CHECK 3

x, y が共に整数のとき，次の 2 元 1 次不定方程式を解け。

(1) $295x+129y=1$　　　　(2) $295x+129y=3$

ヒント！ (1)を解くには，まずこの方程式の解の 1 例 (x_1, y_1) を見つける必要がある。係数が大きな数であるため，この解を見つけるために，ユークリッドの互除法が有効なんだね。(2)は，(1)を基に考えればいい。一連の解法の流れをマスターしよう！

解答＆解説

(1) $295x+129y=1$ ……① $(x, y：整数)$ について，

x と y の係数 295 と 129 が，互いに素であることを，ユークリッドの互除法で調べると，

$295=129\times2+37$ ……②

$129=37\times3+18$ ………③

$37=18\times2+1$ …………④

$18=1\times18$　となる。

（最大公約数 g）

実は，この計算は，初めからトライ！問題 116(2) で既にやっているんだね。
今回は，この②，③，④を利用して，①の解の 1 例を導き出すことにする。

よって，295 と 129 の最大公約数 $g=1$ より，295 と 129 は互いに素な整数である。また，②，③，④を用いて①の解の 1 例を導く。

②，③，④を変形して

$37=295-2\cdot129$ ……②′　　$18=129-3\cdot37$ ……③′

$37-2\cdot18=1$ …………④′

③′と④′より，$37-2\cdot(129-3\cdot37)=1$

$7\cdot37-2\cdot129=1$ ……④″

②′と④″より，$7\cdot(295-2\cdot129)-2\cdot129=1$

$\therefore\ 295\cdot\boxed{7}+129\cdot(\boxed{-16})=1$ ……⑤となる。（$x_1=7$，$y_1=-16$）

⑤は，$295x+129y=1$……①の解の 1 例が $(x, y)=(7, -16)$ であることを示している！

⑤は①の解の1例が $(x, y) = (7, -16)$ であることを示している。よって，

①－⑤より， $295(x-7)+129(y+16)=0$

$\therefore\ 295(x-7)=129(-y-16)$……⑥ となる。

ここで，$x-7$ と $-y-16$ は共に整数で，また，295 と 129 は互いに素なので，

$x-7$ は 129 の倍数である。よって，整数 n を用いると

$x-7=129n$ ……⑦ （n：整数）となる。⑦を⑥に代入して，

$295\cdot\cancel{129}\cdot n=\cancel{129}(-y-16)$ $\quad\therefore\ 295n=-y-16$ ……⑧

以上⑦，⑧より，①をみたす整数解 (x, y) の組は

$(x, y)=(129n+7,\ -295n-16)$ （n：整数）である。…………………(答)

(2) $295x+129y=3$ ……⑨ （x, y：整数）について，

この解の1例は，(1) の⑤の両辺に3をかけることにより求まる。

$3\{295\cdot7+129\cdot(-16)\}=3\cdot1$ より

$295\cdot21+129\cdot(-48)=3$ ……⑩となる。

⑩は，⑨の解の1例が $(x, y)=(21, -48)$ であることを示している。

よって，⑨－⑩より，

$295(x-21)+129(y+48)=0$

$\therefore\ 295(x-21)=129(-y-48)$……⑪

ここで，$x-21$ と $-y-48$ は共に整数で，295 と 129 は互いに素なので，

$x-21$ は 129 の倍数である。よって，整数 n を用いると

$x-21=129n$ ……⑫ （n：整数）となる。⑫を⑪に代入して，

$295\cdot\cancel{129}\cdot n=\cancel{129}(-y-48)$ $\quad\therefore\ 295n=-y-48$ ……⑬

以上⑫，⑬より，⑨をみたす整数解 (x, y) の組は

$(x, y)=(129n+21,\ -295n-48)$ （n：整数）である。………………(答)

初めからトライ！問題 119　n 進法 → 10 進法　CHECK 1　CHECK 2　CHECK 3

$11_{(2)}=3_{(10)}$ のように，次のそれぞれの数を 10 進法で表せ。

(1) $101010_{(2)}$　　(2) $12121_{(3)}$

(3) $4321_{(5)}$　　(4) $1234_{(8)}$

ヒント！ (1) $101010_{(2)}=1\cdot2^5+0\cdot2^4+1\cdot2^3+0\cdot2^2+1\cdot2^1+0\cdot2^0{}_{(10)}$ のようにして 2 進数を 10 進数で表せるんだね。(2)，(3)，(4) も同様だ。

解答＆解説

(1) $101010_{(2)}=\underbrace{1\cdot2^5}_{32}+0\cdot2^4+\underbrace{1\cdot2^3}_{8}+0\cdot2^2+\underbrace{1\cdot2^1}_{2}+0\cdot2^0{}_{(10)}$

$=32+8+2_{(10)}=42_{(10)}$ ……………………(答)

(2) $12121_{(3)}=\underbrace{1\cdot3^4}_{81}+\underbrace{2\cdot3^3}_{54}+\underbrace{1\cdot3^2}_{9}+\underbrace{2\cdot3^1}_{6}+\underbrace{1\cdot3^0}_{1\cdot1=1}{}_{(10)}$

$=81+54+9+6+1_{(10)}=151_{(10)}$ ……………………(答)

(3) $4321_{(5)}=\underbrace{4\cdot5^3}_{4\times125=500}+\underbrace{3\cdot5^2}_{3\times25=75}+\underbrace{2\cdot5^1}_{10}+\underbrace{1\cdot5^0}_{1\cdot1=1}{}_{(10)}$

$=500+75+10+1_{(10)}=586_{(10)}$ ……………………(答)

(4) $1234_{(8)}=\underbrace{1\cdot8^3}_{(2^3)^3=2^9=512}+\underbrace{2\cdot8^2}_{2\times64=128}+\underbrace{3\cdot8^1}_{24}+\underbrace{4\cdot8^0}_{4\cdot1=4}{}_{(10)}$

$2^{10}=1024$（これは覚えよう！）より
$2^9=512$ が，すぐに計算できる！

$=512+128+24+4_{(10)}=668_{(10)}$ ……………………(答)

初めからトライ！問題 120	10 進法 ⟶ n 進法	CHECK 1	CHECK 2	CHECK 3

$5_{(10)}=12_{(3)}$ のように，次の10進法で表された数を(1)は2進法，(2)は3進法，(3)は5進法，(4)は8進法で表せ。

(1) $35_{(10)}$　　(2) $59_{(10)}$　　(3) $209_{(10)}$　　(4) $818_{(10)}$

ヒント！ それぞれ与えられた数で割って，商と余りを並べていけばいいよ。

解答＆解説

(1) 右のように，$35_{(10)}$ を順次2で割って商と余りを並べていくことにより，この数の2進法表示は

$35_{(10)}=100011_{(2)}$ である。………………(答)

```
2 ) 35      余り
2 ) 17 …1
2 )  8 …1
2 )  4 …0
2 )  2 …0
     1 …0
```

(2) 右のように，$59_{(10)}$ を順次3で割って商と余りを並べていくことにより，この数の3進法表示は

$59_{(10)}=2012_{(3)}$ である。…………………(答)

```
3 ) 59      余り
3 ) 19 …2
3 )  6 …1
     2 …0
```

(3) 右のように，$209_{(10)}$ を順次5で割って商と余りを並べていくことにより，この数の5進法表示は

$209_{(10)}=1314_{(5)}$ である。…………………(答)

```
5 ) 209      余り
5 )  41 …4
5 )   8 …1
      1 …3
```

(4) 右のように，$818_{(10)}$ を順次8で割って商と余りを並べていくことにより，この数の8進法表示は

$818_{(10)}=1462_{(8)}$ である。…………………(答)

```
8 ) 818      余り
8 ) 102 …2
8 )  12 …6
      1 …4
```

初めからトライ！問題 121	n 進法 → 10 進法	CHECK 1	CHECK 2	CHECK 3

$0.1_{(2)} = \frac{1}{2}_{(10)}$ のように，次のそれぞれの数を 10 進法の分数で表示せよ。

(1) $110.101_{(2)}$　　(2) $21.12_{(3)}$

(3) $4.32_{(5)}$　　(4) $5.51_{(8)}$

ヒント！ (1) $110.101_{(2)} = 1\cdot2^2 + 1\cdot2^1 + 0\cdot2^0 + 1\cdot2^{-1} + 0\cdot2^{-2} + 1\cdot2^{-3}{}_{(10)}$ のように 2 進数を 10 進数で表せばいいんだね。他も同様だ。

解答＆解説

(1) $110.101_{(2)} = 1\cdot2^2 + 1\cdot2^1 + \cancel{0\cdot2^0} + 1\cdot2^{-1} + \cancel{0\cdot2^{-2}} + 1\cdot2^{-3}{}_{(10)}$

$= 4 + 2 + \frac{1}{2} + \frac{1}{2^3}{}_{(10)} = 6 + \frac{1}{2} + \frac{1}{8}{}_{(10)}$

$= \frac{48+4+1}{8}{}_{(10)} = \frac{53}{8}{}_{(10)}$ ……………………(答)

(2) $21.12_{(3)} = 2\cdot3^1 + 1\cdot3^0 + 1\cdot3^{-1} + 2\cdot3^{-2}{}_{(10)}$

$= 6 + 1 + \frac{1}{3} + \frac{2}{3^2}{}_{(10)} = 7 + \frac{1}{3} + \frac{2}{9}{}_{(10)}$

$= \frac{63+3+2}{9}{}_{(10)} = \frac{68}{9}{}_{(10)}$ ……………………(答)

(3) $4.32_{(5)} = 4\cdot5^0 + 3\cdot5^{-1} + 2\cdot5^{-2}{}_{(10)}$

$= 4 + \frac{3}{5} + \frac{2}{5^2}{}_{(10)} = 4 + \frac{3}{5} + \frac{2}{25}{}_{(10)}$

$= \frac{100+15+2}{25}{}_{(10)} = \frac{117}{25}{}_{(10)}$ ……………………(答)

(4) $5.51_{(8)} = 5\cdot8^0 + 5\cdot8^{-1} + 1\cdot8^{-2}{}_{(10)}$

$= 5 + \frac{5}{8} + \frac{1}{8^2}{}_{(10)} = 5 + \frac{5}{8} + \frac{1}{64}{}_{(10)}$

$= \frac{320+40+1}{64}{}_{(10)} = \frac{361}{64}{}_{(10)}$ ……………………(答)

初めからトライ！問題 122　**2 進数同士の計算**　CHECK 1　CHECK 2　CHECK 3

次の **2** 進数表示された数同士の計算をして，**2** 進数のままで表せ。

(1) $1111+101$　　**(2)** $10101-1011$

(3) 1111×11　　**(4)** $1110\div10$

ヒント！ **2** 進数同士の和では $1+1=10$，差では $10-1=1$ となることがポイントなんだね。検算は，**10** 進数でやれば間違いないよ。

解答＆解説

(1) 右のように計算すると

$1111+101=10100$ ………………(答)

10 進法表示では，これは
$(2^3+2^2+2^1+1)+(2^2+1)=2^4+2^2$ より
$15+5=20$ のことなので，**OK**! だね。

```
   1111
+)  101
  10100
```

(2) 右のように計算すると

$10101-1011=1010$ ……………(答)

10 進法表示では，これは
$(2^4+2^2+1)-(2^3+2+1)=2^3+2$ より
$21-11=10$ のことなので，**OK**!

```
  10101
-) 1011
   1010
```

(3) 右のように計算すると

$1111\times11=101101$ ………………(答)

10 進法表示では，これは
$(2^3+2^2+2+1)\times(2+1)=2^5+2^3+2^2+1$ より
$15\times3=45$ のことなので，**OK**!

```
    1111
×)    11
    1111
   1111
  101101
```

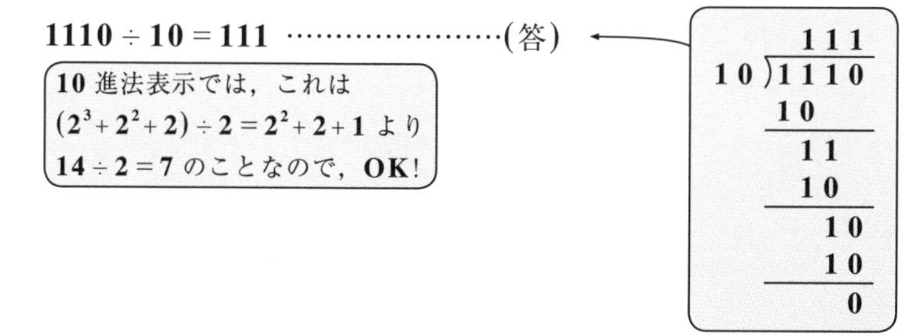

(4) 右のように計算すると

$1110\div10=111$ ……………………(答)

10 進法表示では，これは
$(2^3+2^2+2)\div2=2^2+2+1$ より
$14\div2=7$ のことなので，**OK**!

初めからトライ！問題 123　循環小数　CHECK 1　CHECK 2　CHECK 3

次の 10 進法表示での循環小数を既約分数で表せ。

(1) $0.\dot{1}\dot{9}$　　(2) $0.\dot{4}\dot{5}$　　(3) $0.\dot{1}2\dot{3}$

ヒント！ (1) $0.19191919\cdots$ のように同じ数が循環して表れる小数は，$0.\dot{1}\dot{9}$ のように表示する。$x=0.\dot{1}\dot{9}$ とおいて，x の方程式を立てて解く。(2), (3) も同様だ。

解答＆解説

(1) $x=0.\dot{1}\dot{9}$ ……①とおくと，①より

$x=0.19191919\cdots$　よって，この両辺に 100 をかけて

$100x=19.191919\cdots=19+\underbrace{0.191919\cdots}_{x}$　より

$100x=19+x$　よって $(100-1)x=19$　より，x は既約分数

$x=\dfrac{19}{99}$ で表される。……………………………………(答)

(2) $x=0.\dot{4}\dot{5}$ ……②とおくと，②より

$x=0.45454545\cdots$　よって，この両辺に 100 をかけて

$100x=45.454545\cdots=45+\underbrace{0.454545\cdots}_{x}$　より

$100x=45+x$　よって $(100-1)x=45$　より，$x=\dfrac{45}{99}$

$\therefore x=\dfrac{45}{99}$ ← 分子・分母を 9 で割って $=\dfrac{5}{11}$ ……………………………………(答)

(3) $x=0.\dot{1}2\dot{3}$ ……③とおくと，③より

$x=0.123123123\cdots$　よって，この両辺に 1000 をかけて

$1000x=123.123123\cdots=123+\underbrace{0.123123\cdots}_{x}$　より

$1000x=123+x$　よって $(1000-1)x=123$　より，$x=\dfrac{123}{999}$

$\therefore x=\dfrac{123}{999}$ ← 分子・分母を 3 で割って $=\dfrac{41}{333}$ ……………………………………(答)

初めからトライ！問題 124	合同式	CHECK 1	CHECK 2	CHECK 3

次の各問いに答えよ。

(1) **495** と **850** を，それぞれ **4** で割った余りを求めよ。

(2) 495×850 を，**4** で割った余りを求めよ。

(3) 495^{10} と 850^{10} を，それぞれ **4** で割った余りを求めよ。

ヒント！ 合同式の公式：$a \equiv b \pmod{n}$, $c \equiv d \pmod{n}$ のとき，$a+c \equiv b+d \pmod{n}$ や $a \times c \equiv b \times d \pmod{n}$ などを用いて解いていこう。

解答＆解説

(1) ・$495 = \underbrace{492}_{4\times123} + 3 = 4 \times 123 + \underbrace{3}_{余り}$ より

495 を 4 で割った余りは 3 である。……………………(答)

・$850 = \underbrace{848}_{4\times212} + 2 = 4 \times 212 + \underbrace{2}_{余り}$ より

850 を 4 で割った余りは 2 である。……………………(答)

(2) (1) の結果より，$495 \equiv 3 \pmod{4}$, $850 \equiv 2 \pmod{4}$ である。

よって，

$495 \times 850 \equiv 3 \times 2 \equiv 6 \equiv 2 \pmod{4}$ ← $\begin{cases} a \equiv b \pmod{n} \\ c \equiv d \pmod{n} \end{cases}$ のとき $a \times c \equiv b \times d \pmod{n}$

∴ 495×850 を 4 で割った余りは

2 である。……………………(答)

(3) ・$495 \equiv 3 \pmod{4}$ より

$495^{10} \equiv 3^{10} \equiv (\underbrace{3^2}_{9 \equiv 1 \pmod{4}})^5 \equiv 1^5 \equiv 1 \pmod{4}$

∴ 495^{10} を 4 で割った余りは 1 である。……………………(答)

・$850 \equiv 2 \pmod{4}$ より

$850^{10} \equiv 2^{10} \equiv (\underbrace{2^2}_{4 \equiv 0 \pmod{4}})^5 \equiv 0^5 \equiv 0 \pmod{4}$

∴ 850^{10} を 4 で割った余りは 0 である。……………………(答)

初めからトライ！問題 125	合同式	CHECK 1	CHECK 2	CHECK 3

すべての自然数 n に対して，$S_n = n^3 + n(4n^2 + 1)$ は 3 の倍数であることを示せ。

ヒント！ $S_n = n(5n^2+1)$ と変形して，(i) $n \equiv 0 \pmod{3}$, (ii) $n \equiv 1 \pmod{3}$, (iii) $n \equiv 2 \pmod{3}$の 3 通りに分類して，すべての自然数 n に対して S_n が 3 の倍数，すなわち $S_n \equiv 0 \pmod{3}$ となることを示せばいいんだね。

解答＆解説

$$S_n = n^3 + n(4n^2+1) = n^3 + 4n^3 + n = 5n^3 + n = n(5n^2+1)$$

これから，$S_n = n(5n^2+1)$ が，すべての自然数 n に対して 3 の倍数であることを示す。

ここで，n を (i) $n \equiv 0 \pmod{3}$，(ii) $n \equiv 1 \pmod{3}$，(iii) $n \equiv 2 \pmod{3}$

(n は 3 の倍数)　(n は 3 で割って 1 余る数)　(n は 3 で割って 2 余る数)

(すべての自然数 n は，この 3 通りに場合分けできる)

の 3 通りに場合分けして調べる。

(i) $n \equiv 0 \pmod{3}$ のとき，

$$S_n = n(5n^2+1) \equiv 0\cdot(5\cdot0^2+1) \equiv 0 \pmod{3}$$

(ii) $n \equiv 1 \pmod{3}$ のとき，

$$S_n = n(5n^2+1) \equiv 1\cdot(5\cdot1^2+1) \equiv 6 \equiv 0 \pmod{3}$$

(iii) $n \equiv 2 \pmod{3}$ のとき，

$$S_n = n(5n^2+1) \equiv 2\cdot(5\cdot2^2+1) \equiv 2\times21 \equiv 0 \pmod{3}$$

($2\times21 = 14\times3$ (3 で割り切れる))

以上 (i)(ii)(iii) より，すべての自然数 n に対して

$S_n = n(5n^2+1) = n^3 + n(4n^2+1)$ は 3 の倍数である。…………………………(終)

初めからトライ！問題 126 合同式 CHECK 1 CHECK 2 CHECK 3

5 の倍数ではないすべての整数 n に対して，$S_n = n^4 + 4$ は 5 の倍数となることを示せ。

ヒント！ 今回，"n は 5 の倍数ではない" と言っているので，n を (i) $n \equiv 1 \pmod 5$, (ii) $n \equiv 2 \pmod 5$, (iii) $n \equiv 3 \pmod 5$, (iv) $n \equiv 4 \pmod 5$ の 4 通りに場合分けして，そのすべてに対して $S_n \equiv 0 \pmod 5$ となることを示せばいいんだね。

解答＆解説

5 の倍数でないすべての整数 n に対して，$S_n = n^4 + 4$ が 5 の倍数となることを

(i) $n \equiv 1 \pmod 5$, (ii) $n \equiv 2 \pmod 5$, (iii) $n \equiv 3 \pmod 5$,

(iv) $n \equiv 4 \pmod 5$ の 4 通りに場合分けして示す。

(i) $n \equiv 1 \pmod 5$ のとき，

$$S_n = n^4 + 4 \equiv 1^4 + 4 \equiv 5 \equiv 0 \pmod 5$$

(ii) $n \equiv 2 \pmod 5$ のとき，

$$S_n = n^4 + 4 \equiv \underbrace{2^4}_{16} + 4 \equiv 20 \equiv 0 \pmod 5$$

(iii) $n \equiv 3 \pmod 5$ のとき，

$$S_n = n^4 + 4 \equiv \underbrace{3^4}_{(3^2)^2 \equiv 9^2 \equiv 4^2 \equiv 16 \equiv 1} + 4 \equiv 1 + 4 \equiv 0 \pmod 5$$

(iv) $n \equiv 4 \pmod 5$ のとき，

$$S_n = n^4 + 4 \equiv \underbrace{4^4}_{(4^2)^2 \equiv 1^2 \equiv 1} + 4 \equiv 1 + 4 \equiv 0 \pmod 5$$

以上 (i)〜(iv) より，5 の倍数でないすべての整数 n に対して

$S_n = n^4 + 4$ は 5 の倍数である。……………………………………………(終)

第7章 ● 整数の性質の公式を復習しよう！

1. $A \cdot B = n$ 型　(A，B：整数の式，n：整数) の解法

n の約数を A と B に割り当てる右の表を作って，解く。

A	1	n	…	-1	$-n$
B	n	1	…	$-n$	-1

2. 2つの自然数 a，b の最大公約数 g と最小公倍数 L

(i) $\begin{cases} a = g \cdot a' \\ b = g \cdot b' \end{cases}$ (a'，b'：互いに素な正の整数)

(ii) $L = g \cdot a' \cdot b'$　　(iii) $a \cdot b = g \cdot L$

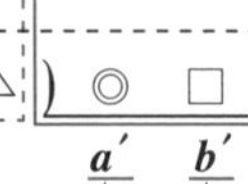

3. 除法の性質

整数 a を正の整数 b で割ったときの商を q，余りを r とおくと，

$a = b \times q + r$　$(0 \leqq r < b)$　が成り立つ。

4. ユークリッドの互除法

正の整数 a，b $(a > b)$ について，右の各式が成り立つとき，a と b の最大公約数 g は，

$g = b''$　となる。

$a = b \times q + r$　$(0 < r < b)$

$a' = b' \times q' + r'$　$(0 < r' < b')$

$a'' = b'' \times q''$

5. 不定方程式 $ax + by = n$ …① (a，b：互いに素，n：0でない整数) の解法

①の1組の整数解 (x_1, y_1) を，ユークリッドの互除法より求め，$ax_1 + by_1 = n$ …②を作る。①－②より，$\alpha x = \beta y$ (α，β：互いに素) の形に帰着させる。

6. p 進法による記数法 (2進法表示の例)

・右の計算式より，$15_{(10)} = 1111_{(2)}$

10進法表示　2進法表示

・和と差の基本 (i) $1 + 1 = 10$　(ii) $10 - 1 = 1$

```
2 ) 15      余り
2 )  7 …1
2 )  3 …1
     1 …1
```

7. 合同式

$a \equiv b \pmod{n}$ かつ $c \equiv d \pmod{n}$ のとき，

(i) $a \pm c \equiv b \pm d \pmod{n}$　(複号同順)

(ii) $a \times c \equiv b \times d \pmod{n}$　(iii) $a^m \equiv b^m \pmod{n}$ (m：自然数)

第8章
CHAPTER

8 図形の性質

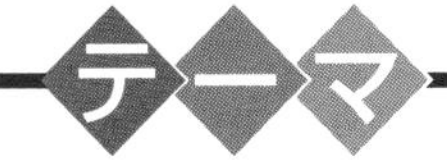

- 三角形の基本
- 三角形の五心と，
  チェバの定理，メネラウスの定理
- 円の性質
- 作図
- 空間図形

“図形の性質”を初めから解こう！　公式＆解法パターン

(Ⅰ) 平面図形

1. 中点連結の定理を覚えよう。

△**ABC** の **2** つの辺 **AB** と **AC** の中点をそれぞれ**M, N** とおくと，

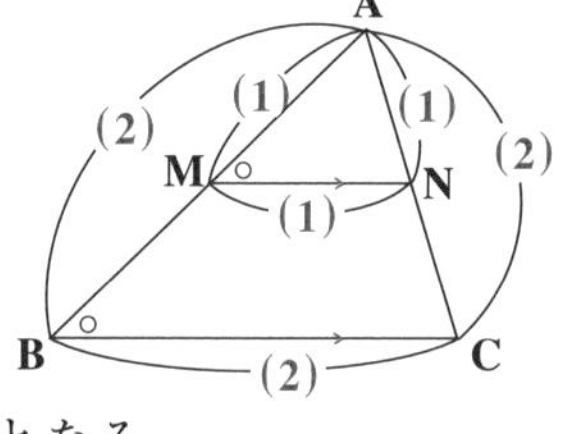

(ⅰ) **MN//BC**
かつ
(ⅱ) $\mathbf{MN = \frac{1}{2}BC}$ ← MN の長さは BC の半分

となる。

2. 内分と外分の意味を理解しよう。

(Ⅰ) 内分

線分 **AB** 上に点 **P** があり **AP**：**PB** = m：n であるとき，点 **P** は線分 **AB** を m：n に**内分する**という。

(Ⅱ) 外分

線分 **AB** の延長上に点 **Q** があり，**AQ**：**QB** = m：n であるとき，点 **Q** は線分 **AB** を m：n に**外分する**という。

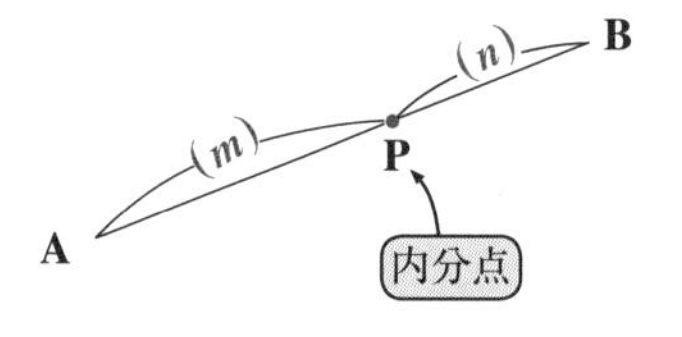

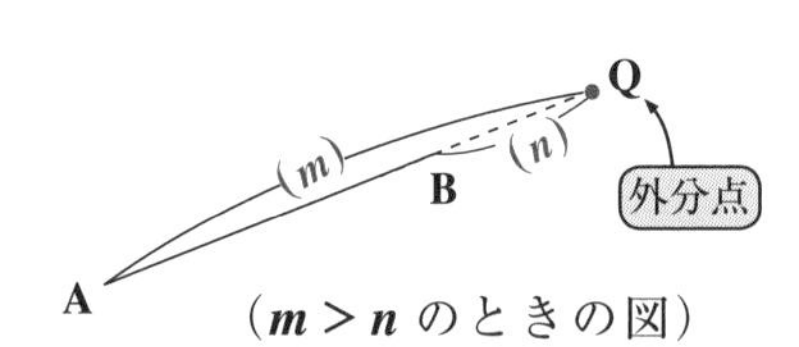

($m > n$ のときの図)

3. 三角形の内角と外角の 2 等分線と辺の比もマスターしよう。

(Ⅰ) 三角形の内角の **2** 等分線と辺の比

△**ABC** の内角∠**A** の二等分線と辺 **BC** との交点を **P** とおき，また，**AB** = c, **CA** = b とおくと，

<u>**BP**：**PC** = c：b</u> となる。

点 **P** は，辺 **BC** を c：b に内分する！

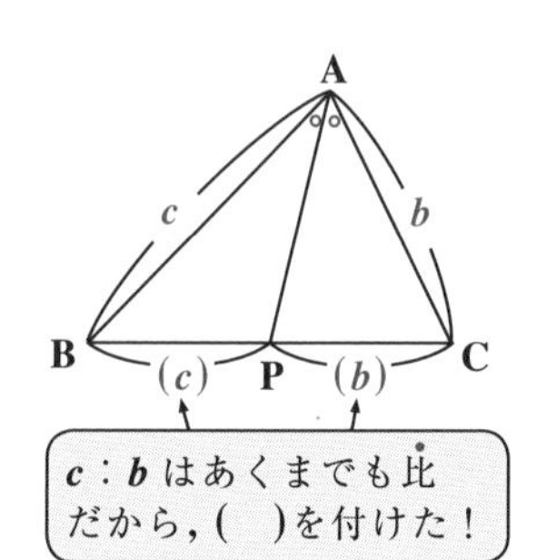

(Ⅱ) 三角形の外角の 2 等分線と辺の比

△ABC の∠A の外角の二等分線と辺 BC の延長線との交点を Q とおき，また，$AB=c$，$CA=b$ とおくと，

$BQ:QC=c:b$ となる。

点 Q は，線分 BC を $c:b$ に外分する！

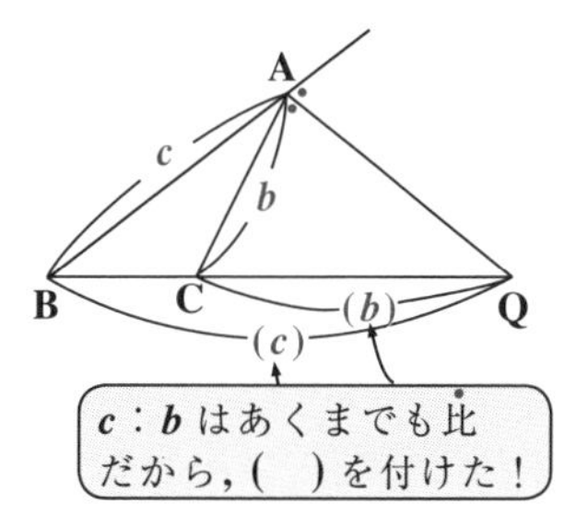

4. 三角形の五心を押さえよう。

(1) △ABC の重心(じゅうしん) G

△ABC の重心 G は，3 つの頂点 A，B，C から出る 3 本の中線の交点である。

（各中線は，重心 G により，右図のように 2：1 に内分される。）

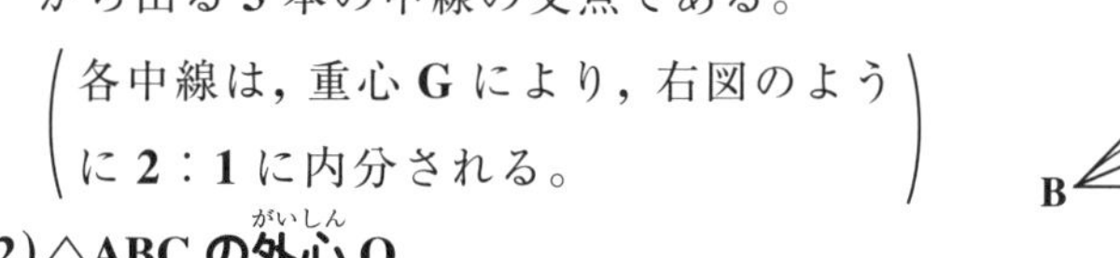

(2) △ABC の外心(がいしん) O

△ABC の外心 O は，3 辺 BC，CA，AB の垂直二等分線の交点で，△ABC の外接円の中心になる。

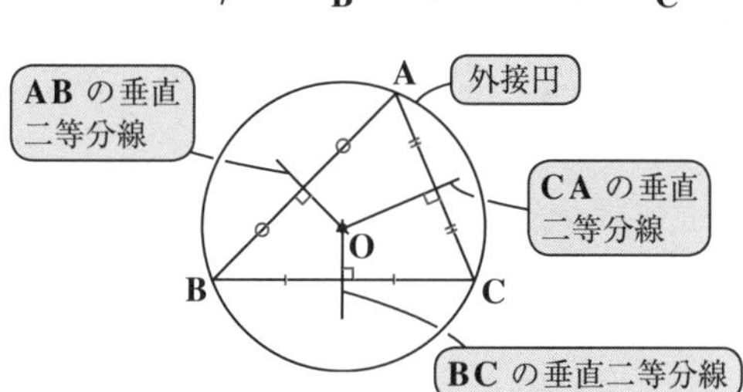

(3) △ABC の内心(ないしん) I

△ABC の内心 I は，3 つの頂角∠A，∠B，∠C の二等分線の交点で，△ABC の内接円の中心になる。

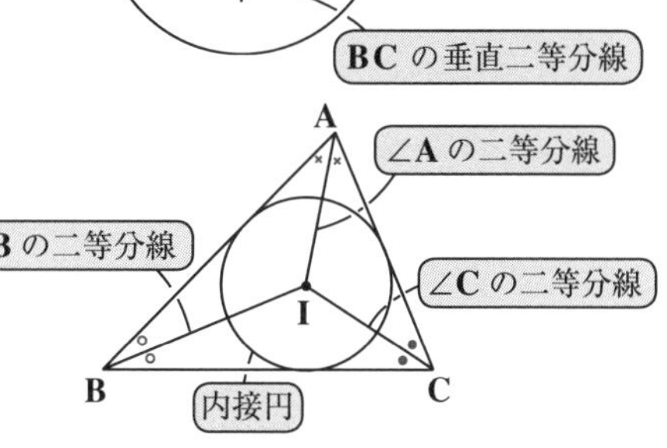

(4) △ABC の垂心(すいしん) H

△ABC の各頂点からそれぞれの対辺に下ろした 3 つの垂線はただ 1 つの点で交わる。この交点を垂心という。

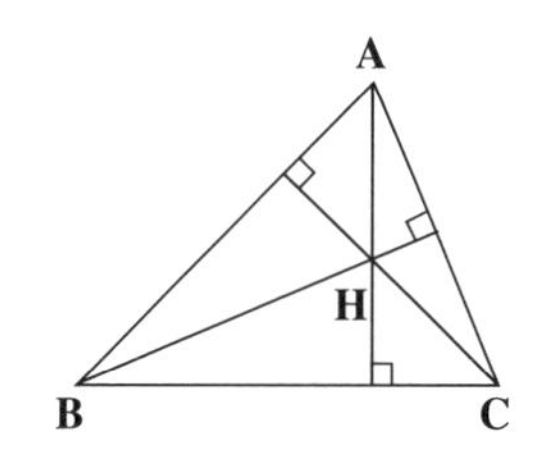

(5) △ABC の∠A に対する傍心(ぼうしん) E_A

△ABC の内角∠A の二等分線と，∠B と∠C のそれぞれの外角の二等分線は，1 点で交わる。この点を E_A とおくと，E_A を中心とし，辺 BC と，辺 AB と辺 AC の延長に接する円を描くことができる。

この点（中心）E_A を∠A に対する**傍心**と呼び，
この円を，∠A に対する**傍接円**(ぼうせつえん)と呼ぶ。

5. チェバの定理・メネラウスの定理はとても役に立つ定理だ。

(1) チェバの定理

△ABC の 3 つの頂点から 3 本の直線が出て，1 点で交わるものとする。この 3 本の直線と各辺との交点を右図のように D, E, F とおく。ここで，この D, E, F により，3 辺が

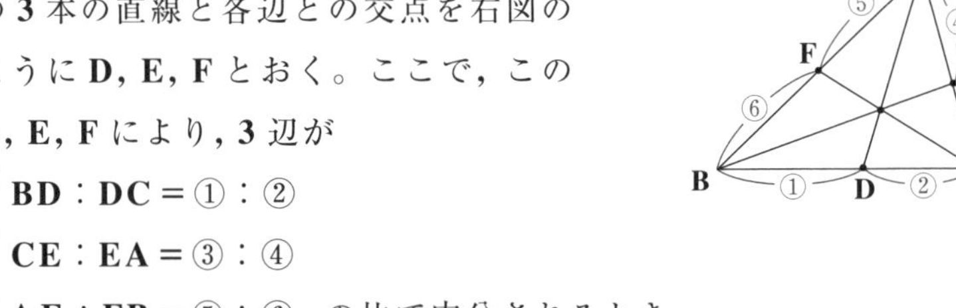

BD：DC＝①：②
CE：EA＝③：④
AF：FB＝⑤：⑥　の比で内分されるとき，

$\frac{②}{①}\times\frac{④}{③}\times\frac{⑥}{⑤}=1$ が成り立つ。

(2) メネラウスの定理

右図のように，三角形の 2 つの頂点から出た 2 本の直線により，各線分の比が①：②，③：④，⑤：⑥になるものとする。

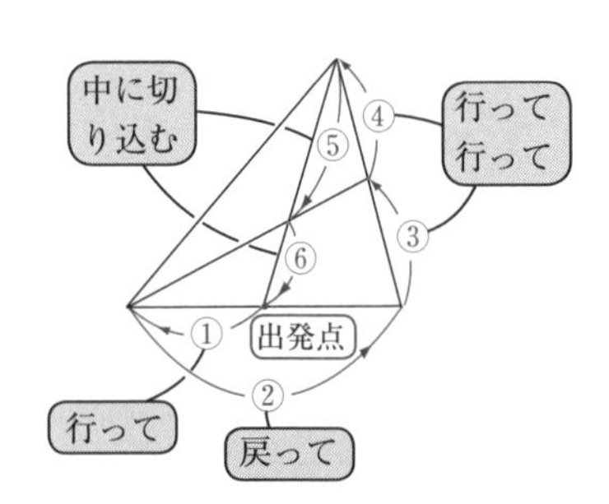

この辺の内分点の 1 つを出発点として，

(i) ①で行って，②で戻り，
(ii) ③，④とそのまま行って，
(iii) ⑤，⑥と中に切り込んで，

最後は，元の出発点に戻るとき，

$\frac{②}{①}\times\frac{④}{③}\times\frac{⑥}{⑤}=1$ が成り立つ。

メネラウスの定理では，
①（行って），②（戻って），
③，④（行って，行って），
⑤，⑥（中に切り込む）
と覚えればいいんだよ！

6. 中心角(ちゅうしんかく)は円周角(えんしゅうかく)の 2 倍になる。

右図のような 弧 $\overset{\frown}{\mathbf{QR}}$ に対する**中心角**は，
弧 $\overset{\frown}{\mathbf{QR}}$ に対する**円周角**の **2** 倍になる。

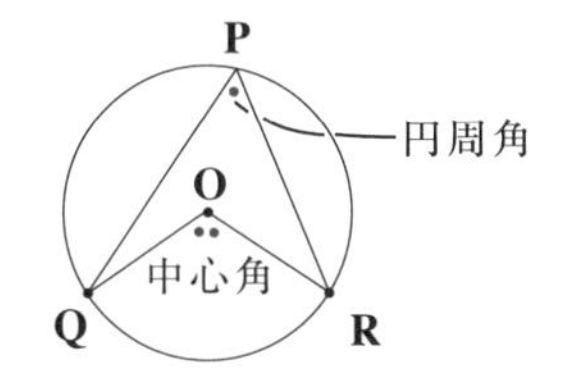

7. 接弦定理(せつげんていり)も押さえよう。

弧 $\overset{\frown}{\mathbf{PQ}}$ に対する円周角を θ とおくと，点 **P** における円の接線 **PX** と弦 **PQ** とのなす角 ∠**QPX** は，θ と等しい。つまり，右図において
∠**QPX** = ∠**PRQ** が成り立つ。

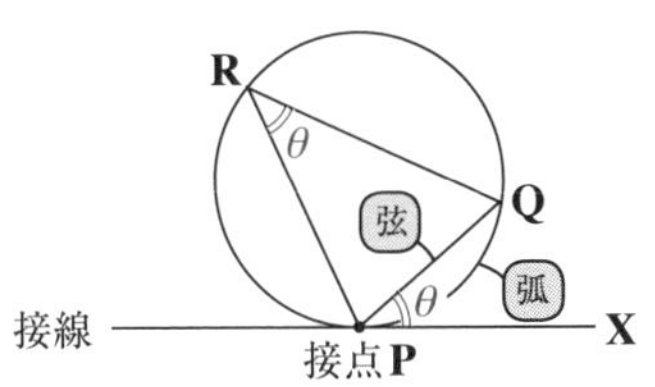
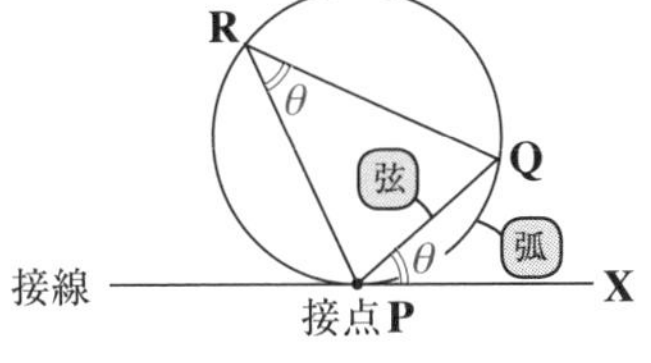

8. 方(ほう)べきの定理には，次の 3 通りがある。

方べきの定理 (Ⅰ)

$x \cdot y = z \cdot w$

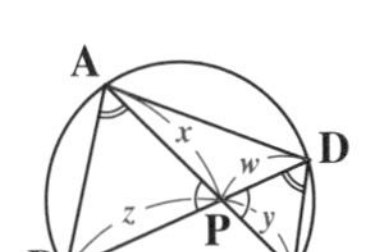

(△PAB∽△PDC)

方べきの定理 (Ⅱ)

$x \cdot y = z \cdot w$

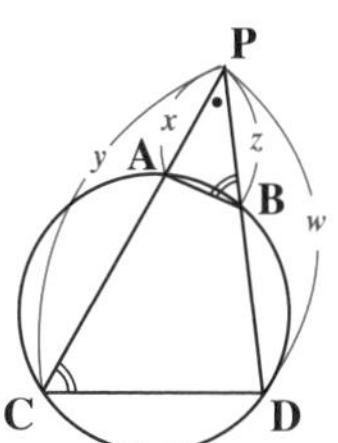

(△PAB∽△PDC)

方べきの定理 (Ⅲ)

$x \cdot y = z^2$

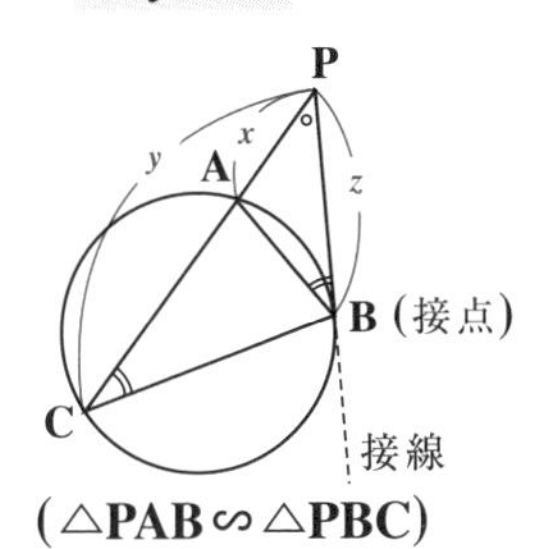

(△PAB∽△PBC)

9. 2 つの円の共通接線には，次の 5 つのパターンがある。

(ⅰ) **共通接線 4 本** ($d > r + r'$)

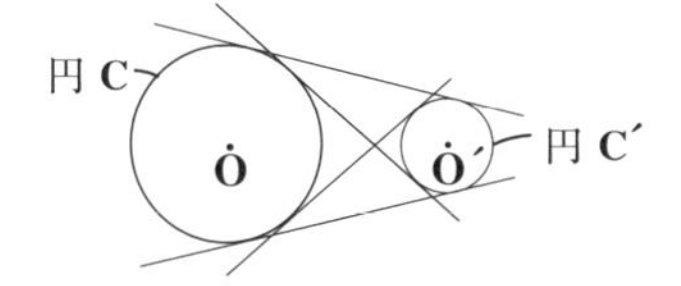

(ⅱ) **共通接線 3 本** ($d = r + r'$)

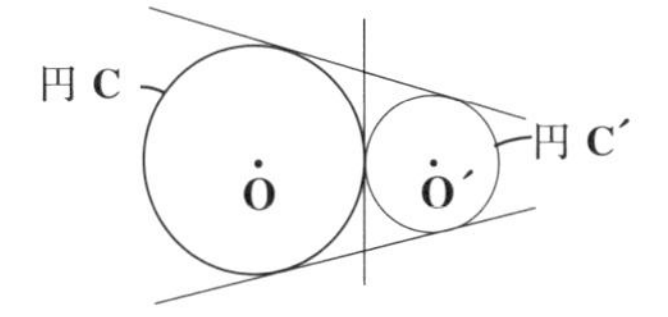

(ⅲ) **共通接線 2 本**
($r - r' < d < r + r'$)

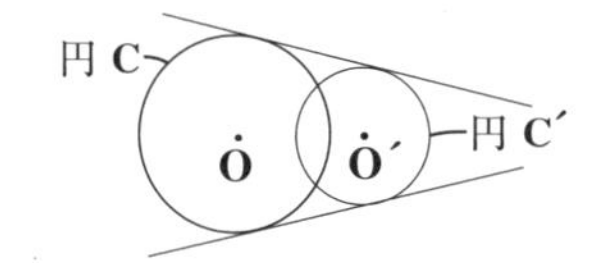

(ⅳ) **共通接線 1 本**
($d = r - r'$)

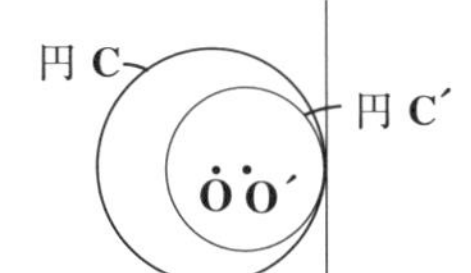

(ⅴ) **共通接線 0 本**
($d < r - r'$)

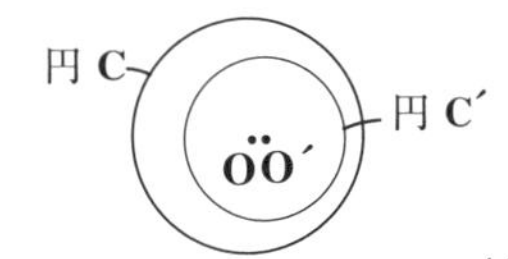

(Ⅱ) 空間図形

10. 2 直線や 2 平面の位置関係を押さえよう。

(1) 2 直線 l, m の位置関係

（ⅰ）1 点で交わる　（ⅱ）平行である　（ⅲ）ねじれの位置にある

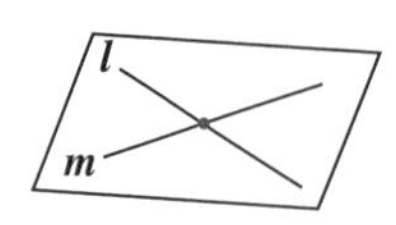

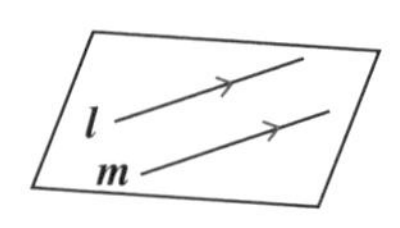

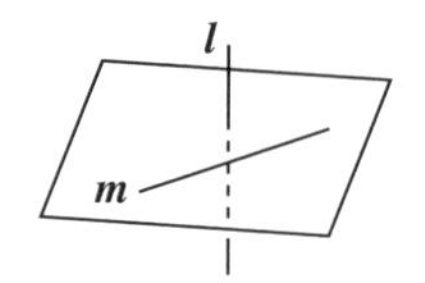

(2) 2 平面 α, β の位置関係

（ⅰ）交わる　（ⅱ）平行である

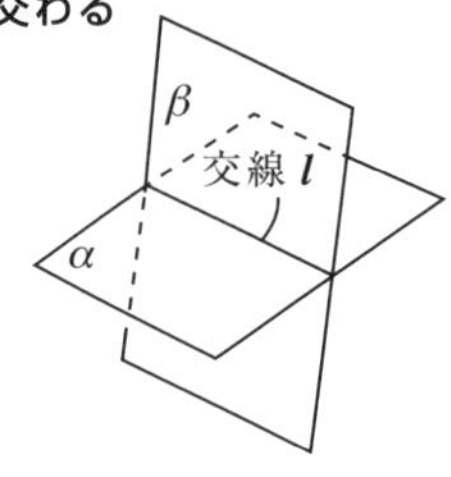

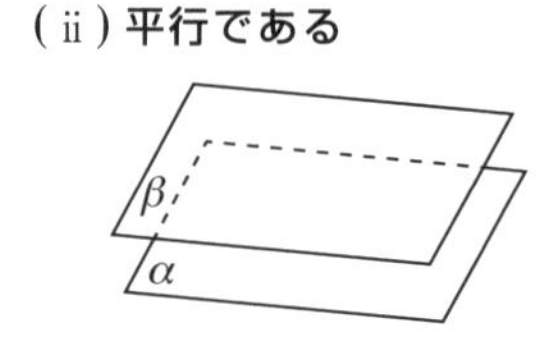

(3) 2 平面のなす角

交線上の 1 点 O をとり，この O を通り α, β 上に交線と垂直な直線 m, n を引く。この m と n のなす角を，2 平面 α, β の**なす角**という。

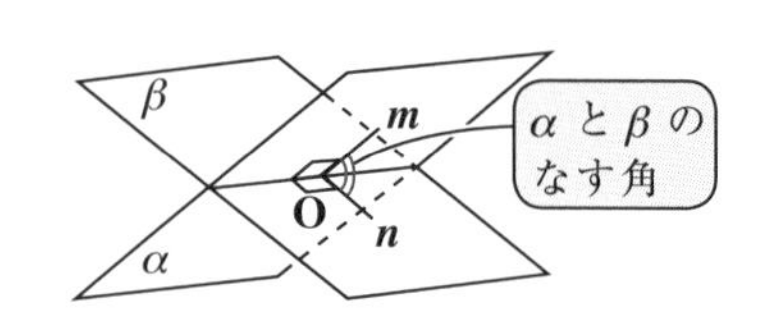

11. 三垂線（さんすいせん）の定理には，次の 3 通りがある。

(1) $\mathrm{PO} \perp \alpha$，かつ $\mathrm{OQ} \perp l \Rightarrow \mathrm{PQ} \perp l$

(2) $\mathrm{PO} \perp \alpha$，かつ $\mathrm{PQ} \perp l \Rightarrow \mathrm{OQ} \perp l$

(3) $\mathrm{PQ} \perp l$，かつ $\mathrm{OQ} \perp l$，かつ $\mathrm{PO} \perp \mathrm{OQ} \Rightarrow \mathrm{PO} \perp \alpha$

(1)

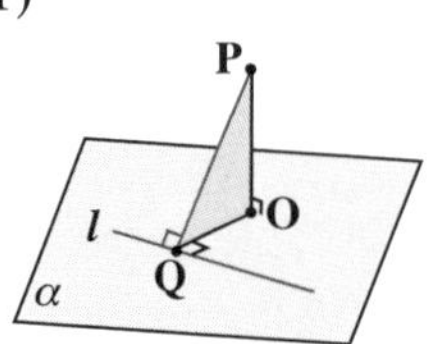

(2)

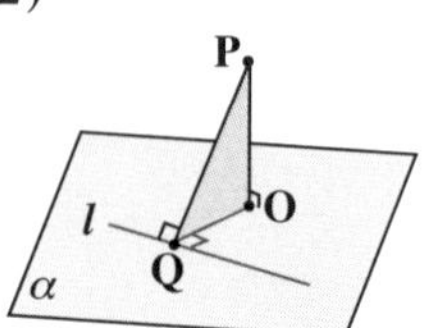

(3)

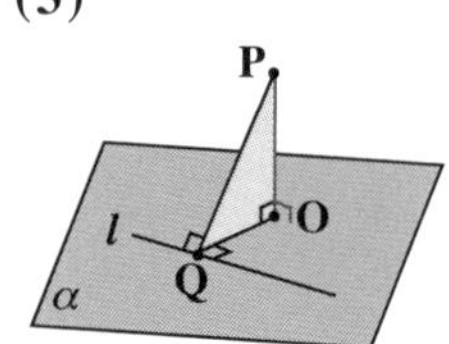

12. 5種類の正多面体を頭に入れよう。

(1) 5 種類の正多面体

(i) **正四面体**

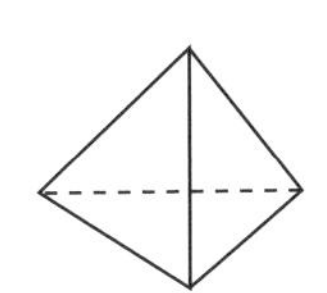

(ii) **正六面体**

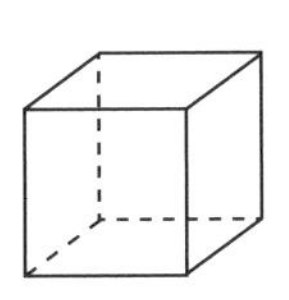

(iii) **正八面体**

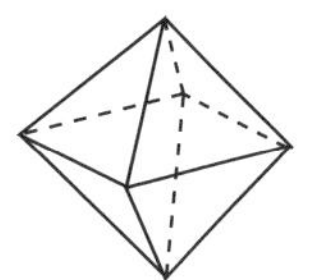

(iv) **正十二面体**

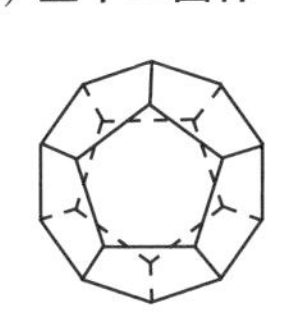

(v) **正二十面体**

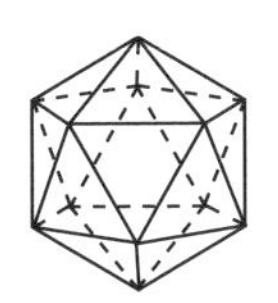

(2) 5 種類の正多面体の v(頂点)，e(辺)，f(面) の数

	正四面体	正六面体	正八面体	正十二面体	正二十面体
頂点の数 v	**4**	**8**	**6**	**20**	**12**
辺の数 e	**6**	**12**	**12**	**30**	**30**
面の数 f	**4**	**6**	**8**	**12**	**20**

13. オイラーの多面体定理

一般に，へこみのない**凸多面体**の頂点の数 v，辺の数 e，面の数 f の間には，次の**オイラーの多面体定理**が成り立つ。

$$f+v-e=2 \quad \cdots\cdots(*)$$

これは「“メンテ代から1000円引いて，ニッコリ”」と覚えておこう！
面 (f)　点 (v)　線，辺 (e)　2

(ex) 正四面体では，$v=4$，$e=6$，$f=4$ より，

$f+v-e=4+4-6=2$　となって，(∗) は成り立つ。

(ex) 正二十面体では，$v=12$，$e=30$，$f=20$ より，

$f+v-e=20+12-30=2$　となって，(∗) は成り立つ。

初めからトライ！問題 127　内角の 2 等分線と辺の比　CHECK 1　CHECK 2　CHECK 3

AB = c, AC = b の右のような△ABC について，
内角∠A の 2 等分線と辺 BC との交点を
P とおくとき，
BP : PC = c : b ……(＊) が成り立つことを示せ。

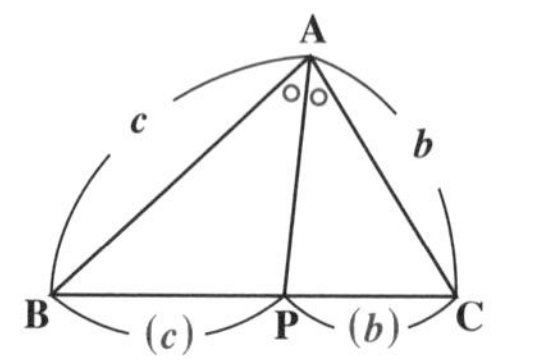

ヒント！ 内角の 2 等分線と辺の比の公式の証明問題だ。錯角や同位角を使って，図形的にうまく証明しよう。

解答＆解説

図 1 に示すように，AP と平行な直線を点 C から引き，辺 AB の延長線との交点を D とおくと，AP//DC (平行) より

$$\begin{cases} \angle \mathrm{BAP} = \angle \mathrm{ADC} \text{ (同位角)} \\ \angle \mathrm{PAC} = \angle \mathrm{ACD} \text{ (錯角)} \end{cases}$$ となる。

ここで，∠BAP = ∠PAC より
△ACD は∠ADC = ∠ACD の二等辺三角形である。よって，
AD = AC = b である。

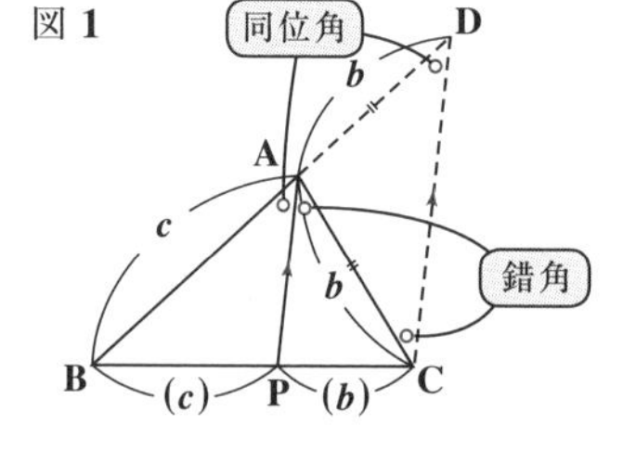

図 2 より，△BDC について
DC//AP (平行) より
BP : PC = BA : AD
∴ BP : PC = c : b ……(＊)
は成り立つ。……………………………(終)

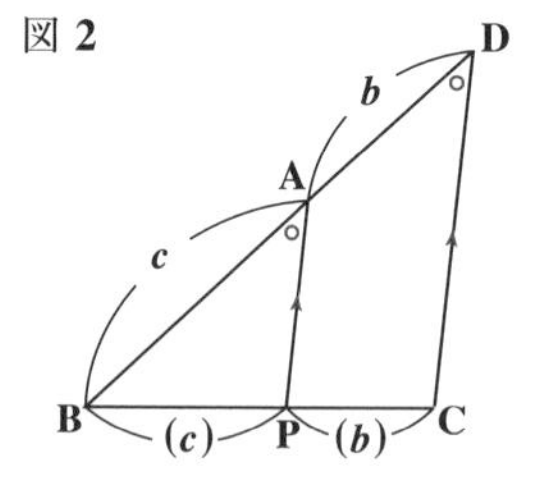

これは逆に，「点 P が線分 BC を c : b に内分する点であるとき，線分 AP は内角∠A を 2 等分する。」ことも言えるんだね。

初めからトライ！問題 128　外角の 2 等分線と辺の比　CHECK 1　CHECK 2　CHECK 3

AB = c，AC = b の右のような △ABC について，∠A の外角の 2 等分線と辺 BC の延長線との交点を Q とおくとき，BQ : QC = c : b ……(＊) が成り立つことを示せ。

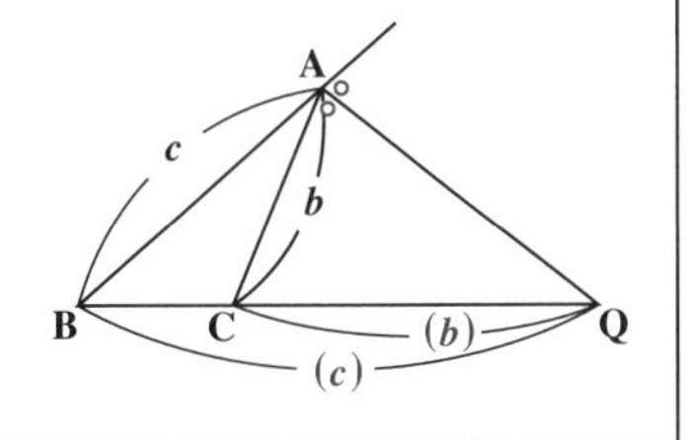

ヒント！ 今回は外角の 2 等分線と辺の比の公式の証明問題だ。点 Q が，線分 BC を c : b に外分する点であることに気を付けよう。

解答＆解説

図 1 に示すように，AQ と平行な直線を点 C から引き，辺 AB との交点を D とおくと，AQ//DC (平行) より

$$\begin{cases} \angle XAQ = \angle ADC \text{ (同位角)} \\ \angle QAC = \angle ACD \text{ (錯角)} \end{cases}$$ となる。

ここで，∠XAQ = ∠QAC より，△ADC は ∠ADC = ∠ACD の二等辺三角形である。よって，

AD = AC = b である。

図 1

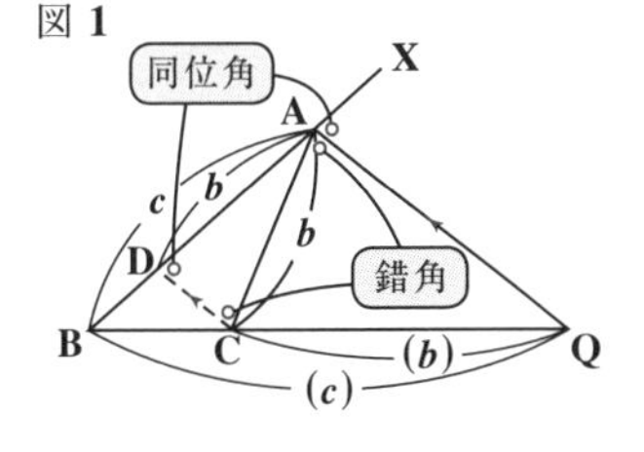

図 2 より，△ABQ について

AQ//DC (平行) より

BQ : QC = BA : AD

∴ BQ : QC = c : b ……(＊)

は成り立つ。……………………………(終)

図 2

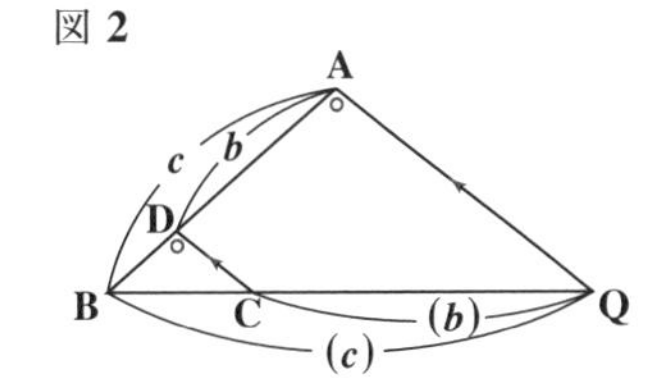

これは逆に，「点 Q が線分 BC を c : b に外分する点であるとき，線分 AQ は ∠A の外角を 2 等分する。」ことも言える。覚えておこう！

初めからトライ！問題 129	内角と外角の 2 等分線	CHECK 1	CHECK 2	CHECK 3

AB = **4**, **BC** = **3**, **CA** = **2** の△**ABC** がある。この三角形の∠**A** の **2** 等分線と辺 **BC** との交点を **D** とおく。また，∠**A** の外角の **2** 等分線と辺 **BC** の延長線との交点を **E** とおく。このとき，(i) 線分 **DC** と (ii) 線分 **CE** の長さを求めよ。

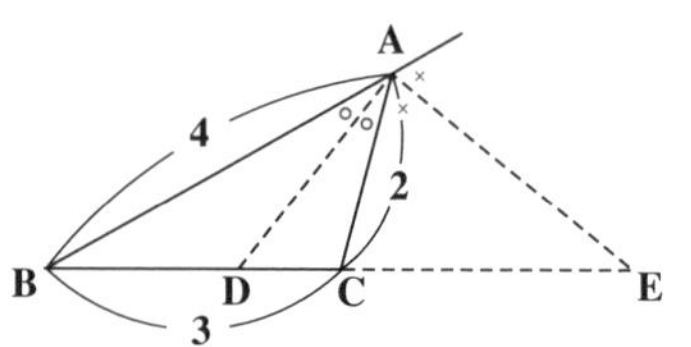

ヒント！ 内角の **2** 等分線と辺の比の公式から，**BD** : **DC** = **2** : **1** になり，また外角の **2** 等分線と辺の比の公式から **BE** : **EC** = **2** : **1** になるんだね。

解答＆解説

(i) △**ABC** の内角∠**A** の **2** 等分線と辺 **BC** との交点を **D** とおくと，公式より，

$$\mathbf{BD : DC = \underset{\boxed{4}}{AB} : \underset{\boxed{2}}{AC} = 2 : 1}$$

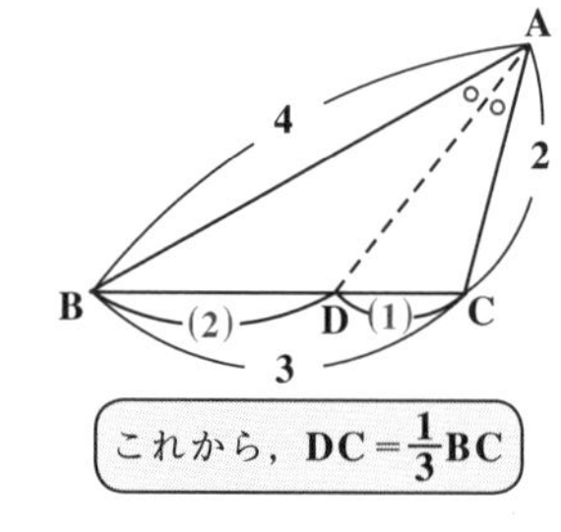

よって，**BC** = **3** より，求める **DC** の長さは，

$$\mathbf{DC} = \frac{1}{3}\cdot\underset{\boxed{3}}{\mathbf{BC}} = \frac{3}{3} = 1 \quad \cdots\cdots\cdots\cdots\cdots\cdots(答)$$

(ii) △**ABC** の∠**A** の外角の **2** 等分線と辺 **BC** の延長線との交点を **E** とおくと，公式より，

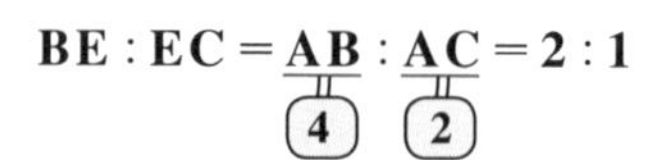

$$\mathbf{BE : EC = \underset{\boxed{4}}{AB} : \underset{\boxed{2}}{AC} = 2 : 1}$$

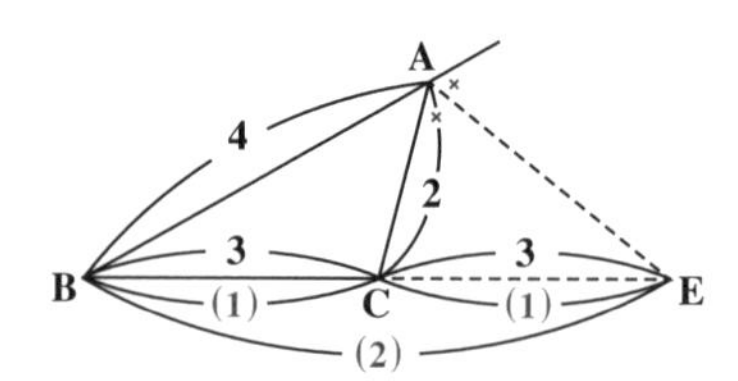

よって，**BC** : **CE** = **1** : **1**，すなわち

CE = **BC** = **3** である。 ……………………………………(答)

初めからトライ！問題 130　△ABCの重心G　CHECK 1　CHECK 2　CHECK 3

△ABCの辺BCと辺CAの中点をそれぞれL, Mとおき，2本の中線ALとBMの交点をGとおく。また，直線CGと辺ABの交点をNとおく。このとき，

(1) チェバの定理を用いて，AN:NBの比を求めよ。

(2) メネラウスの定理を用いて，AG:GLの比を求めよ。

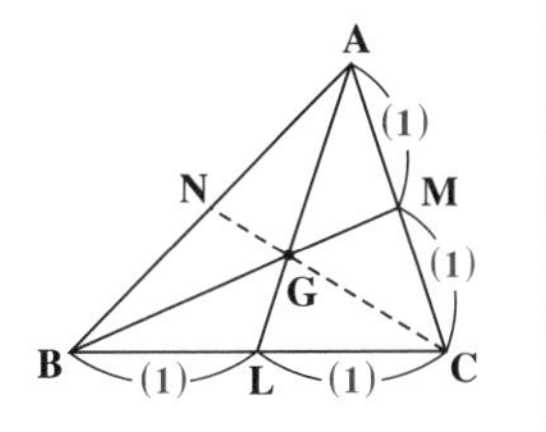

ヒント！ これは，三角形の3本の中線が1点で交わり，それが重心Gであること，また，重心Gは中線ALを2:1に内分することを，チェバとメネラウスの定理を使って示す問題だ。

解答＆解説

(1) BL:LC＝CM:MA＝1:1であり，
AN:NB＝m:nとおくと，チェバの定理より

$$\frac{1}{1}\times\frac{1}{1}\times\frac{n}{m}=1$$

チェバの定理
$$\frac{②}{①}\times\frac{④}{③}\times\frac{⑥}{⑤}=1$$

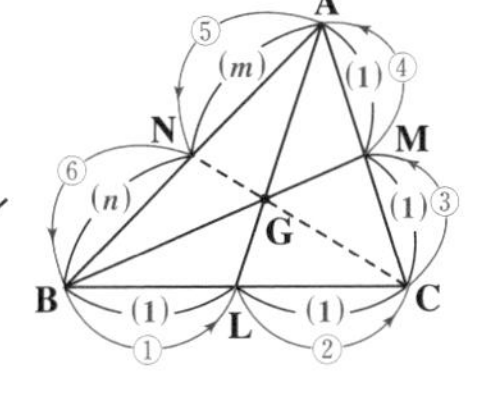

$\therefore \dfrac{n}{m}=\dfrac{1}{1}$より，　$m:n$＝AN:NB＝1:1である。………………………(答)

(2) AG:GL＝s:tとおくと，
メネラウスの定理より

$$\frac{1+1}{1}\times\frac{1}{1}\times\frac{t}{s}=1$$

メネラウスの定理
$$\frac{②}{①}\times\frac{④}{③}\times\frac{⑥}{⑤}=1$$

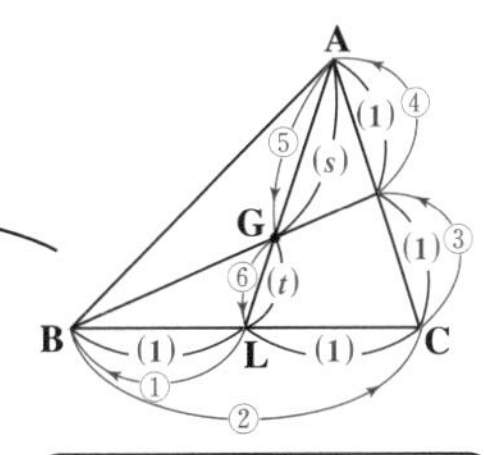

$\therefore \dfrac{t}{s}=\dfrac{1}{2}$より，

$s:t$＝AG:GL＝2:1である。………………(答)

行って(①)戻って(②)
行って行って(③，④)
中に切り込む(⑤，⑥)

初めからトライ！問題 131　△ABCの外心O

AB＝4，AC＝3，∠BAC＝60°の△ABCの外心をOとおく。次の問いに答えよ。

(1) 辺BCの長さを求めよ。

(2) △ABCの外接円の半径Rを求めよ。

(3) 外心Oから辺BCに下した垂線の足をHとおく。OHの長さを求めよ。

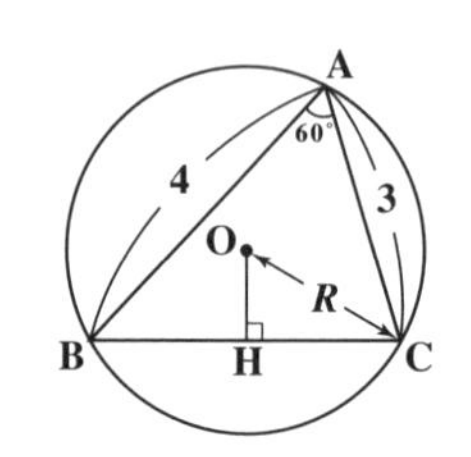

ヒント！ (1)は，余弦定理$a^2=b^2+c^2-2bc\cos A$を用いればいい。(2)は，正弦定理$\frac{a}{\sin A}=2R$より，外接円の半径Rを求めよう。(3)は，直角三角形OHCに三平方の定理を用いればいいんだね。頑張ろう！

解答＆解説

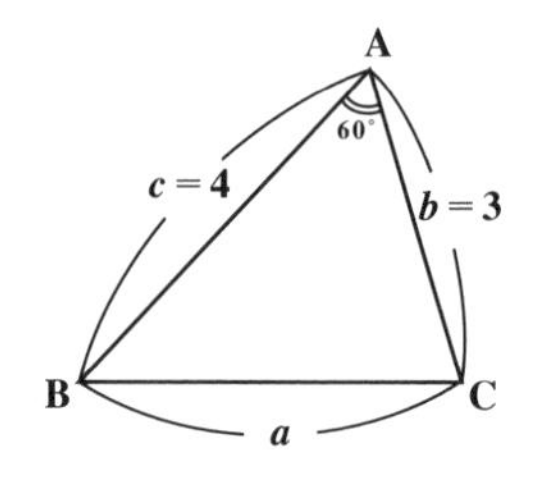

(1) BC＝a，CA＝b＝3，AB＝c＝4 とおく。また，∠A＝60°より，△ABCに余弦定理を用いると，

$$BC^2=a^2=b^2+c^2-2bc\cos A$$
$$=\underbrace{3^2+4^2}_{9+16=25}-\underbrace{2\cdot3\cdot4\cdot\cos60^\circ}_{2\cdot3\cdot4\cdot\frac{1}{2}=12}$$
$$=25-12=13$$

∴ $BC=a=\sqrt{13}$ ……………………………………(答)

(2) △ABCの外接円の半径Rを求めるために，△ABCに正弦定理を用いると，

$$\frac{a}{\sin A}=2R \text{ より，} R=\frac{\sqrt{13}}{2\cdot\sin60^\circ}=\frac{\sqrt{13}}{2\cdot\frac{\sqrt{3}}{2}}=\frac{\sqrt{13}}{\sqrt{3}}$$

（分子・分母に$\sqrt{3}$をかけて）

∴ $R=\frac{\sqrt{39}}{3}$ ……………………………………(答)

(3) 外心 **O** から辺 **BC** に下した垂線の足を **H** とおくと，線分 **OH** は，辺 **BC** の垂直二等分線になる。

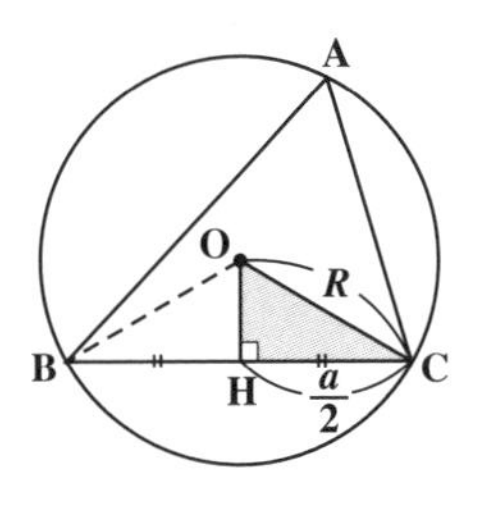

よって，△**OHC** は，$\mathbf{OC}=R=\dfrac{\sqrt{13}}{\sqrt{3}}$，

$\mathbf{HC}=\dfrac{a}{2}=\dfrac{\sqrt{13}}{2}$ の直角三角形である。

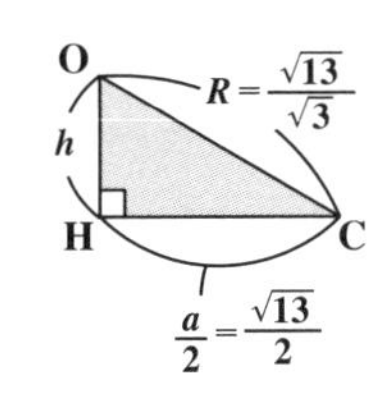

よって，$\mathbf{OH}=h$ とおいて，この直角三角形に三平方の定理を用いると，

$$\mathbf{OH}^2=h^2=R^2-\left(\frac{a}{2}\right)^2$$

$$=\left(\frac{\sqrt{13}}{\sqrt{3}}\right)^2-\left(\frac{\sqrt{13}}{2}\right)^2$$

$$=\frac{13}{3}-\frac{13}{4}=\frac{\boxed{13\cdot4-13\cdot3}}{12}=\frac{13}{12}$$

$13\cdot(4-3)=13$

$$\therefore\ \mathbf{OH}=h=\sqrt{\frac{13}{12}}=\frac{\sqrt{13}}{\boxed{\sqrt{12}}}=\frac{\sqrt{13}}{2\sqrt{3}}=\frac{\sqrt{39}}{6}$$ ………………(答)

$\sqrt{2^2\cdot3}=2\sqrt{3}$

分子・分母に $\sqrt{3}$ をかけて

初めからトライ！問題 132	△ABCの内心I	 CHECK 1	 CHECK 2	CHECK 3

AB＝4，BC＝5，CA＝3，∠A＝90°の直角三角形ABCの内心をIとおく。線分AIの延長線と辺BCとの交点をDとおく。

(1) △ABC，△ABD，△ADCの面積を順に，S，S_1，S_2とおく。
$S=S_1+S_2$ ……(＊)から線分ADの長さを求めよ。

(2) 線分AIの長さを求めよ。

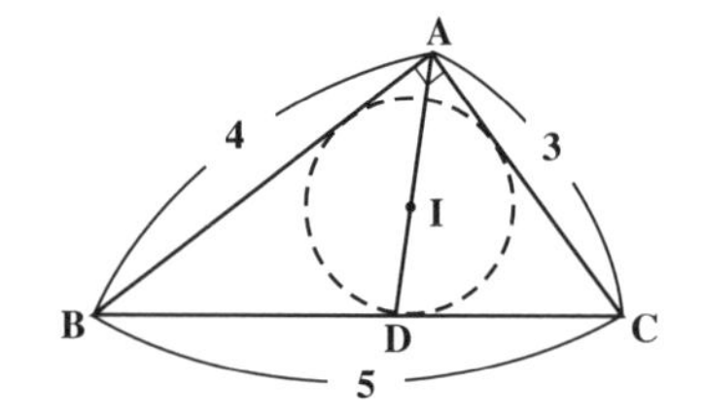

ヒント！ (1) △ABCの面積 $S=\frac{1}{2}\cdot3\cdot4=6$ だね。また，ADは，∠Aの2等分線なので，∠BAD＝∠DAC＝45°であることに気を付けよう。AD＝xとおくことにより，S_1とS_2はxで表せるんだね。(2) 線分BIの延長線と辺ACとの交点をEとおくと，メネラウスの定理が使えるんだね。頑張ろう！

解答＆解説

(1) ・AB＝4，AC＝3，∠A＝90°より，△ABCの面積Sは，

$S=\frac{1}{2}\cdot4\cdot3=6$ …………①

・AD＝xとおくと，
AB＝4，∠BAD＝45° ← ADは∠A＝90°の2等分線だからね。
より，△ABDの面積
S_1は，

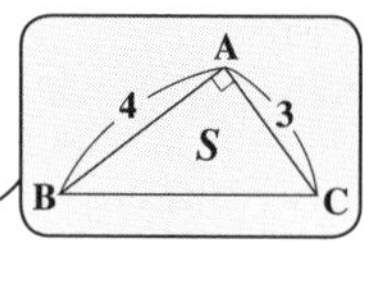

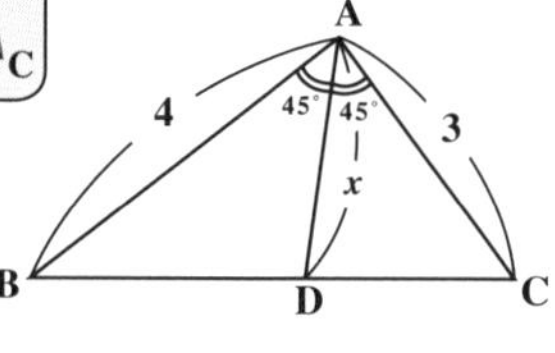

$S_1=\frac{1}{2}\cdot4\cdot x\cdot\sin45°=\sqrt{2}x$ ………②

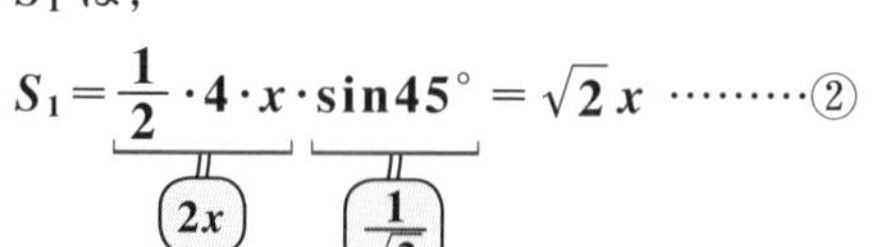

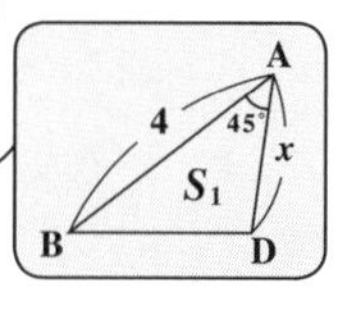

・$AD = x$，$AC = 3$，$\angle DAC = 45^\circ$ より，

$\triangle ADC$ の面積 S_2 は，

$$S_2 = \underbrace{\frac{1}{2}\cdot x\cdot 3}_{\frac{3}{2}x}\cdot \underbrace{\sin 45^\circ}_{\frac{1}{\sqrt{2}}} = \frac{3}{2\sqrt{2}}x = \frac{3\sqrt{2}}{4}x \quad \cdots\cdots③$$

以上①，②，③を，$S = S_1 + S_2$ ……(＊) に代入して，

$$6 = \sqrt{2}x + \frac{3\sqrt{2}}{4}x \text{ より，} \quad \underbrace{\left(\sqrt{2} + \frac{3\sqrt{2}}{4}\right)}_{\frac{4\sqrt{2}+3\sqrt{2}}{4} = \frac{7\sqrt{2}}{4}}x = 6 \quad \frac{7\sqrt{2}}{4}x = 6$$

$$\therefore AD = x = \frac{4}{7\sqrt{2}} \times 6 = \frac{12\sqrt{2}}{7} \quad \cdots\cdots④ \quad \cdots\cdots\cdots\cdots(答)$$

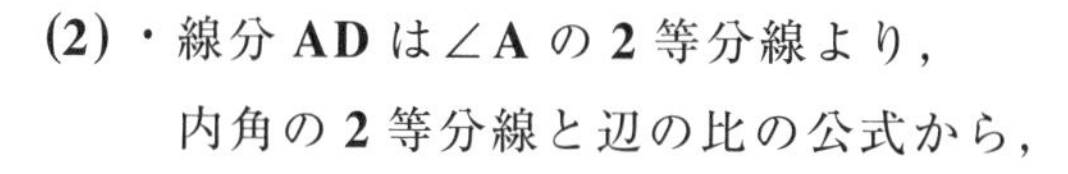

(2) ・線分 AD は $\angle A$ の 2 等分線より，

内角の 2 等分線と辺の比の公式から，

$BD : DC = 4 : 3$

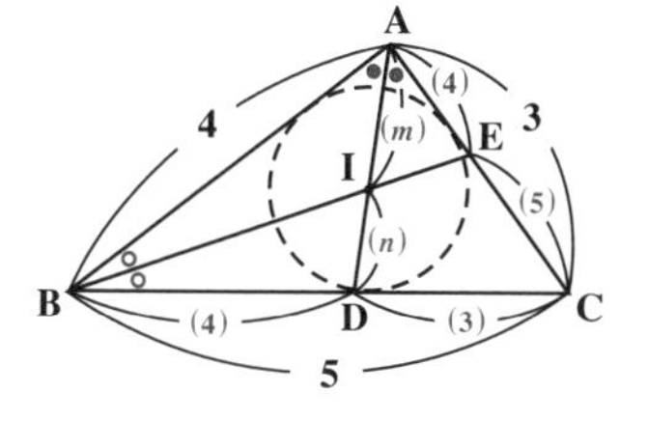

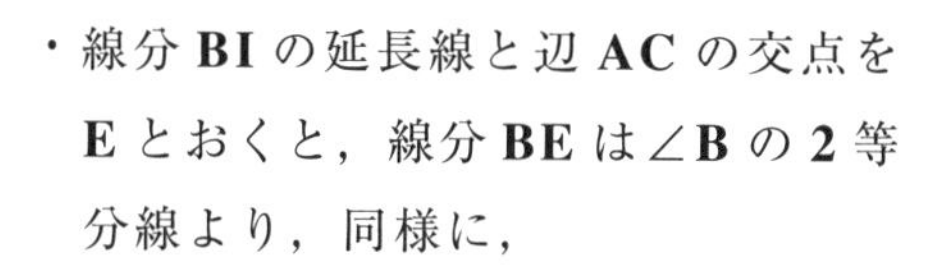

・線分 BI の延長線と辺 AC の交点を E とおくと，線分 BE は $\angle B$ の 2 等分線より，同様に，

$AE : EC = 4 : 5$ となる。

・ここで，$AI : ID = m : n$ とおくと，

メネラウスの定理より

$$\frac{4+3}{4} \times \frac{4}{5} \times \frac{n}{m} = 1 \text{ となる。よって，}$$

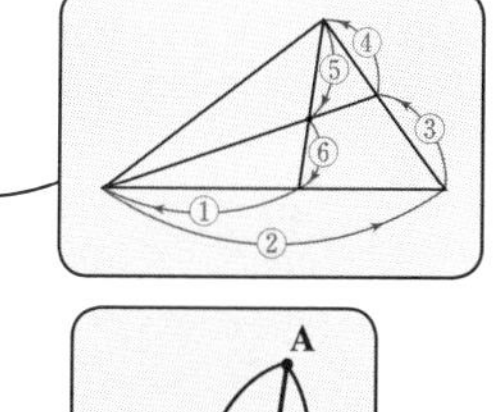

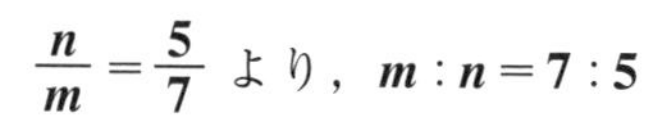

$\dfrac{n}{m} = \dfrac{5}{7}$ より，$m : n = 7 : 5$

∴求める線分 AI の長さは，④より

$$AI = \underbrace{\frac{12\sqrt{2}}{7}}_{AD = x} \times \frac{7}{12} = \sqrt{2} \text{ である。} \cdots\cdots(答)$$

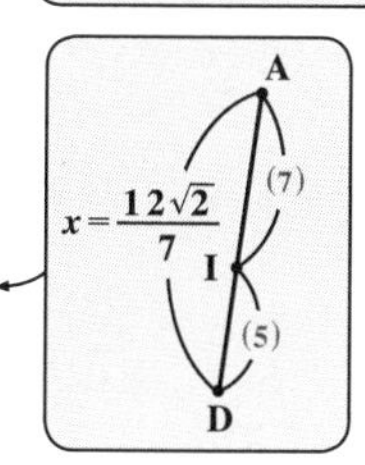

初めからトライ！問題 133	△ ABC の垂心 H	CHECK 1	CHECK 2	CHECK 3

$\angle B = 45°$, $\angle C = 60°$, $BC = \sqrt{3} + 1$ の△ABC がある。A から辺 BC に下した垂線の足を P とおき，B から辺 AC に下した垂線の足を Q とおく。また，AP と BQ の交点を H(垂心) とおく。

(1) AB，AP，AC の長さを求めよ。

(2) AQ と QC の長さを求めよ。

(3) AH : HP の比を求め，AH の長さを求めよ。

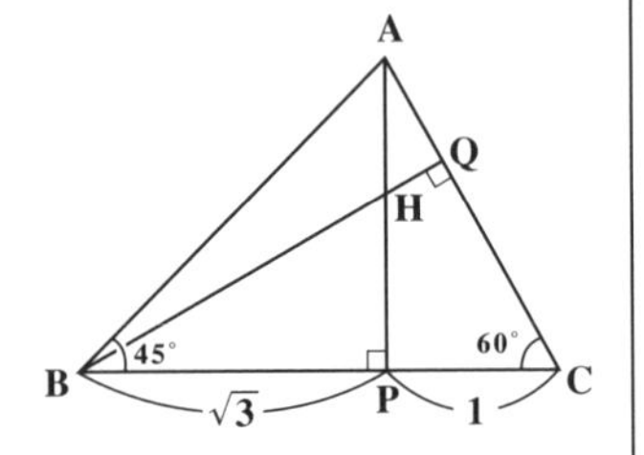

ヒント！ △ABC の垂心 H の問題だね。(1) の△ABC は，2 つの三角形△ABP と△APC に分けて考えるといいよ。(2) では，直角三角形 QBC に着目しよう。(3) では，メネラウスの定理が役に立つんだね。頑張ろう！

解答＆解説

(1) ・△ABP は，辺の比が $1 : 1 : \sqrt{2}$ の直角三角形より

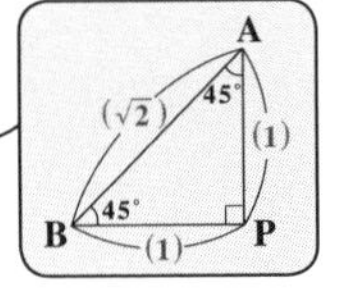

$AB = \sqrt{2} \times \underset{\sqrt{3}}{\underline{BP}} = \sqrt{6}$ ……………(答)

$AP = BP = \sqrt{3}$ ……………………(答)

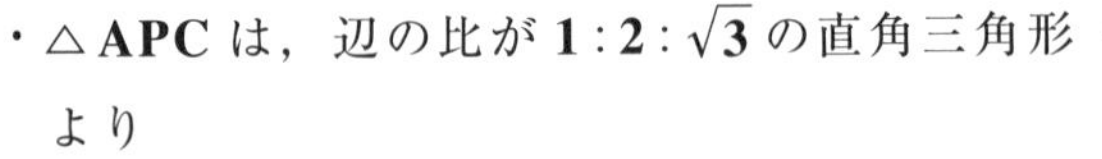

・△APC は，辺の比が $1 : 2 : \sqrt{3}$ の直角三角形より

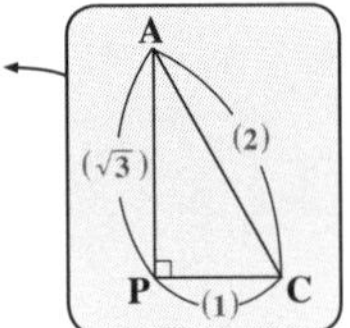

$AC = 2 \times \underset{1}{\underline{PC}} = 2$ …………………(答)

(2) △QBC は，辺の比が $1 : 2 : \sqrt{3}$ の直角三角形より

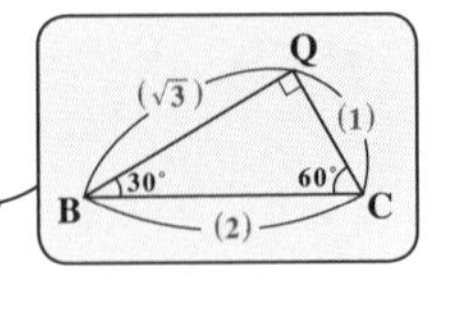

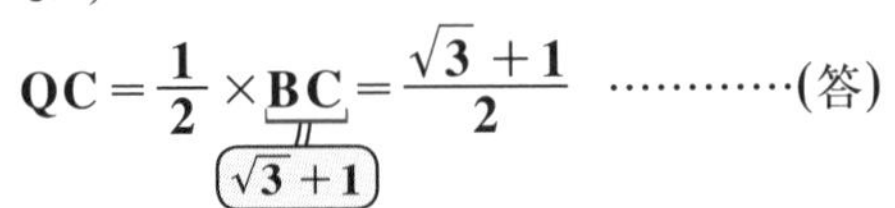

$QC = \frac{1}{2} \times \underset{\sqrt{3}+1}{\underline{BC}} = \frac{\sqrt{3}+1}{2}$ …………(答)

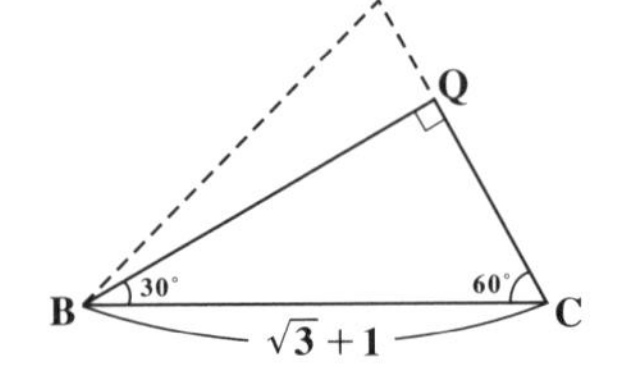

$$\mathrm{AQ}=\mathrm{AC}-\mathrm{QC}=2-\frac{\sqrt{3}+1}{2}=\frac{4-\left(\sqrt{3}+1\right)}{2}=\frac{3-\sqrt{3}}{2}$$ ……………… (答)

(3) $\mathrm{BP}:\mathrm{PC}=\sqrt{3}:1$

$$\mathrm{CQ}:\mathrm{QA}=\frac{\sqrt{3}+1}{2}:\frac{3-\sqrt{3}}{2}$$

また，$\mathrm{AH}:\mathrm{HP}=m:n$ とおくと，

メネラウスの定理より

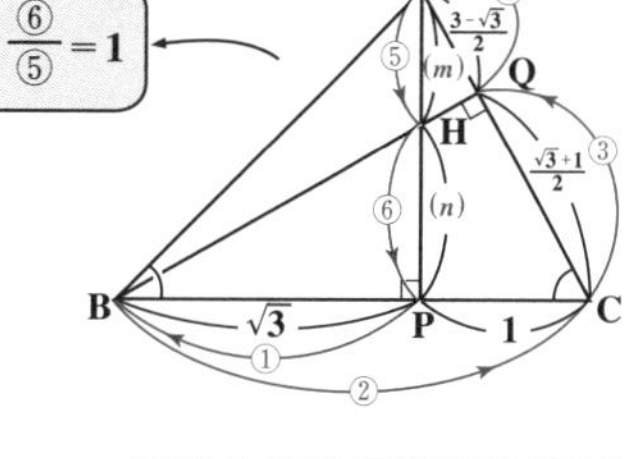

$$\frac{②}{①}\times\frac{④}{③}\times\frac{⑥}{⑤}=1$$

$$\frac{\sqrt{3}+1}{\sqrt{3}}\times\frac{\frac{3-\sqrt{3}}{2}}{\frac{\sqrt{3}+1}{2}}\times\frac{n}{m}=1$$

$$\frac{\sqrt{3}+1}{\sqrt{3}}\times\frac{3-\sqrt{3}}{\sqrt{3}+1}\times\frac{n}{m}=1$$

$\left(\sqrt{3}-1\right)\times\dfrac{n}{m}=1$ より，$\dfrac{n}{m}=\dfrac{1}{\sqrt{3}-1}$

BP と PC，CQ と QA は比ではなくて，本当の長さだけれど，そのままで，メネラウスの定理を使っても問題ないね。

$\therefore\ \mathrm{AH}:\mathrm{HP}=m:n=\left(\sqrt{3}-1\right):1$ ……………………………………… (答)

よって，$\underset{\mathrm{AH}+\mathrm{HP}}{\mathrm{AP}}:\mathrm{AH}=\left(\sqrt{3}-1+1\right):\left(\sqrt{3}-1\right)$

$=\sqrt{3}:\left(\sqrt{3}-1\right)$

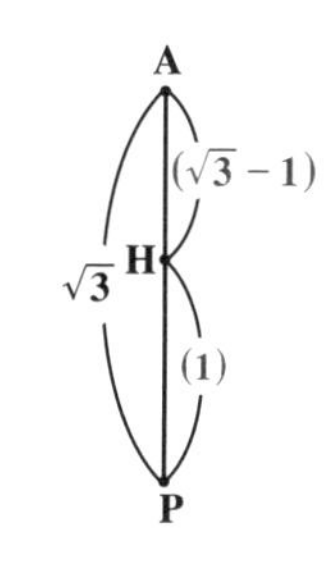

以上より

$$\mathrm{AH}=\frac{\sqrt{3}-1}{\sqrt{3}}\underset{\sqrt{3}}{\mathrm{AP}}=\frac{\sqrt{3}\left(\sqrt{3}-1\right)}{\sqrt{3}}$$

$=\sqrt{3}-1$ ……………………………… (答)

初めからトライ！問題 134	三角形の面積比	CHECK 1	CHECK 2	CHECK 3

右図に示すように，△ABCとその内部の点Pがある。直線APと辺BCとの交点をDとおき，直線BPと辺ACとの交点をEとおく。また，

BD：DC＝1：2，AE：EC＝t：$1-t$

（ただし，tは，$0<t<1$の範囲の定数）である。

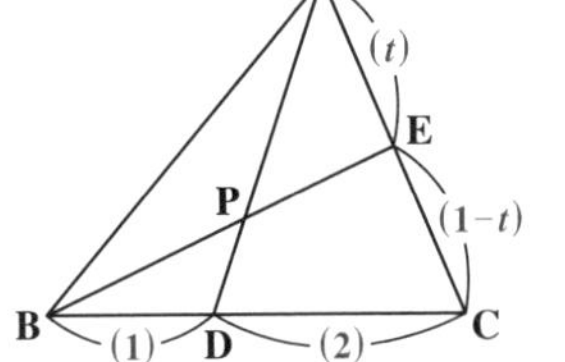

(1) $\dfrac{PD}{AP}$をtで表せ。

(2) $\dfrac{\triangle ABP}{\triangle ABC}=\dfrac{3}{11}$のとき，$t$の値を求めよ。

ヒント！ (1) AP：PDをm：nとおいて，メネラウスの定理を利用すればいい。(2) 三角形の面積比の問題で，$\triangle ABP=\dfrac{m}{m+n}\triangle ABD=\dfrac{m}{m+n}\times\dfrac{1}{3}\triangle ABC$となることを導いてみよう。

解答＆解説

(1) AP：PD＝m：nとおく。また，

BD：DC＝1：2，AE：EC＝t：$1-t$

より，△ABCにメネラウスの定理を用いると，

$$\frac{3}{1}\times\frac{t}{1-t}\times\frac{n}{m}=1 \quad \cdots\cdots①$$

$\dfrac{②}{①}\times\dfrac{④}{③}\times\dfrac{⑥}{⑤}=1$

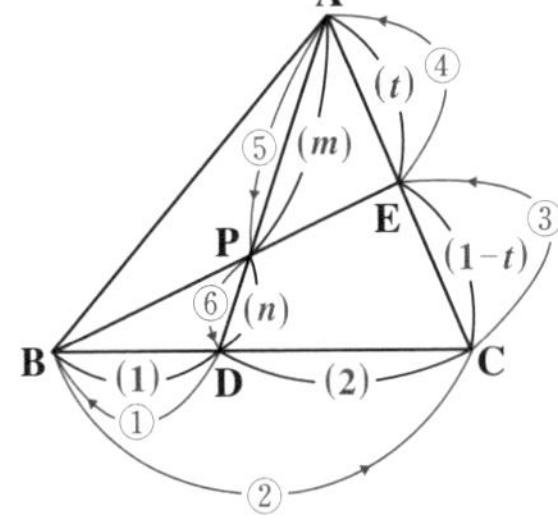

となるので，辺の比$\dfrac{PD}{AP}$は，

$$\frac{PD}{AP}=\frac{n}{m}=\frac{1-t}{3t} \quad \cdots\cdots② \text{ となる。}$$ ……………………（答）

(2) △ABPと△ABCの面積比が$\dfrac{\triangle ABP}{\triangle ABC}=\dfrac{3}{11}$ ……③ のとき，tの値を求める。

(i) △**ABP** と△**ABD** の面積について，
右図のように，高さは h_1 で共通なので，これらの面積は底辺の長さの比に比例する。
よって，

$\triangle \mathrm{ABP} = \dfrac{m}{m+n}\triangle \mathrm{ABD}$ ……④ となる。

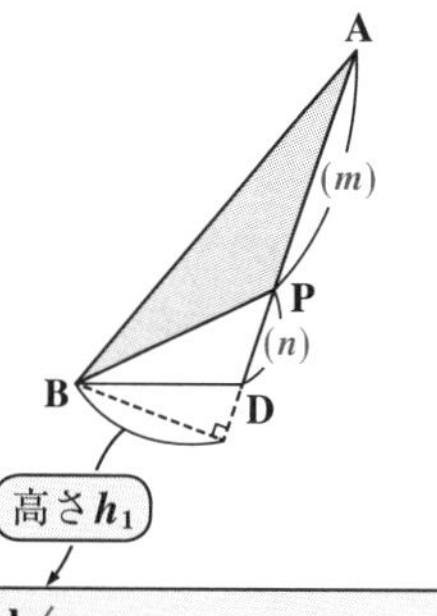

$\begin{cases} \triangle \mathrm{ABP} = \dfrac{1}{2}\cdot \mathrm{AP}\cdot \mathrm{h_1} & \cdots\cdots㋐ \\ \triangle \mathrm{ABD} = \dfrac{1}{2}\cdot \mathrm{AD}\cdot \mathrm{h_1} & \cdots\cdots㋑ \end{cases}$ より，㋐÷㋑は $\dfrac{\triangle \mathrm{ABP}}{\triangle \mathrm{ABD}} = \dfrac{\frac{\mathrm{h_1}}{2}\cdot \mathrm{AP}}{\frac{\mathrm{h_1}}{2}\cdot \mathrm{AD}} = \dfrac{m}{m+n}$ となる。

(ii) △**ABD** と△**ABC** の面積について，
右図のように，高さは h_2 で共通なので，これらの面積は底辺の長さの比に比例する。
よって，

$\triangle \mathrm{ABD} = \dfrac{1}{3}\triangle \mathrm{ABC}$ ……⑤ となる。

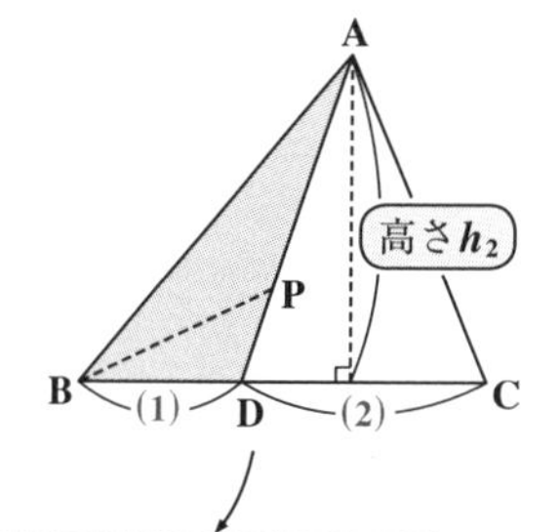

$\begin{cases} \triangle \mathrm{ABD} = \dfrac{1}{2}\cdot \mathrm{BD}\cdot \mathrm{h_2} & \cdots\cdots㋒ \\ \triangle \mathrm{ABC} = \dfrac{1}{2}\cdot \mathrm{BC}\cdot \mathrm{h_2} & \cdots\cdots㋓ \end{cases}$ より，㋒÷㋓は $\dfrac{\triangle \mathrm{ABD}}{\triangle \mathrm{ABC}} = \dfrac{\frac{\mathrm{h_2}}{2}\cdot \mathrm{BD}}{\frac{\mathrm{h_2}}{2}\cdot \mathrm{BC}} = \dfrac{1}{3}$ となる。

以上(i)(ii)より，⑤を④に代入して，

$\triangle \mathrm{ABP} = \dfrac{m}{m+n}\triangle \mathrm{ABD} = \dfrac{m}{m+n}\cdot\dfrac{1}{3}\cdot\triangle \mathrm{ABC}$ となる。よって，

$\dfrac{\triangle \mathrm{ABP}}{\triangle \mathrm{ABC}} = \dfrac{m}{3(m+n)} = \dfrac{3}{11}$ （③より） これから，$11m = 9m + 9n$

$2m = 9n$ より，$\dfrac{n}{m} = \dfrac{2}{9}$ ……⑥ となる。⑥に②を代入して，

$\dfrac{1-t}{3t} = \dfrac{2}{9}$ $\quad \dfrac{1-t}{t} = \dfrac{2}{3}$ $\quad 3-3t = 2t$ $\quad 5t = 3$ $\quad \therefore t = \dfrac{3}{5}$ ………(答)

初めからトライ！問題 135　△ABC の傍心 E_A　CHECK 1　CHECK 2　CHECK 3

右図のような **1** 辺の長さが **2** の正三角形 **ABC** がある。この△**ABC** の内接円の半径 r と，∠**A** に対する傍接円の半径 R を求めよ。

(図中の **I** は内心，E_A は∠**A** に対する傍心を表す。)

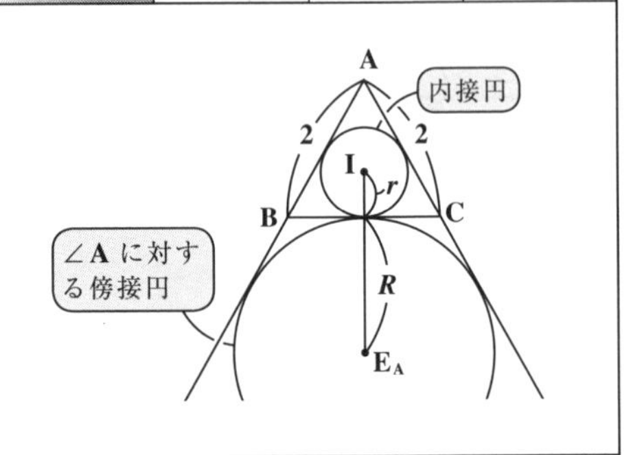

ヒント！ 正三角形では，重心 **G**，外心 **O**，内心 **I**，垂心 **H** は全て一致する。よって，**I** は **G** と同じ点なので，**A** から出た中線を **2**:**1** に内分する。R については，辺の比が $1:2:\sqrt{3}$ の直角三角形を利用すればいいよ。

解答＆解説

・**1** 辺の長さ **2** の正三角形 **ABC** の辺 **BC** の中点を **M** とおくと，

$AM=\sqrt{3}$

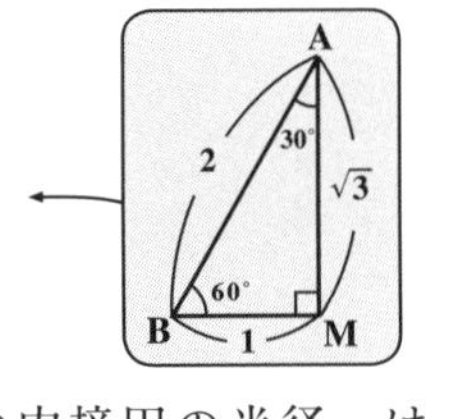

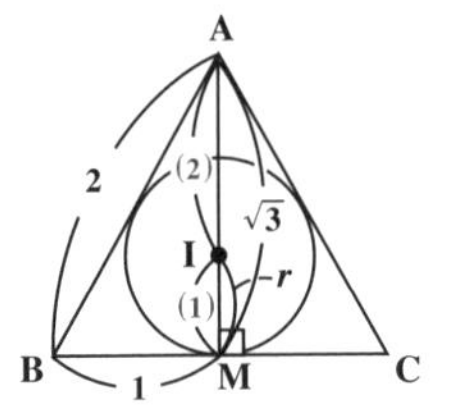

また，内心 **I**(重心 **G**) は，中線 **AM** を **2**:**1** に内分するので，この内接円の半径 r は，

$r=\frac{1}{3}\cdot AM=\frac{\sqrt{3}}{3}$ である。……………………………(答)

・次に，この正三角形 **ABC** の∠**A** に対する傍心 E_A から辺 **AB** の延長線に下した垂線の足を **H** とおいて，$\triangle AHE_A$ で考えると，これは，辺の比が $1:2:\sqrt{3}$ の直角三角形である。

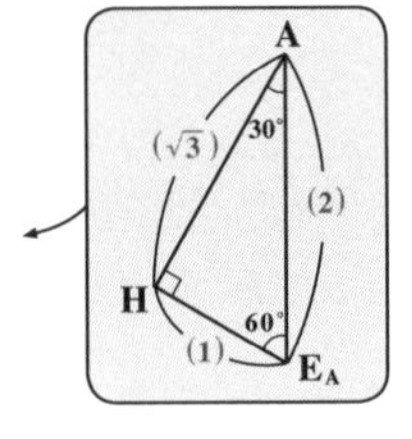

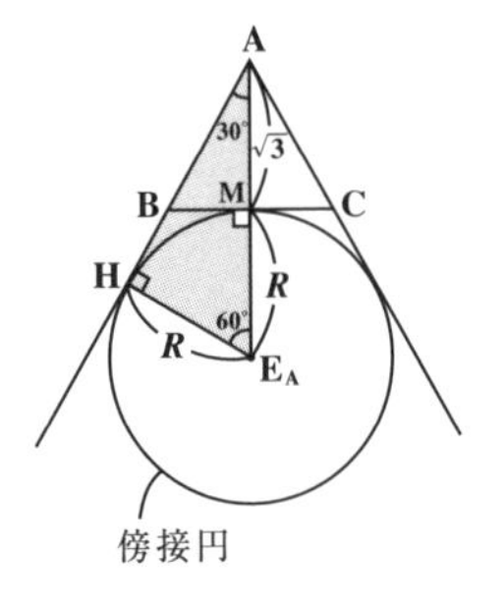

$\therefore (\sqrt{3}+R):R=2:1$ より

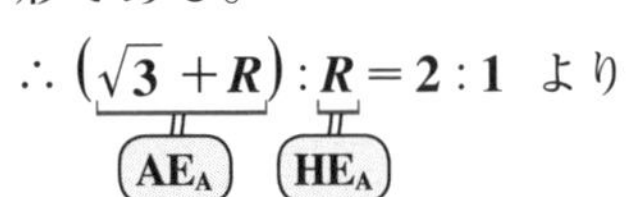

$2R=R+\sqrt{3}$　∴傍接円の半径 R は，$R=\sqrt{3}$ である。…………(答)

初めからトライ！問題 136 円に内接する四角形 CHECK 1 CHECK 2 CHECK 3

右図に示すように，中心 O の円に四角形 ABCD が内接しており，$\angle A = 80°$，$\angle ADO = 50°$，$\angle CBO = 40°$ である。このとき，角 x，y，z，w を求めよ。

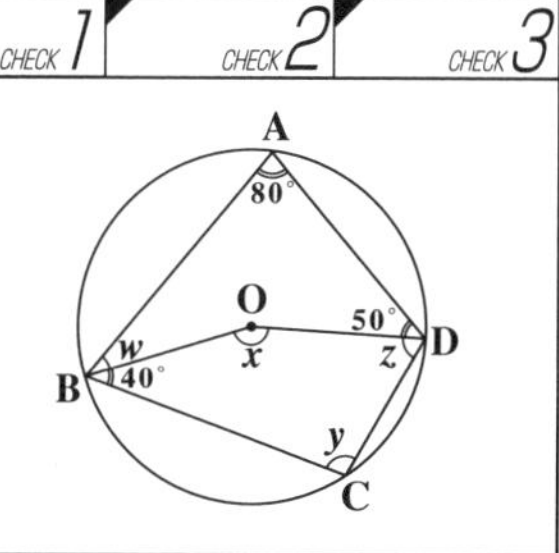

ヒント！ (中心角)＝2×(円周角)，円に内接する四角形の内対角の和は 180°，および，四角形の 4 つの内角の総和は 360° を使って解いていこう！

解答＆解説

(i) 同じ弧 $\overset{\frown}{BD}$ に対する中心角 x は，円周角 $\angle A = 80°$ の 2 倍となるので

$x = 2 \times 80° = 160°$ ……………………………(答)

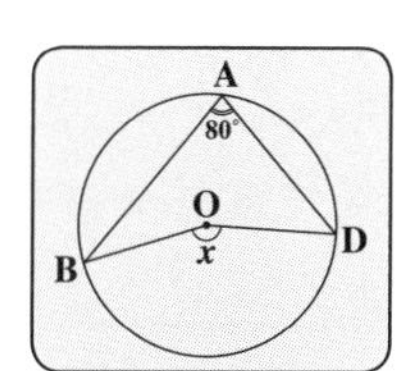

(ii) 円に内接する四角形 ABCD の内対角の和は 180° となるので，$\underbrace{\angle A}_{80°} + \underbrace{\angle C}_{y} = 180°$

$\therefore y = \angle C = 180° - 80° = 100°$ ……………(答)

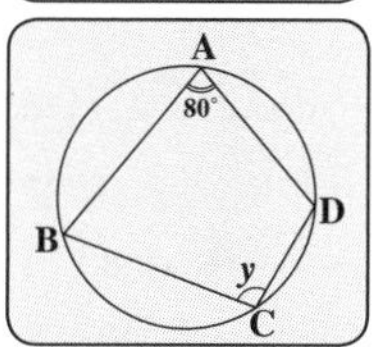

(iii) 四角形 OBCD の 4 つの内角の総和は 360° より

$\underbrace{160° + 40° + 100°}_{300°} + z = 360°$

$\therefore z = 360° - 300° = 60°$ ………………………(答)

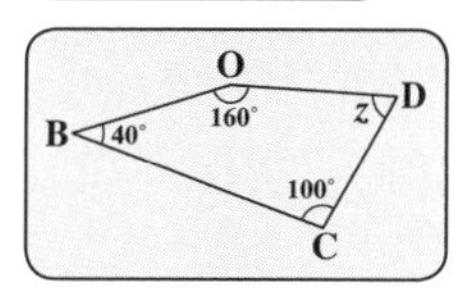

(iv) 四角形 ABCD の 4 つの内角の総和は 360° より

$80° + w + 40° + 100° + 110° = 360°$

$w + \underbrace{80° + 40° + 100° + 110°}_{330°} = 360°$

$\therefore w = 360° - 330° = 30°$ ……………………(答)

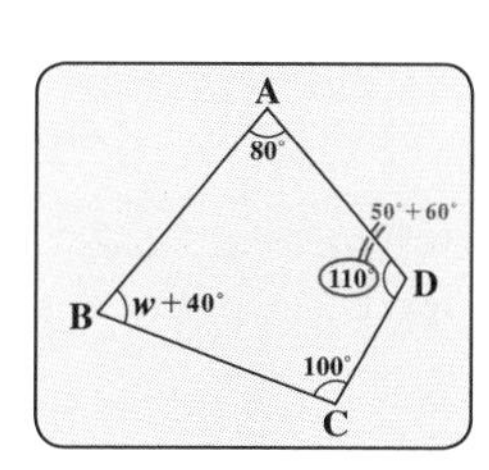

初めからトライ！問題 137　接弦定理　CHECK 1　CHECK 2　CHECK 3

右図のように，円 C が **2** 本の半直線 **OX**，**OY** に，それぞれ **A**，**B** で接している。
$\angle BAO = 50°$，$\angle ABP = 70°$ のとき，**4** つの角度 x，y，z，w を求めよ。

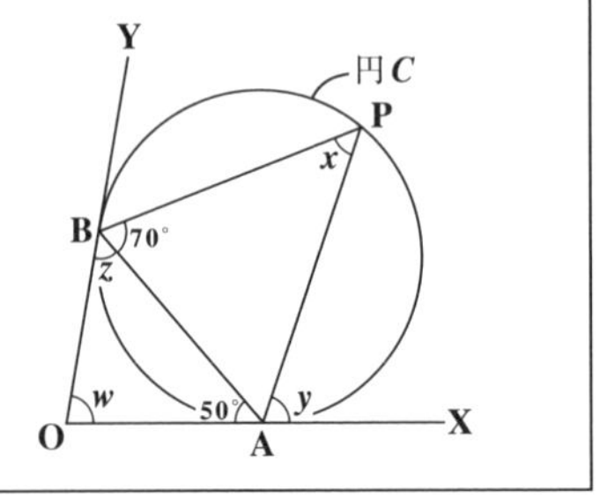

ヒント！ 接弦定理を繰り返し使って，解いていけばいいんだね。

解答＆解説

・右図のように，円 C が半直線 **OX** と点 **A** で接するので，接弦定理より

(i) $\underbrace{\angle BAO}_{50°} = \underbrace{\angle APB}_{x}$

(ii) $\underbrace{\angle PAX}_{y} = \underbrace{\angle ABP}_{70°}$

$\therefore x = 50°$，$y = 70°$ ………………………(答)

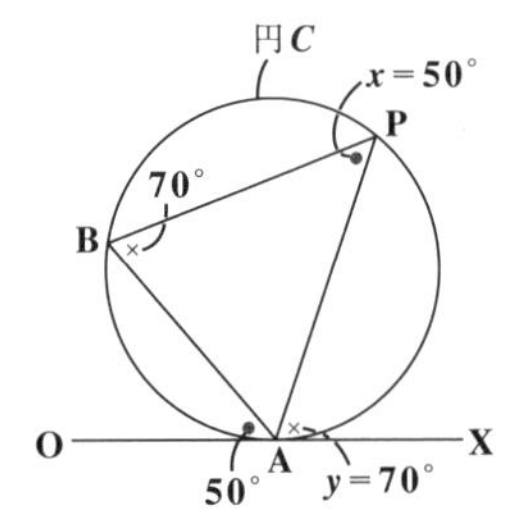

・右図のように，円 C が半直線 **OY** と点 **B** で接するので，接弦定理より

(iii) $\underbrace{\angle ABO}_{z} = \underbrace{\angle BPA}_{x = 50°}$

$\therefore z = 50°$ ……………………………………(答)

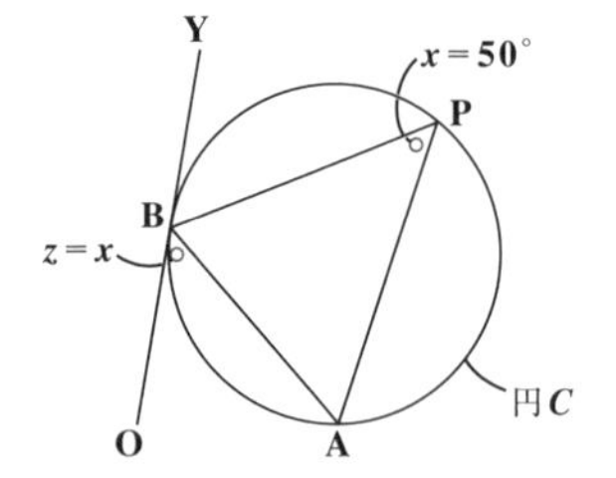

・△**OAB** は，$\angle OAB = 50°$，$\angle OBA = 50°$ より

(iv) $\underbrace{\angle AOB}_{w} + \underbrace{\angle OAB + \angle OBA}_{50° + 50°} = 180°$

$\therefore w = 180° - 100° = 80°$ ………………(答)

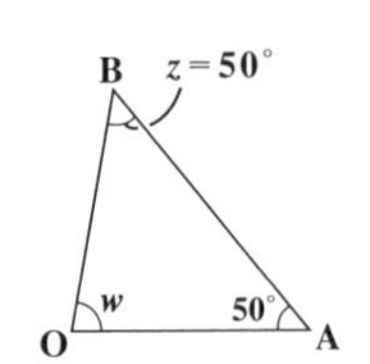

初めからトライ！問題 138　方べきの定理　CHECK 1　CHECK 2　CHECK 3

右図に示すように，円 C_1 と直線 OA，OC，OE がある。直線 OA と OC は，それぞれ別に円 C_1 と交点 B，D をもつ。また，直線 OE は，点 E で円 C_1 に接しているものとする。このとき，x と y の値を求めよ。

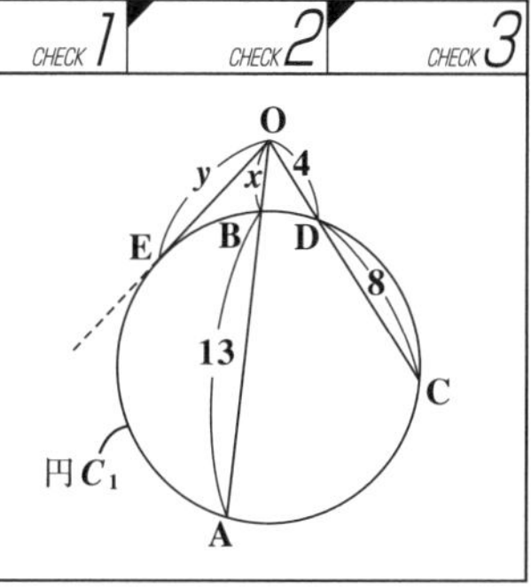

ヒント！ 方べきの定理を使えば，$OB \times OA = OD \times OC$，$OE^2 = OD \times OC$ となるんだね。

解答＆解説

(i) 円 C_1 と 2 つの線分 OA，OC に方べきの定理を用いると，

$\underbrace{OB}_{x} \times \underbrace{OA}_{(x+13)} = \underbrace{OD}_{4} \times \underbrace{OC}_{12}$ より

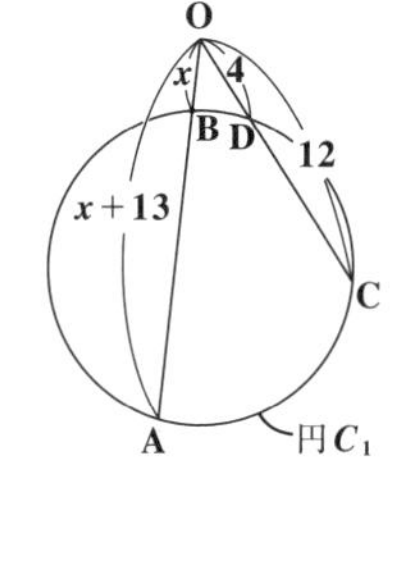

$x(x+13) = 4 \times 12$　　$x^2 + 13x - 48 = 0$

（たして $16+(-3)$）（かけて $16 \times (-3)$）

$(x+16)(x-3) = 0$

ここで，$x > 0$ より，$x \neq -16$

$\therefore x = 3$ ……………………………………(答)

(ii) 円 C_1 と 2 つの線分 OC，OE に方べきの定理を用いると，

$\underbrace{OE^2}_{y^2} = \underbrace{OD}_{4} \times \underbrace{OC}_{12}$ より

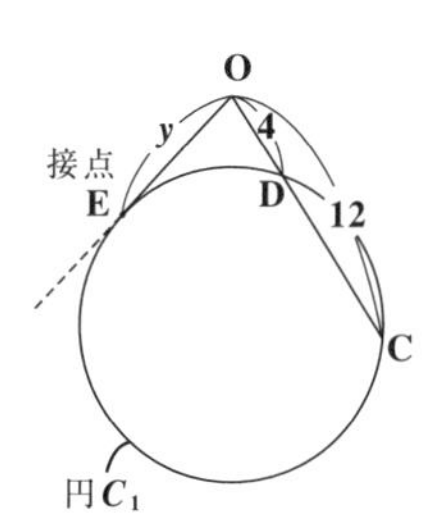

$y^2 = 48$

ここで，$y > 0$ より

$y = \sqrt{48} = 4\sqrt{3}$ …………………………(答)

（$48 = 4^2 \times 3$）

初めからトライ！問題 139　方べきの定理　CHECK 1　CHECK 2　CHECK 3

右図のように，円に内接する四角形 ABCD があり，線分 AC と BD の交点を E とおく。$AE=2$，$EC=6$，$BD=7$，$CD=4$ である。
ここで，$BE=x$，$ED=y$，$BA=z$　$(x<y)$ とおいて，x，y，z の値を求めよ。

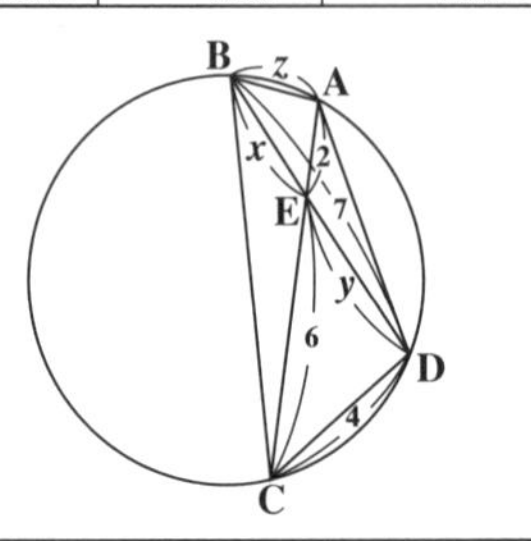

ヒント！ $BD=x+y=7$，方べきの定理より $x\cdot y=2\cdot 6$ となるんだね。

解答＆解説

(ⅰ) $\underset{7}{BD}=\underset{x}{BE}+\underset{y}{ED}$ より，$y=7-x$ ………①　$(x<y)$

次に右図より，方べきの定理を用いて，

$x\cdot y=2\cdot 6$ より，　$xy=12$ ……………②

①を②に代入して，　$x(7-x)=12$

$7x-x^2=12$　　　$x^2-7x+12=0$

（たして $(-3)+(-4)$）（かけて $(-3)\times(-4)$）

$(x-3)(x-4)=0$　　∴ $x=3$，または 4

・$x=3$ のとき，①より，$y=7-3=4$

・$x=4$ のとき，①より，$y=7-4=3$　（これは，$x>y$ となって，不適）

ここで，$x<y$ より，$x=3$，$y=4$ である。………………………………(答)

(ⅱ) △ABE と △DCE について

∠AEB＝∠DEC（対頂角）

∠BAE＝∠CDE（$\overset{\frown}{BC}$ に対する円周角）

よって，△ABE ∽ △DCE である。

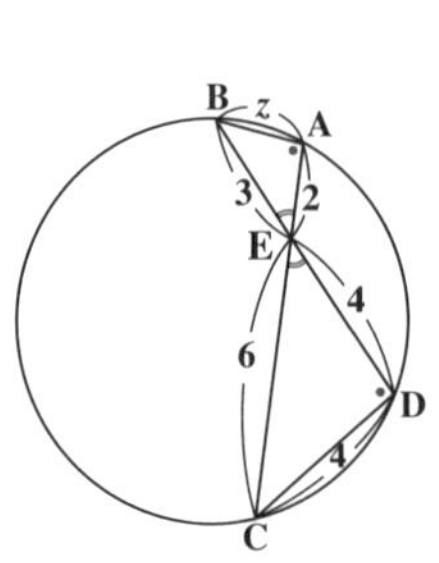

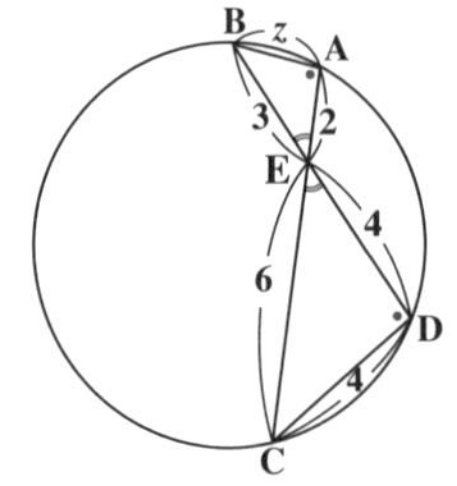

∴ $\underset{z}{AB}:\underset{4}{DC}=\underset{2}{AE}:\underset{4}{DE}$ より

$z:4=2:4$　　$4z=8$　　∴ $z=2$ ………………………………(答)

初めからトライ！問題 140 2円の共通接線 CHECK 1 CHECK 2 CHECK 3

右図のように，2 つの半直線 OX，OY に中心 O_1，半径 $r=2$ の円 C_1 と中心 O_2，半径 $R=5$ の円 C_2 が，4 点 A，B，C，D で接している。また円 C_1 と円 C_2 も外接している。このとき，線分 AB と，線分 OA の長さを求めよ。

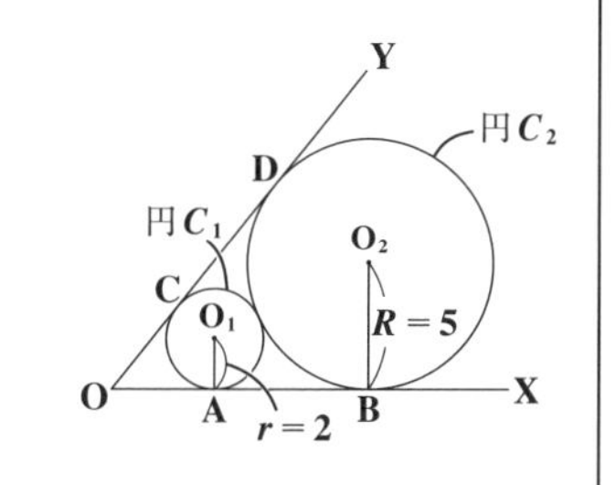

ヒント！ 中心 O_1 から，線分 O_2B に下した垂線の足を H とおいて，直角三角形 O_1HO_2 で考えるとうまくいくよ。頑張ろう！

解答＆解説

(i) 右図のように，円 C_1 の中心 O_1 から線分 O_2B に下した垂線の足を H とおく。

直角三角形 O_1HO_2 について，

$$\begin{cases} O_2H=R-r=5-2=3 \\ O_1O_2=r+R=2+5=7 \end{cases}$$ より，

三平方の定理を用いると，

$O_1H^2=O_1O_2{}^2-O_2H^2=7^2-3^2=49-9=40$ $\therefore O_1H=\sqrt{40}=2\sqrt{10}$ （$2^2\times10$）

ここで，$O_1H=AB$ より

$AB=O_1H=2\sqrt{10}$ ……………………(答)

(ii) 右図に示す $\triangle O_1HO_2$ と $\triangle OAO_1$ について，$O_1H/\!/OA$（平行）より

$\angle O_2O_1H=\angle O_1OA$（同位角）

また，$\angle O_1HO_2=\angle OAO_1=90°$ より

$\triangle O_1HO_2 \backsim \triangle OAO_1$（相似）

$\therefore OA:2\sqrt{10}=2:3$ より（$2\sqrt{10}$ は O_1H，2 は AO_1，3 は HO_2）

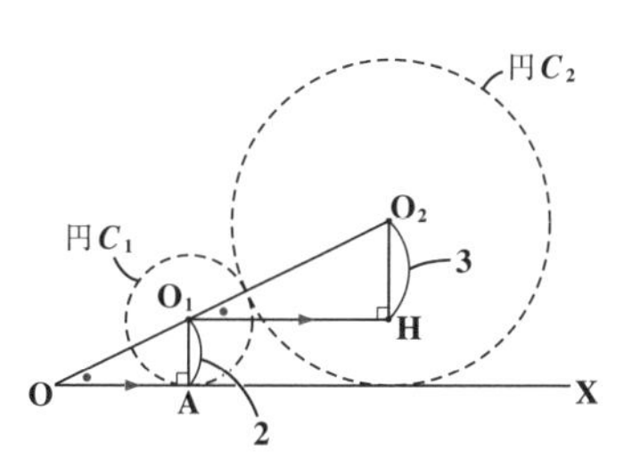

$3\cdot OA=4\sqrt{10}$ $\therefore OA=\dfrac{4\sqrt{10}}{3}$ ……………………(答)

初めからトライ！問題 141 三垂線の定理 CHECK 1 CHECK 2 CHECK 3

右図に示すように

$AB = BC = CD = DB = 4$,

$AC = AD = 3$ の四面体 ABCD がある。

辺 CD の中点を M とする。このとき，

次の各問いに答えよ。

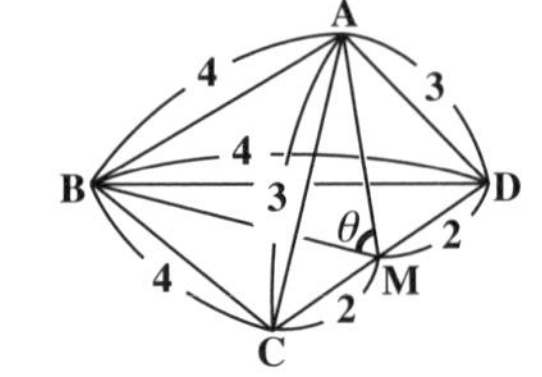

(1) A から線分 BM に下した垂線の足を H とおく。線分 AH が平面 BCD と垂直であることを，三垂線の定理を用いて示せ。

(2) △ACD と△BCD のなす角を θ とおく。$\cos\theta$ の値を求めよ。

ヒント！ (1) $AM \perp CD$，$BM \perp CD$ となることから，三垂線の定理を用いて $AH \perp \triangle BCD$ を導こう。(2) $AM \perp CD$，$BM \perp CD$ より，$\angle AMB$ が，△ACD と△BCD のなす角 θ になるんだね。△ABM に余弦定理を用いて，$\cos\theta$ の値を求めればいいんだね。

解答＆解説

(1) ・△ACD は，$AC = AD$ の二等辺三角形なので，

中線 AM は，辺 CD と垂直である。∴ $AM \perp CD$

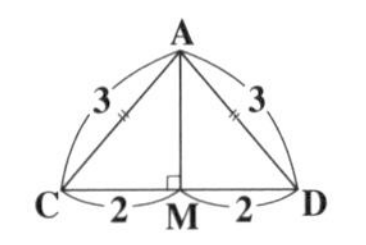

・△BCD は，1 辺の長さが 4 の正三角形なので，

中線 BM は辺 CD と垂直である。∴ $BM \perp CD$

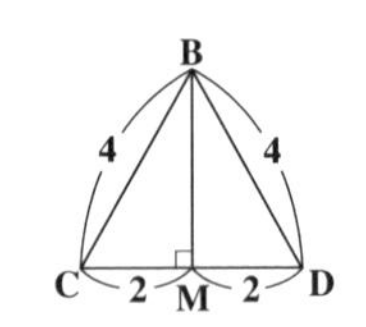

・また，頂点 A から線分 BM に下した垂線の足を H とおくと，$AH \perp BM$ となる。

以上より，三垂線の定理を用いると，

$AM \perp CD$ かつ $BM \perp CD$ かつ $AH \perp BM$

より，$AH \perp$ 平面 BCD が成り立つ。…………(終)

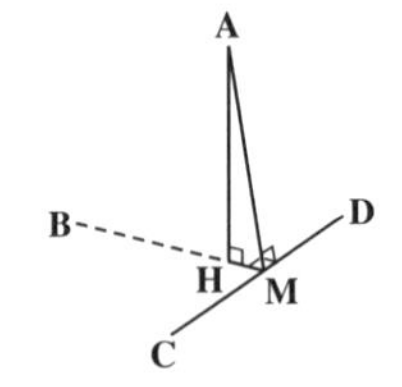

三垂線の定理の意味

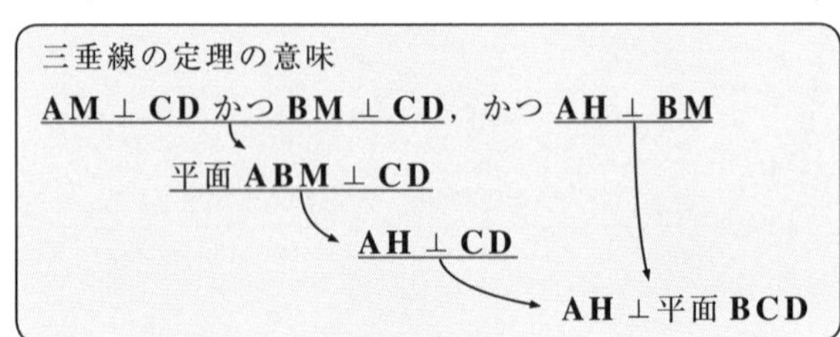

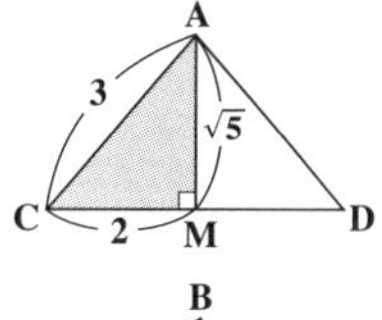

(2) ・直角三角形 ACM に三平方の定理を用いると，

$$AM^2 = \underset{AC^2}{\underline{3^2}} - \underset{CM^2}{\underline{2^2}} = 5 \qquad \therefore AM = \sqrt{5}$$

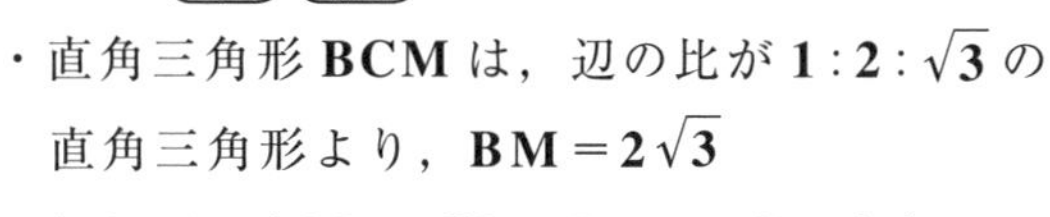

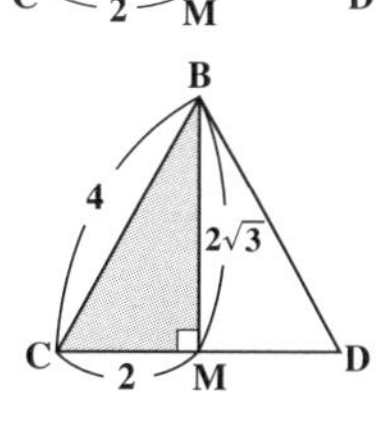

・直角三角形 BCM は，辺の比が $1:2:\sqrt{3}$ の直角三角形より，$BM = 2\sqrt{3}$

ここで，$AM \perp CD$，$BM \perp CD$ より

$\triangle ACD$ と $\triangle BCD$ のなす角 θ は

$\theta = \angle AMB$ となる。

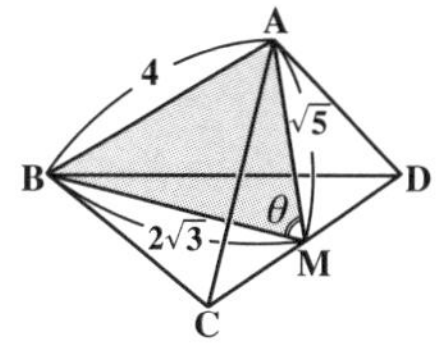

よって，$\triangle ABM$ に余弦定理を用いると，

$$\underset{4^2}{\underline{AB^2}} = \underset{(\sqrt{5})^2}{\underline{AM^2}} + \underset{(2\sqrt{3})^2}{\underline{BM^2}} - 2 \cdot \underset{\sqrt{5}}{\underline{AM}} \cdot \underset{2\sqrt{3}}{\underline{BM}} \cdot \cos\theta$$

$$16 = 5 + 12 - 2 \cdot \sqrt{5} \cdot 2\sqrt{3} \cdot \cos\theta$$

$$4\sqrt{15} \cdot \cos\theta = 17 - 16 = 1$$

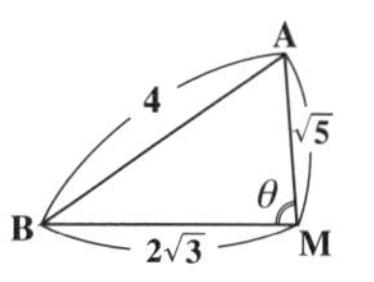

以上より，求める $\cos\theta$ の値は，

$$\cos\theta = \frac{1}{4\sqrt{15}} \quad \text{(分子・分母に}\sqrt{15}\text{をかけて)} = \frac{\sqrt{15}}{4 \cdot 15} = \frac{\sqrt{15}}{60}$$ ……………………(答)

初めからトライ！問題 142	オイラーの多面体定理	CHECK 1	CHECK 2	CHECK 3

ある凸多面体の頂点の数を v，辺の数を e，面の数を f とおくと，
$v=2f-5$ ……①，$e=f^2-4f+3$ ……② が成り立つ。
このとき，この凸多面体の v，e，f の値を求めよ。

ヒント！ ①，②をオイラーの多面体定理の公式 $f+v-e=2$……(＊)に代入して，f の2次方程式にもち込んで解けばいいんだね。頑張ろう！

解答＆解説

ある凸多面体の頂点，辺，面の数をそれぞれ v，e，f とおくと，オイラーの多面体定理の公式

$f+v-e=2$ ……(＊) が成り立つ。

これは，「メンテ代から1000円引いてニッコリ」と覚えよう！
f(面) v(点) e(線・辺) $-$ 2

$v=2f-5$ ……①，$e=f^2-4f+3$ ……② を(＊)に代入して，

$f+2f-5-(f^2-4f+3)=2$　　$3f-5-f^2+4f-3=2$

$-f^2+7f-8=2$ より，$f^2-7f+10=0$

たして $(-2)+(-5)$　かけて $(-2)\times(-5)$

$(f-2)(f-5)=0$　　$\therefore f\neq 2$ より，$f=5$ ……③

$f=1$，2，3 に対応する凸多面体で，1面体や2面体や3面体は存在しないことが分かると思う。凸多面体であるために，$f\geqq 4$ は暗黙の条件なんだね。

③を①に代入して，$v=2\times5-5=5$

③を②に代入して，$e=5^2-4\cdot5+3=25-20+3=8$

以上より，この凸多面体の

頂点の数 $v=5$
辺の数 $e=8$
面の数 $f=5$ である。………………(答)

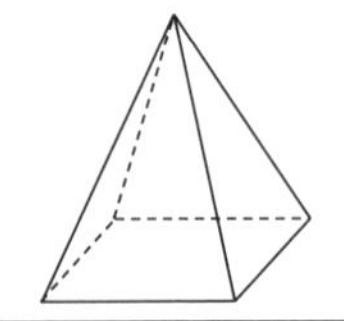

この例として，4角すいが考えられるね。

第8章 ● 図形の性質の公式を復習しよう！

1.　内角の2等分線と辺の比

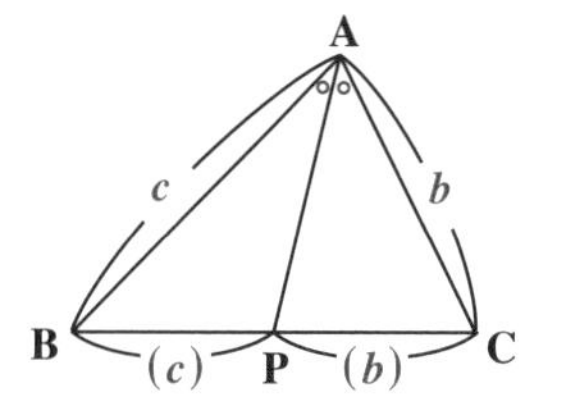

△**ABC** の内角∠**A** の二等分線と辺 **BC** との交点を **P** とおき，また，$\mathbf{AB} = c$，$\mathbf{CA} = b$ とおくと，

$\mathbf{BP} : \mathbf{PC} = c : b$ となる。

2.　△ABC の五心

（i）重心 **G**　（ii）外心 **O**　（iii）内心 **I**　（iv）垂心 **H**　（v）傍心 $\mathbf{E_A}$ など

3.　チェバの定理，メネラウスの定理

$$\frac{②}{①} \times \frac{④}{③} \times \frac{⑥}{⑤} = 1$$

←「チェバは一周回るだけ。メネラウスは，「行って戻って，行って行って，中に切り込む！」だね。」

4.　接弦定理

円弧 $\widehat{\mathbf{PQ}}$ に対する円周角を θ とおくと，点 **P** における円の接線 **PX** と弦 **PQ** のなす角∠**QPX** は θ と等しい。

5.　方べきの定理

方べきの定理（I）
$x \cdot y = z \cdot w$

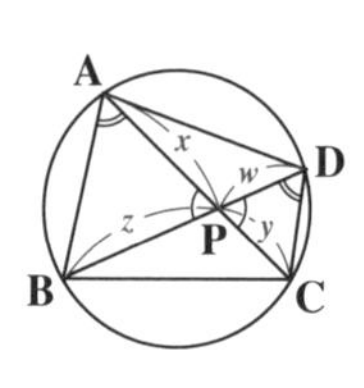

方べきの定理（II）
$x \cdot y = z \cdot w$

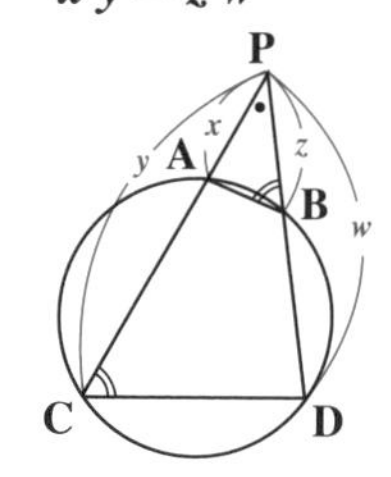

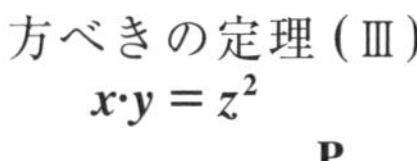
方べきの定理（III）
$x \cdot y = z^2$

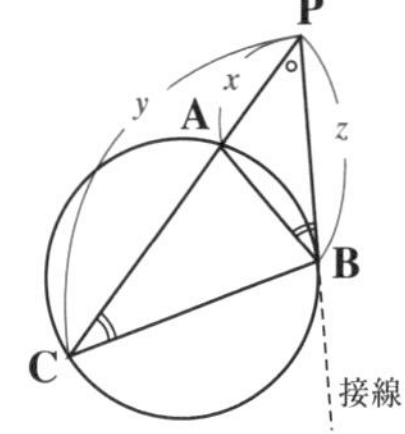

6.　三垂線の定理

$\mathbf{PO} \perp \alpha$ かつ $\mathbf{OQ} \perp l \Longrightarrow \mathbf{PQ} \perp l$　など

7.　5種類の正多面体

（i）正四面体　　（ii）正六面体　　（iii）正八面体
（iv）正十二面体　　（v）正二十面体

8.　オイラーの多面体定理

凸多面体の頂点の数 v，辺の数 e，面の数 f の間には

$f + v - e = 2$ が成り立つ。←「メンテ代から **1000** 円引いてニッコリ！」

補充問題 1	合同式による曜日の決定	CHECK 1	CHECK 2	CHECK 3

(Ⅰ) 今日は，水曜日である。次に示す各 n について，この日から n 日目の曜日を求めよ。

(1) $n = 100$　　(2) $n = 10^{15}$　　(3) $n = 3^{17}$

(Ⅱ) 今日は，土曜日である。次に示す各 n について，この日から n 日目の曜日を求めよ。

(1) $n = 150$　　(2) $n = 10^{12}$　　(3) $n = 5^{19}$

ヒント！ (Ⅰ) $n \equiv 1 \pmod 7$ のとき，木曜日であり，$n \equiv 2 \pmod 7$ のとき金曜日

$n = 1, 8, 15, 22, \cdots$ のこと　　$n = 2, 9, 16, 23, \cdots$ のこと

となるんだね。以下同様だ。(Ⅱ) $n \equiv 1 \pmod 7$ のとき日曜日であり，$n \equiv 2 \pmod 7$ のとき月曜日となる。これも，以下同様だ。合同式により，曜日を決定しよう！

解答＆解説

(Ⅰ) 今日は水曜日なので，

(i) $n \equiv 1 \pmod 7$ のとき，木曜日，(ii) $n \equiv 2 \pmod 7$ のとき，金曜日

$n = 1, 8, 15, 22, \cdots$　　$n = 2, 9, 16, 23, \cdots$

(iii) $n \equiv 3 \pmod 7$ のとき，土曜日，(iv) $n \equiv 4 \pmod 7$ のとき，日曜日

$n = 3, 10, 17, 24, \cdots$　　$n = 4, 11, 18, 25, \cdots$

(v) $n \equiv 5 \pmod 7$ のとき，月曜日，(vi) $n \equiv 6 \pmod 7$ のとき，火曜日

$n = 5, 12, 19, 26, \cdots$　　$n = 6, 13, 20, 27, \cdots$

(vii) $n \equiv 0 \pmod 7$ のとき，水曜日　となる。

$n = 0, 7, 14, 21, 28, \cdots$

(1) $n = \underbrace{100}_{7\times14+2} \equiv 2 \pmod 7$ より，$n = 100$ 日目は，金曜日である。……(答)

(2) $n = \underbrace{10}_{3 \pmod 7}{}^{15} \equiv \underbrace{3^{15}}_{3^{2\times7+1}} \equiv (\underbrace{3^2}_{9\equiv2 \pmod 7})^7 \times 3 \equiv \underbrace{2^{7}}_{(2^3)^2\times2=(8)^2\times2\equiv1^2\times2} \times 3 \equiv 1^2 \times 2 \times 3 \equiv 6 \pmod 7$

（$7 = 3\times2+1$，$8 \equiv 1 \pmod 7$）

よって，$n = 10^{15}$ 日目は，火曜日である。…………(答)

(3) $n = 3^{17} = 3^{2\times 8+1} = (3^2)^8 \times 3 \equiv 2^{8} \times 3$

$3\times 2+2$

$9 \equiv 2 \pmod 7$

$\equiv (2^3)^2 \times 2^2 \times 3 \equiv 1^2 \times 4 \times 3 \equiv 5 \pmod 7$

$8 \equiv 1 \pmod 7$　　12

$\therefore n = 3^{17}$ 日目は，月曜日である。……………………………………(答)

(Ⅱ) 今日は土曜日なので，

(ⅰ) $n \equiv 1 \pmod 7$ のとき，日曜日，(ⅱ) $n \equiv 2 \pmod 7$ のとき，月曜日

(ⅲ) $n \equiv 3 \pmod 7$ のとき，火曜日，(ⅳ) $n \equiv 4 \pmod 7$ のとき，水曜日

(ⅴ) $n \equiv 5 \pmod 7$ のとき，木曜日，(ⅵ) $n \equiv 6 \pmod 7$ のとき，金曜日

(ⅶ) $n \equiv 0 \pmod 7$ のとき，土曜日　となる。

(1) $n = 150 \equiv 3 \pmod 7$ より，$n = 150$ 日目は，火曜日である。……(答)

$7 \times 21 + 3$

(2) $n = 10^{12} \equiv 3^{12} \equiv (3^2)^6 \equiv 2^6$

$3 \pmod 7$　　2×6　　$9 \equiv 2 \pmod 7$

$\equiv (2^3)^2 \equiv 1^2 \equiv 1 \pmod 7$

$8 \equiv 1 \pmod 7$

$\therefore n = 10^{12}$ 日目は，日曜日である。……………………………………(答)

(3) $n = 5^{19} = 5^{2\times 9+1} = (5^2)^9 \times 5 \equiv 4^9 \times 5$

$25 \equiv 4 \pmod 7$　　$(2^2)^9 = 2^{18} = 2^{3\times 6}$

$\equiv (2^3)^6 \times 5 \equiv 1^6 \times 5 \equiv 5 \pmod 7$

$8 \equiv 1 \pmod 7$

$\therefore n = 5^{19}$ 日目は，木曜日である。……………………………………(答)

補充問題 2	共分散と相関係数	CHECK 1	CHECK 2	CHECK 3

次のような **6** 組の **2** 変数データがある。

$(X, Y) = (6, 7), (14, 3), (8, 6), (18, 1), (2, 9), (12, 4)$

X と Y の標準偏差 S_X, S_Y, および共分散 S_{XY} と相関係数 r_{XY} を求めよ。

ヒント！ 初めからトライ！問題 **86** (**P130**) では，すべてのデータが正の傾きをもつ直線上に並ぶ特殊な場合の問題について解き，そのときの相関係数 $r_{XY} = 1$ となることを確認した。今回の問題では，すべての **2** 変数データ (X, Y) が負の傾きをもつ直線上に存在する場合について考える。そして，このような場合の相関係数 $r_{XY} = -1$ となることも確認しよう。

解答＆解説

6 組の **2** 変数データ

$(X, Y) = (\underset{x_1}{6}, \underset{y_1}{7}), (\underset{x_2}{14}, \underset{y_2}{3}), (\underset{x_3}{8}, \underset{y_3}{6}), (\underset{x_4}{18}, \underset{y_4}{1}), (\underset{x_5}{2}, \underset{y_5}{9}), (\underset{x_6}{12}, \underset{y_6}{4})$ について，

$$\begin{cases} X = x_1, x_2, x_3, x_4, x_5, x_6 = 6, 14, 8, 18, 2, 12 \\ Y = y_1, y_2, y_3, y_4, y_5, y_6 = 7, 3, 6, 1, 9, 4 \end{cases}$$ とおく。

X と Y の平均値をそれぞれ m_X, m_Y とおき，また X と Y の標準偏差を S_X, S_Y とおき，さらに X と Y の共分散を S_{XY} とおいて，これらを次の表を利用して求める。

表 （平均 $m_X = 10$ を引く）（平均 $m_Y = 5$ を引く）

データ No	データ x_k	偏差 $x_k - m_X$	偏差平方 $(x_k - m_X)^2$	データ y_k	偏差 $y_k - m_Y$	偏差平方 $(y_k - m_Y)^2$	$(x_k - m_X)(y_k - m_Y)$
1	6	−4	16	7	2	4	−8 (=−4×2)
2	14	4	16	3	−2	4	−8 (=4×(−2))
3	8	−2	4	6	1	1	−2 (=−2×1)
4	18	8	64	1	−4	16	−32 (=8×(−4))
5	2	−8	64	9	4	16	−32 (=−8×4)
6	12	2	4	4	−1	1	−2 (=2×(−1))
合計	60	0	168	30	0	42	−84

前記の表より，

・$\underbrace{m_X}_{X\text{の平均}} = \frac{1}{6}\sum_{k=1}^{6} x_k = \frac{1}{6}\times 60 = 10$ ，$\underbrace{m_Y}_{Y\text{の平均}} = \frac{1}{6}\sum_{k=1}^{6} y_k = \frac{1}{6}\times 30 = 5$

・$\underbrace{S_X{}^2}_{X\text{の分散}} = \frac{1}{6}\sum_{k=1}^{6}(x_k - m_X)^2 = \frac{1}{6}\times 168 = 28$ より，$\underbrace{S_X}_{X\text{の標準偏差}} = \sqrt{28} = 2\sqrt{7}$ ………(答)

$\underbrace{S_Y{}^2}_{Y\text{の分散}} = \frac{1}{6}\sum_{k=1}^{6}(y_k - m_Y)^2 = \frac{1}{6}\times 42 = 7$ より，$\underbrace{S_Y}_{Y\text{の標準偏差}} = \sqrt{7}$ ………………………(答)

・$\underbrace{S_{XY}}_{X\text{と}Y\text{の共分散}} = \frac{1}{6}\sum_{k=1}^{6}(x_k - m_X)(y_k - m_Y) = \frac{1}{6}\times(-84) = -14$ ………………………(答)

以上より，X と Y の相関係数 r_{XY} は，

$r_{XY} = \frac{S_{XY}}{S_X \cdot S_Y} = \frac{-14}{2\sqrt{7}\times\sqrt{7}} = -\frac{14}{14} = -1$ となる。…………………………(答)

参考

右図に示すように，今回の **6** 組の **2** 変数データはすべて，$Y = -\frac{1}{2}X + 10$ という負の傾きをもった直線上に存在している。この場合，相関係数 $r_{XY} = -1$ となるんだね。一般に，相関係数 r_{XY} は，$-1 \leqq r_{XY} \leqq 1$ の範囲の値を取るんだけれど，$r_{XY} = 1$ となるのはすべての **2** 変数データが正の傾きの直線上にあるときであり，$r_{XY} = -1$ となるのはすべての **2** 変数データが負の傾きの直線上にあるときなんだね。これを，初めからトライ！問題 **86 (P130)** と，今回の問題で確認したんだね。この結果は覚えておこう！

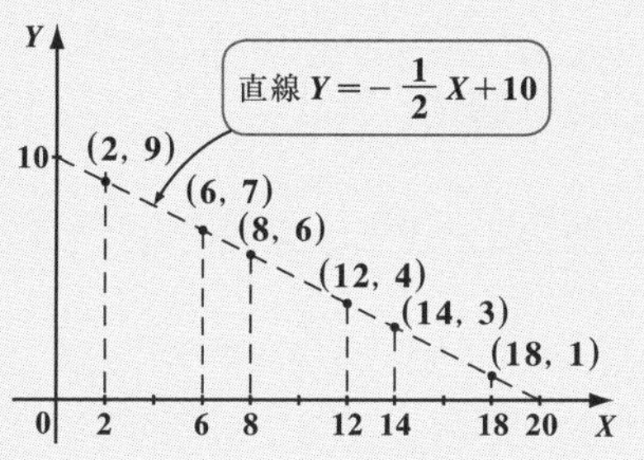

補充問題 3	三角比の図形への応用	CHECK 1	CHECK 2	CHECK 3

三角形 ABC の面積は $9\sqrt{3}$ であり，$\dfrac{\sin A}{\sqrt{3}}=\dfrac{\sin B}{\sqrt{7}}=\sin C$ ……① が成り立つものとする。このとき，次の各問いに答えよ。

(1) $\cos B$ と頂角 $\angle B$ の値を求めよ。

(2) 三角形 ABC の外接円の半径 R を求めよ。　　　　(明治薬大＊)

Babaのレクチャー

一般に，$\dfrac{x}{\alpha}=\dfrac{y}{\beta}=\dfrac{z}{\gamma}$ ……㋐ $(\alpha\neq 0,\ \beta\neq 0,\ \gamma\neq 0)$ の形の式が与えられたならば，㋐$=k$(定数) とおくことにより，$\dfrac{x}{\alpha}=k$，$\dfrac{y}{\beta}=k$，$\dfrac{z}{\gamma}=k$ となるので，$x=k\alpha$，$y=k\beta$，$z=k\gamma$ となる。よって，$x:y:z=\cancel{k}\alpha:\cancel{k}\beta:\cancel{k}\gamma=\alpha:\beta:\gamma$ より，$x:y:z=\alpha:\beta:\gamma$ …㋑ が導ける。この㋐と㋑は，同値な関係なので，$\dfrac{x}{\alpha}=\dfrac{y}{\beta}=\dfrac{z}{\gamma}$ ……㋐ $\Longleftrightarrow x:y:z=\alpha:\beta:\gamma$ ……㋑ と覚えておこう。

したがって，正弦定理：$\dfrac{a}{\sin A}=\dfrac{b}{\sin B}=\dfrac{c}{\sin C}$ $(=2R(\text{定数}))$ は㋐の形をしているので，これは $a:b:c=\sin A:\sin B:\sin C$ と変形できる。また，今回の問題では，$\dfrac{\sin A}{\sqrt{3}}=\dfrac{\sin B}{\sqrt{7}}=\dfrac{\sin C}{1}$ ……① が与えられているので，これも㋐の形をしているから，$\sin A:\sin B:\sin C=\sqrt{3}:\sqrt{7}:1$ と変形することができるんだね。

解答＆解説

(1) $\dfrac{\sin A}{\sqrt{3}}=\dfrac{\sin B}{\sqrt{7}}=\dfrac{\sin C}{1}$ ……① より，

$\sin A:\sin B:\sin C=\sqrt{3}:\sqrt{7}:1$ ……①′ となる。

また，正弦定理：$\dfrac{a}{\sin A}=\dfrac{b}{\sin B}=\dfrac{c}{\sin C}$ $(=2R)$ …② (R：外接円の半径)

$(a=\mathrm{BC},\ b=\mathrm{CA},\ c=\mathrm{AB})$ より，

$\sin A:\sin B:\sin C=a:b:c$ ……②′ となる。

①´と②´より，$a:b:c=\sqrt{3}:\sqrt{7}:1$

$$\therefore \frac{a}{\sqrt{3}}=\frac{b}{\sqrt{7}}=\frac{c}{1}$$ となる。よって，

$x:y:z=\alpha:\beta:\gamma \iff \frac{x}{\alpha}=\frac{y}{\beta}=\frac{z}{\gamma}$

(i) $\frac{a}{\sqrt{3}}=c$ より，$a=\sqrt{3}c$ ……③，

(ii) $\frac{b}{\sqrt{7}}=c$ より，$b=\sqrt{7}c$ ……④ となる。

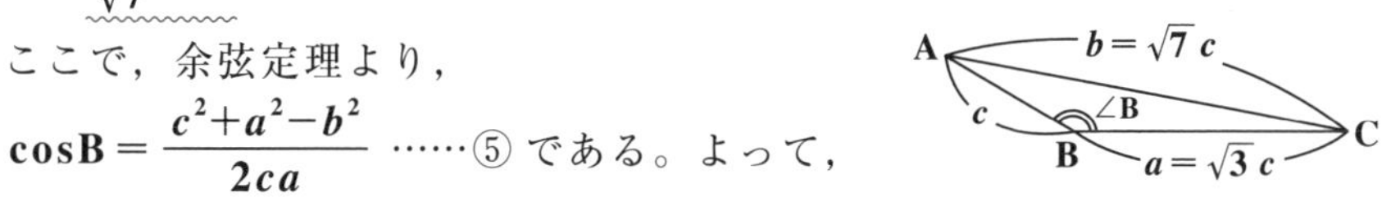

ここで，余弦定理より，

$$\cos B=\frac{c^2+a^2-b^2}{2ca}$$ ……⑤ である。よって，

⑤に③，④を代入して，

$$\cos B=\frac{c^2+(\sqrt{3}c)^2-(\sqrt{7}c)^2}{2c\cdot\sqrt{3}c}=\frac{(1+3-7)c^2}{2\sqrt{3}c^2}=\frac{-3}{2\sqrt{3}}=-\frac{\sqrt{3}}{2}$$ …⑥ …(答)

⑥より，求める頂角∠B は，

∠B $=150°$ である。……………………(答)

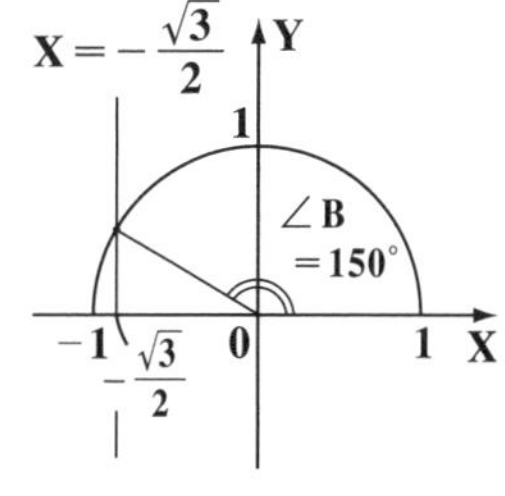

(2) 次に，三角形 ABC の面積を S とおくと，

$$S=\frac{1}{2}\cdot c\cdot a\cdot\sin B=9\sqrt{3}$$ より，

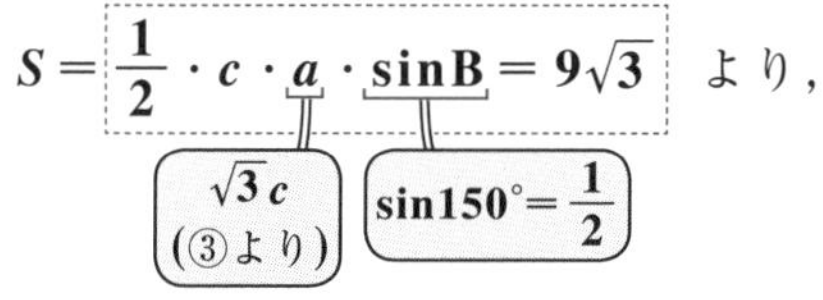

a：$\sqrt{3}c$（③より）

$\sin 150°=\frac{1}{2}$

$$\frac{1}{2}\cdot c\cdot\sqrt{3}c\cdot\frac{1}{2}=9\sqrt{3} \quad c^2=36 \quad \therefore c=\sqrt{36}=6 \quad (\because c>0)$$

よって，④より，$b=\sqrt{7}c=6\sqrt{7}$

ここで，三角形 ABC に正弦定理を用いると，

$\frac{b}{\sin B}=2R$ より，求める三角形 ABC の外接円の半径 R は，

$$R=\frac{6\sqrt{7}}{2\cdot\sin 150°}=\frac{6\sqrt{7}}{2\times\frac{1}{2}}=6\sqrt{7}$$ である。……………………………(答)

補充問題 4	三角比の図形への応用	CHECK 1	CHECK 2	CHECK 3

右図に示すような四角形 **ABCD** があり，
$AB /\!/ DC$，$AB = 4$，$BC = 2$，$CD = 6$，
$DA = 3$ である。

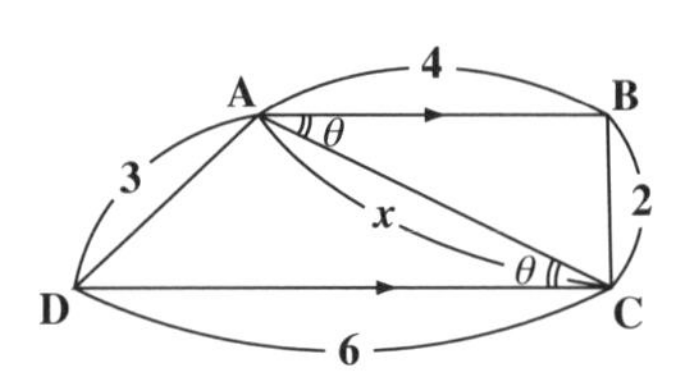

(1) $AC = x$，$\angle BAC = \theta$ とおいて，三角形 **ABC** に余弦定理を用いて，$\cos\theta$ を x で表せ。次に，$\angle ACD = \theta$ とおいて，三角形 **ACD** に余弦定理を用いて，$\cos\theta$ を x で表せ。

(2) $AC = x$ と，$\cos\theta$，$\sin\theta$ の値を求め，四角形 **ABCD** の面積 S を求めよ。　　　　　　　　　　　　　　　　　　　　　　　　（信州大＊）

ヒント！ $AB /\!/ DC$ より，錯覚(さっかく)は等しいので，$\angle BAC = \angle ACD = \theta$ となるんだね。**(1)** では，△**ABC** と△**ACD** に余弦定理を用いて，$\cos\theta$ を x で表す方程式を **2** つ作ろう。**(2)** では x と $\cos\theta$ の値を求め，$\cos\theta$ から $\sin\theta$ を求めよう。そして，□**ABCD** = △**ABC** + △**ACD** から四角形 **ABCD** の面積 S を求めればいいんだね。実際に受験で出題された問題だよ。頑張ろう！

解答＆解説

“なぜなら”を表す記号

(1) $AC = x$，$\angle BAC = \angle ACD = \theta$ とおく。($\because AB /\!/ DC$)

（ⅰ）△**ABC** に余弦定理を用いると，

$$2^2 = 4^2 + x^2 - 2 \cdot 4 \cdot x \cdot \cos\theta$$

2 をピンセットでつまむ要領だね。

$$8x \cdot \cos\theta = x^2 + 12$$

$$\therefore \cos\theta = \frac{x^2+12}{8x} \quad \cdots\cdots ①$$ となる。……(答)

（ⅱ）△**ACD** に余弦定理を用いると，

$$3^2 = 6^2 + x^2 - 2 \cdot 6 \cdot x \cdot \cos\theta$$

3 をピンセットでつまむ要領だね。

$$12x \cdot \cos\theta = x^2 + 27$$

$$\therefore \cos\theta = \frac{x^2+27}{12x} \quad \cdots\cdots ②$$ となる。……(答)

(2) ①，②より $\cos\theta$ を消去して，

$$\frac{x^2+12}{8x} = \frac{x^2+27}{12x} \quad \cdots\cdots ③$$ となる。③の両辺に $24x$ をかけて，

$3(x^2+12)=2(x^2+27)$

$3x^2+36=2x^2+54$

$3x^2-2x^2=54-36$

$x^2=18$

ここで，$x=\mathrm{AC}>0$ より，$x=\sqrt{18}=\sqrt{3^2\cdot 2}=3\sqrt{2}$ …④ である。…(答)

④を①に代入すると，

$\cos\theta=\dfrac{(3\sqrt{2})^2+12}{8\cdot 3\sqrt{2}}=\dfrac{18+12}{24\sqrt{2}}=\dfrac{30}{24\sqrt{2}}=\dfrac{5}{4\sqrt{2}}$ ← 分子･分母に $\sqrt{2}$ をかけて

$\cos\theta=\dfrac{5\sqrt{2}}{8}$ ……⑤ となる。……(答)

$\sin\theta=\sqrt{1-\cos^2\theta}$ ……⑥

公式：$\sin^2\theta+\cos^2\theta=1$ より，
$\sin^2\theta=1-\cos^2\theta$
$\sin\theta=\pm\sqrt{1-\cos^2\theta}$ となる。
ここで，$0°<\theta<180°$より，$\sin\theta>0$
よって，$\sin\theta=\sqrt{1-\cos^2\theta}$ となる。

⑥に⑤を代入して，

$\sin\theta=\sqrt{1-\left(\dfrac{5\sqrt{2}}{8}\right)^2}=\sqrt{1-\dfrac{25\times 2}{64}}$

$=\sqrt{\dfrac{64-50}{64}}=\sqrt{\dfrac{14}{64}}=\dfrac{\sqrt{14}}{8}$ ……⑦ となる。……(答)

よって，□ABCD の面積 S は，

$S=\triangle\mathrm{ABC}+\triangle\mathrm{ACD}$

$\left(\dfrac{1}{2}\cdot 4\cdot x\cdot\sin\theta\right)$ $\left(\dfrac{1}{2}\cdot 6\cdot x\cdot\sin\theta\right)$

$=2x\sin\theta+3x\sin\theta$

$=5\cdot x\cdot\sin\theta=5\times 3\sqrt{2}\times\dfrac{\sqrt{14}}{8}=\dfrac{15\times(\sqrt{2}\times\sqrt{2})\times\sqrt{7}}{8}$ （④，⑦より）

$x=3\sqrt{2}$，$\sin\theta=\dfrac{\sqrt{14}}{8}$ ← ④，⑦より，$\sqrt{2}\times\sqrt{2}=2$

$\therefore S=\dfrac{15\sqrt{7}}{4}$ である。……(答)

スバラシク解けると評判の

初めから解ける数学 I・A 問題集
改訂 6

マセマ

著　者　馬場 敬之
発行者　馬場 敬之
発行所　マセマ出版社

〒 332-0023 埼玉県川口市飯塚 3-7-21-502
TEL 048-253-1734　FAX 048-253-1729
Email：info@mathema.jp
https://www.mathema.jp

編　集　清代 芳生
校閲　校正　高杉 豊　秋野 麻里子　馬場 貴史
制作協力　久池井 茂　栄 瑠璃子　石神 和幸
松本 康平　小野 祐汰　木津 祐太郎
奥村 康平　間宮 栄二　町田 朱美
カバーデザイン　児玉 篤　児玉 則子
ロゴデザイン　馬場 利貞
印刷所　中央精版印刷株式会社

ISBN978-4-86615-222-6 C7041